3D CAD 3차원 설계가공 시스템의 이해

정재현 · 김희중 지음

GS인터비전

머리말

산업혁명 이후 학습 대상으로서의설계, 특히 기계 설계는 제품 개발 및 생산을 위한 기본 과정으로 교육되어왔다. 20세기 이후 기계 산업은 대량 생산 체계에서의 자동화를 시작으로 무인화 그리고 21세기 지능화 단계에 들어서고 있다. 이러한 발전 과정에서 제품 설계 역시 사람의 손에 의존 하는 방식에서 여러 도구를 사용하게 되었고 이후 컴퓨터의 등장으로 CAD 시스템이 도입되어 오늘날까지 발전해왔다. 그리고 수많은 혁신적인 발전에도 불구하고 제품의 기능적 경쟁력을 확보하기 위한 기반 역량으로서 설계의 가치는 지속되어 오고 있다.

본서는 3D CAD 시스템의 운용을 학습하고자하는 이들을 위한 기본서 역할의 목적을 위해 쓰여 졌다. 현재 3D CAD 시스템은 제품 개발 및 설계 분야 업무를 위한 필수적인 요소로 자리 잡아 가고 있으며, 상당수의 대학에서도 3D CAD 시스템을 기반으로 설계 교육이 진행되고 있다. 그리고 시중에도 교육생 또는 설계 실무자를 위한 3D CAD 시스템에 관한 여러 책이 계속해서 출판되고 있다.

그럼에도 3D CAD 시스템에 관련한 책을 쓰게 된 것은, 대학에서의 교육과 관련 서적들이 특정 어플리케이션의 기능적 학습 중심으로 구성되어, 향후 설계 실무와 관리를 담당하게 될 학습자가 실제 제품 개발 과정에서의 설계 업무에 대한 이해라는 학습 목적을 만족 시키지 못하는 경우를 무수하게 접했기 때문이다.

최근 경기침체로 인한 유례없는 심각한 취업난은 대학에서의 3D CAD 시스템이 기계 설계 교육을 위한 제품 개발의 설계 지원 도구로서가 아닌 기능적 학습 도구로 왜곡시키고 있다. 학습자의 입장에서는 3D CAD 시스템의 기능 교육을 취업을 위한 기능적 과정으로 고려하기도 한다. 반면 많은 제조 분야의 기업에서는 제품 설계 기술 체계의 학습자로부터 제대로 된 설계자로서의 역할을 기대하기 어렵다고 한다. 실제로 3D CAD 시스템을 운용할 수 있는 많은 학습자들이 표준적인 설계 정보를 생산해 내지 못하고, 수많은 기업에서는 관련 전공 분야를 마친 입사자들에게 상당 기간의 교육 과정을 별도로 이수하도록 하고 있다.

이러한 모순적인 상황이 지속되는 원인의 하나는 아마도 설계자로서 3D CAD 시스템을 포함한 현대적인 기계 설계 체계에 대한 기본 이해가 부족한 것이라고 생각할 수 있다. 물론 하나의 컴퓨터 어플리케이션으로서 3D CAD 시스템을 기능적으로 원활하게 운용할 수 있는 능력도 매우 주요하다. 하지만 특정 설계 플랫폼의 기능의 한계에 비해 실제 설계의 대상과 범위는 거의 무한하다고 할 수 있으며 이에 요구되는 능력과 역할 역시 매우 다양하다.

특정 3D CAD 시스템이 제공하는 기능 체계에 적응한다고 해서 실제 설계 대상을 즉각적으로 구현하기는 쉽지 않다. 이에 대응하기 위해서는 특정 설계 체계에 대한 집중적 학습 경험 보다는 설계 체계의 변화에 유연하게 대응할 수 있는 기본 능력이 필요하다.

특히 대부분의 3D CAD 시스템 학습에서는 수많은 예제에 대한 실습 과정을 통하여 설계 플랫폼의 기능적 운용이 가능하도록 집중하고 있다. 그러나 그 과정에 투자되는 학습자의 노력과 시간이 실제 설계 업무에서의 성과로 이어지기를 기대하기는 어렵다. 이러한 점에서 본서가 지향하는 바는 고등교육을 수학하는 학습자가 3D CAD 시스템이라는 새로운 설계 체계를 이해하고 또한 구동되는 환경의 기본 구조를 파악한 후 자신 만의 최적화된 설계 및 관리 체계를 구축할 수 있는 기본 소양의 기회를 제공하기 위함이다.

본서를 통하여 단순한 3D CAD 시스템의 기능적 운용은 물론 공학도로서 현재의 3D CAD 시스템이 가지고 있는 설계 플랫폼으로서의 기술적 의미를 학습할 수 있고, 나아가 설계 실무 능력 향상에 작으나마 기여할 것으로 기대한다.

2017년 3월

차례

1 현대적 CAD 시스템과 설계의 이해

CAD(Computer Aided Design) 시스템의 등장은 산업 혁명 이후 설계라는 작업 혹은 공정에서 가장 큰 변화를 가져왔다. 컴퓨터 시스템의 등장과 함께 2D CAD 시스템은 수작업에 의한 제도가 대체하고, 3D CAD 시스템은 3차원 형상의 직접적 설계가 가능하게 했다. 그리고 21세기에 들어 제4차 산업혁명이라고 불리는 새로운 혁신의 시기에 CAD 시스템 역시 또 다른 변화를 맞이하고 있다.

하지만 CAD 시스템의 혁신적 발전과 산업 구조의 변화에도 불구하고 21세기 현재에도 지난 수백 년간 전통적인 설계 정보 전달 매체로 사용되어 온 종이 도면은 여전히 제품 개발 과정에서 주요한 역할을 하고 있다. 비록 디지털 장비에 의해 출력되기는 하지만 아날로그 매체인 종이와 하루가 다르게 발전하고 있는 컴퓨터 기술과 디지털 미디어의 산출물로서 CAD 정보가 공존하고 있는 것이 현실이다.

CAD 시스템이 제품 설계 및 개발 업무에 도입된 이래 이른바 종이 도면 없는 제품 개발은 설계자를 포함한 관련 업무 종사자에게 하나의 지상 과제의 하나처럼 생각되어져 왔다. 그리고 이를 달성하기 위해 수많은 연구와 개발이 이어져 왔음에도 아직까지는 최첨단의 도구와 가장 전통적인 도구가 공존하고 있다고 할 수 있다.

이러한 사실은 CAD, 특히 3D CAD 시스템의 학습자에게 상당한 모순적 상황으로 이해될 수도 있을 것이다. 그리고 이러한 사실을 명확하게 이해하고 대응하는 것은 대량 생산 체계의 현대 산업 사회에서의 설계 혹은 제품 개발을 위한 기본적인 소양이라고 본다.

그리고 현재는 3D CAD 시스템이 설계 업무의 핵심적인 역할을 담당하고 있는 시대에 들어서 있다고 볼 수 있다. 그럼에도 현실적인 업무 환경에서 3D CAD 시스템을 운용하는 경우는 기대만큼 접하기가 쉽지 않다.

본 장에서는 3D CAD 시스템의 학습과 운용을 목표로 하는 초보 설계자가 제도, 2D CAD 시스템 그리고 3D CAD 시스템 나아가 PDM(Product Data Management) 및 PLM(Product Life-cycle Management) 시스템으로 이어지고 있는 CAD 시스템의 변화에 대해 이해할 수 있도록 한다.

이를 통하여 앞으로 3D CAD 시스템의 도입과 생산적 활용을 위해, 3D CAD 시스템 기반의 설계 업무의 필요성을 인식하고 3D CAD 시스템이 가지는 기능의 역할과 의미를 이해하므로 써 제품의 개발 및 생산 과정에서의 변화에 유연하게 대응할 수 있는 설계자의 시각을 갖출 수 있어야 한다.

1.1 CAD 시스템 학습의 목적

CAD 시스템은 현대적인 제품 개발 과정의 설계 단계에서 필수적으로 사용되는 기능적 도구이며, 더불어 설계자가 습득한 모든 공학적 지식을 현실의 대상으로 구현하기 위한 기술적 도구이기도 하다.

CAD 시스템, 넓은 의미에서-하지만 대상을 기계 및 관련 분야로 한정하여-설계 체계를 학습하는 것은 대상이 구체적으로 그리고 현실적으로 구현될 수 있도록 하는 과정을 배우는 것이다. 그리고 각 과정에서 설계 대상의 기술적 역할이 현실적으로 구현 가능한 방법을 찾는 것과 그 결과가 물리적 실체로 드러날 수 있도록 하는 방법을 결정하는 것이 있다. 또한 그 방법을 설계자 자신은 물론 관련된 모든 대상자들이 설계자의 의도를 공유할 수 있는 형태로 표현하는 것이다.

그림 1.1 1920년대 설계 수업을 진행하고 있는 교실의 모습

전통적으로 제품 개발이 종료되기 이전 제품 설계의 모든 정보는 종이 형태의 도면 혹은 청사진으로 생성되고 공유되어 있다. 이러한 매개체로 표현하기 위해 설계자는 종이 위에 대상을 정확하게 만들어 질 수 있도록 명확하게 그리는 방법을 학습해야 했다. 그리고 이러한 제도의 규정은 현재까지 이어져 오고 있으며 일부 영역에서는 아직도 제도에 의해 생성된 도면이 사용되고 있기도 하다.

20 세기 후반 컴퓨터 시스템의 등장으로 CAD 시스템의 개발됨에 따라 디지털 드로잉의 시대가 열리게 되었지만 일부 소수의 전유물이었다. 그리고 수십 년이 지난 마이크로컴퓨터 혁명으로 컴퓨터의 소형화 및 개인화가 이뤄지게 되면서 오늘날의 CAD 시스템의 형태가 갖춰지게 되고 그 기반으로 CAD 시스템은 점차 대중화되기에 이른다. 1990년대 AutoCAD는 개인용 컴퓨터를 2D CAD 시스템으로 탈바꿈시키면서 CAD의 대중화를 선도하게 되고, CAD 시스템에 대한 기업은 물론 개인의 접근도 가능하게 되었다. 그리고 본격적으로 CAD 시스템은 학습의 대상이 된다.

하지만 2D CAD 시스템은 설계 과정 자체의 생산성과 효율성을 크게 개선하였지만 설계 결과물, 설계 정보 공유의 매체로서 종이 도면의 역할을 대체하거나 그 비중을 저감시키지는 못했다. 오히려 종이 도면의 생성 자체가 이전 시대에 비해 비교할 수 없이 자유롭게 되었다고 볼 수 있다. 그리고 2D CAD 시스템에 대한 학습은 설계 도구로서가 아닌 이전 시대 제도 과정의 대체로서 일반화되어 갔고 오늘에 이르고 있다.

20세기 후반에 이르기까지 3D CAD 시스템에 대한 학습은 쉽지 않은 과제였다. 운용하는 절대 기업의 수가 적었을 뿐만 아니라 학습을 위한 정보 역시 부족했기 때문이다. 하지만 수준 높은 설계 도구로서의 인식이 확산됨에 따라 3D CAD 시스템에 대한 학습 수요 역시 지속적으로 증가하고 있었다. 그리고 고가의 엔지니어링 워크스테이션이 일반적인 개인용 컴퓨터 수준의 PC 워크스테이션에 의해 대체되므로 써 3D CAD 시스템은 이전 2D CAD 시스템과 같이 기업과 학교 그리고 개인의 접근이 가능한 대상이 되었다.

하지만 이후에도 여전히 2D CAD 시스템 기반의 설계 환경이 유지되면서 3D CAD 시스템은 본연의 제품 설계 및 개발 도구로서의 역할보다는 2D CAD 시스템을 대체하거나 공존하기 위한 기능적 도구로서의 학습 대상의 범위를 벗어나지 못하는 실정이 되고 이러한 현실 역시 오늘날에까지 이어지고 있다.

이렇듯 오늘날 3D CAD 시스템의 대중화에 이르기까지 기술적인 수많은 혁신과 변화에도 불구하고 CAD 시스템은 여전히 제도 도구로서의 역할을 완전히 벗어났다고 할 수 없는 상황이 지속되고 있다. 이러한 과정에서 3D CAD 시스템을 비롯한 CAD 시스템 자체의 운용은 물론 학습 목적 역시 유사한 범위에 머물고 있는 실정이다.

때문에 3D CAD 시스템을 경쟁력 있는 제품 개발을 위한 체계로서 활용하기 위해서는 3D CAD 시스템의 구성과 내용 그리고 그 학습에 대한 목적을 명확하게 하고 진행할 필요가 있다. 일반적으로 3D CAD 시스템은 2D CAD 시스템과 달리 도입, 설치 및 운용의 과정이 단순하다고 보기는 힘들다. 특히 기대한 설계 및 제품 개발의 생산성을 향상시키기 위한 역할을 담보하기 위해서는 시스템 체계에 대한 여러 정보를 수집하고 적용할 수도 있어야 한다.

3D CAD 시스템은 2차원 평면에 국한된 수행되어 왔던 전통적인 제도라는 설계 과정을 가상의 3차원 공간으로 확장시키므로 써 비교할 수 없는 효율적인 설계 환경을 제공해 준다. 오늘날 3D CAD 시스템은 현대적인 설계 환경에서 실제 제품의 형상, 기능 및 생산 과정을 설계자가 직접 관리할 수 있는 도구로 확대되고 있다. 설계자는 3D CAD 시스템을 통하여 대학과정에서 학습한 공학적 지식을 기반으로 당면한 설계 문제를 해결할 수 있는 방안을 도출하고 이를 현실적으로 구현한 제품을 개발하는 과정을 진행하게 된다.

그러므로 3D CAD, CAD 그리고 넓게는 공학적 설계 체계의 학습 목적은, 학습자를 목적한 대상의 설계가 가능하고 혹은 설계를 이해할 수 있는 능력을 갖추도록 하는 것이라 볼 수 있다. 대학의 공학 교육에서의 목표 역시 설계가 가능한 인재를 양성하는 것이라고도 볼 수 있다. 이런 점에서 이미 국내외 많은 공학 교육 과정에서 3D CAD 시스템을 비롯한 엔지니어링 어플리케이션 교육이 진행되고 있다.

그럼에도 불구하고 3D CAD 시스템에 대한 학습은 대개 시간적 제약으로 설계를 위한 응용 도구로서의 학습이 아닌 3D CAD 시스템의 기능적 학습에 집중되고 있는 것이 현실이다. 그 결과 3D CAD 시스템을 실제 설계 문제의 해결에 생산적으로 적용하지 못하는 안타까운 경우도 지속되고 있다.

현실의 다양한 공학적 기술적 문제 해결에 필요한 모든 기반 지식을 학습하기란 불가능하다. 때문에 설계자는 그러한 해결 대상의 문제를 3D CAD 시스템을 통하여 목적한 설계 방안을 도출할 수 있도록 지원 받으므로 써 그 결과의 신뢰성과 품질을 보다 강화할 수 있게 된다. 현대의 3D CAD 시스템은 문제 해결을 위한 공학적 지식을 구현할 수 있는 도구이면서도 부족한 지식을 보완해주는 도구이기도 하다. 설계자는 지속적으로 학습된 공학적 지식을 다시 3D CAD 시스템을 통하여 다양한 방식으로 적용하여 설계 문제에 대한 최적화된 해결 방안을 탐색하여 현실적 경쟁력을 갖춘 기술과 제품 개발을 주도할 수 있게 된다.

1.2 설계의 이해

3D CAD 시스템을 사용하여 구현하고자 하는 것은 목표 요구 사항을 만족시키는 설계를 완성하는 것이다. 그리고 설계는 기술 혹은 제품의 개발을 위해 필요한 관련 분야의 이론적, 기술적 방안을 기초로 최적의 해결 방안을 도출하고 이를 현실화하고 관련 업무 당사자들이 공유할 수 있는 표준화된 정보로 만드는 과정과 그 결과라고 할 수 있다. 때문에 3D CAD 시스템은 설계의 대상 기술 혹은 제품을 현실화하는 과정이 신속하면서 최적의 비용으로 최대의 생산성을 확보할 수 있도록 운용될 수 있어야 한다.

현재와 같은 대량 생산 체제에서의 설계는 제품 및 기술의 개발로 한정할 수 있으며, 그 대상으로서 모든 공학적, 기술적 진보는 유무형의 상품으로 개발되어 시장에서 경쟁하게 된다. 이러한 목적에서 보다 빠르게 최적의 비용으로 신뢰성 있는 기술과 제품을 생산할 수 있는 현대적인 설계 도구로서 3D CAD 시스템이 등장했다고 볼 수 있다.

설계 과정을 통해 생산된 기술 혹은 제품의 설계 정보는 개발 대상이 현실화되기 까지 수많은 과정과 단계를 거치게 되고, 이 과정에서 애초 목적한 설계 의도가 유지될 수 있어야 한다. 때문에 설계의 목적, 과정 그리고 결과는 관련된 모든 당사자들이 공유할 수 있는 표준화된 정보로 구현되어야 한다. 그리고 표준화된 정보의 공유를 통하여 3D CAD 시스템과 공장 자동화 체계를 기반으로 이전 시대에는 불가능했던 제품의 개발이 가능하게 되어 지고 있다.

1.2.1 설계의 대상

설계의 대상이 현대 사회에서 기술적 해결을 필요로 하는 모든 문제라고 볼 때, 3D CAD 시스템의 운용 목적은 시장에서 유무형의 부가가치를 창출하는 모든 제품의 개발이라고 할 수 있다. 하지만 설계의 대상이 명확하게 규정되어 있다고 할 수는 없으며, 넓게는 하나의 창작 과정으로까지 확대할 때 현실화 가능한 모든 기술적, 공학적 그리고 상업적 대상을 포함한다고 할 수 있다. 그리고 일반적인 공학과 기술 분야에서의 설계로 한정 할 때, 설계의 대상은 제품화를 위한 기술과 구현 체계 그리고 상품화된 유무형의 제품이라고 볼 수 있다.

설계의 대상 범위를 좁은 시각으로 보자면 기술 및 제품의 형상과 구조 그리고 가공 방법이라고 할 수 있다. 그리고 3D CAD 시스템을 통한 설계 기술의 학습 과정도 이 범위에서의 내용으로 다뤄지고 있다.

하지만 설계 대상은 현대의 수많은 산업 분야만큼이나 다양하기 때문에 특정 제품을 학습한 결과가 다른 여러 분야의 설계 능력을 보장하지는 않는다. 일반적으로 3D CAD 시스템의 설계 대상은 상대적으로 기계 관련 분야에 집중되어 왔으나 최근 활용 범위는 점차 넓어지고 있는 추세이다. 기계 분야로 구분하더라도 기계 부품, 자동차, 조선, 항공 등 엄청나게 많은 세부적인 부문으로 구분되기 때문에 특정 부문이나 대상을 지정하기란 쉽지 않다. 그러한 이유에서 많은 3D CAD 시스템의 학습 대상도 일반적인 모델링 기능 소개와 설계 대상 역시 기구나 공구류에 한정되는 경우가 많다.

기계 분야라 하더라도 전기, 전자 등 다른 분야의 설계와 통합되어 제품이 구성되는 경우가 대부분이기 때문에 최근 이러한 현실을 적용하여 CAD 시스템 간의 통합 및 협업 운영이 활발하게 진행되고 있기도 하다.

3D CAD 시스템을 통하여 설계되는 대상은 매우 다양하지만 결과물은 3차원 형상 모델과 2차원 도면으로 표현된다. 비록 3D CAD 시스템과 2D CAD 시스템의 환경적 제약으로 3차원 형상 모델과 2차원 도면으로 결과물이 나뉠 수 있지만 현재 3D CAD 시스템의 최종적인 설계 정보는 2차원 도면이라고 할 수 있다. 때문에 CAD 시스템 간의 구분이 설계 대상의 구분에 결정된다고 단정할 수만은 없다.

그러므로 모든 설계 대상의 결과는 동일하다는 측면에서 CAD 시스템의 구분에 위한 3차원 설계와 2차원 설계로 나누어 질 수 없다. 모든 설계 대상은 3차원에 존재하며 단지 설계 수단에 따라 3차원 형상 모델이나 2차원 단면으로 표현될 뿐이다.

하지만 최근 3차원 프린팅 기술의 발전과 프린터의 보급 확대로 설계 대상을 설계자가 직접 가공 및 생산하는 체계로 진화되고 있기 때문에 가까운 미래에는 2D CAD 시스템과 2차원 도면이 현재와 위상을 유지하기는 힘들 것이다.

1.2.2 설계의 범위

설계의 대상을 지정하는 것과 달리 설계라는 작업, 업무의 범위를 해당 대상에 대하여 규정하는 것을 명확하게 하는 것은 쉽지 않은 일이다. 가장 일반적인 설계의 범위는 도면 혹은 형상 모델링 과정으로 지칭된다. 하지만 설계 결과의 오류나 수정은 이후 전체 제품 개발 공정에 심각한 영향을 미친다는 점에서 단순히 모델이나 도면 작업을 설계의 범위로 한정하기는 무리가 있다. 또한 설계 공정은 전체 제품 개발 과정에서 가장 긴 시간을 차지하는 부분 중 하나라는 점에서 이후 공정의 진행에 미치는 영향을 결코 가볍게 볼 수 없다. 이러한 이유에서는 제품 개발 공정에서 설계 공정의 범위를 명확하게 규정하고 발생하는 오류에 대응하기 위한 관리 절차가 매우 중요하다.

최근 3D CAD 시스템의 기능 개선으로 현재 설계 결과가 물리적인 형상으로 드러나기 전, 설계자는 기본 개념을 설계 결과를 구체화할 수 있다. 이러한 설계 개념을 보다 빠르고 명확하게 구체화하고 이를 검증 한 후 상세 설계를 진행할 수 있도록 하는 기능의 구현에 집중하고 있다. 이러한 측면에서는 설계의 범위는 지속적으로 확대되어 가고 있다고 할 수 있다.

설계의 대상이 정해졌다면 여러 특정 상황에 따른 차이에도 불구하고 일반적 절차는 다음과 같은 단계로 진행될 수 있다. 설계 범위의 모든 단계는 표준화된 정보로서 표현되어 각 공정으로 전달되고 공유된다.

1) 제품 디자인

기술적인 측면에서 볼 때 설계 대상은 특정 사안의 해결이나 개선을 위한 목적에 의해 제안된다. 또한 새로운 제품의 개발은 신규 시장으로의 진출이나 경쟁 제품과의 차별을 위한 목적이기도 하다. 하지만 설계자 입장에서는 실제 설계 단계에서 심각한 영향을 미치는 이러한 초기 요인의 검토 및 선정에 직접적으로 관여하기 쉽지 않다는 것이다. 때문에 설계자는 드러나지 않는 수많은 현실적 제약 조건이 배제되지 못한 설계 대상을 접하게 될 수 있다.

또한 최근 소비재를 포함한 모든 사업 분야의 제품 개발 과정에서 기능적인 측면은 물론 심미적인 측면과 사용 편의성 측면이 강조되면서 '디자인 과정'에서의 요구 사항을 설계 사양이 충족시킬 수 있어야 하는 부담이 심화되고 있다. 지금까지 전통적인 설계자의 시각에서 제품의 외형적 디자인이 강조된, 산업 디자인' 영역에 대한 이해과 평가는 상대적으로 큰 비중을 차지하지 않아 왔다. 하지만 현재 제품 개발 기술이 점차 보편화되고 있는 상황에서 제품의 시장 경쟁력 강화를 위해 제품 디자인에 대한 독보적 우위가 강조되기 시작했고 디자인 그룹의 영향력은 제품 개발 전체 과정에 심대한 영향을 미치고 있다. 때문에 이러한 제품 디자인 요구 사항을 충족해야 하는 설계자 및 개발자의 부담은 더욱 증가하고 있다.

일반적으로 제품의 외형 및 사용성을 중시하는 산업 디자인 부문에서는 실질적인 제품의 개발 및 생산 공정에 대한 최적의 평가를 판단하기 힘들기 때문에 결과적으로 설계 및 개발 부문에서 이러한 요구를 수용할 수 없는 경우도 발생할 수 있다.

때문에 제품 개발의 전체적 공정을 관리하는 입장에서는 제품 디자인과 설계 그리고 생산에 걸친 과정에서의 각 부문 간의 원활한 의사 소통과 정보 교환을 통하여 최적의 제품 개발 목표를 설정하고 유지하기 위한 노력을 지속해야만 한다.

그럼에도 불구하고 시장 경쟁이 더욱 치열해주는 상황에서 제품의 시장 경쟁력에 요구되는 모든 조건을 만족하는 최적 설계안에 대한 도출은 최종적으로 설계자의 역할이라고 할 수 밖에 없다.

2) 개념 설계

앞서 설계 과정을 단순하게 종이 위에서 설계 대상을 제도 하거나 CAD 어플리케이션을 사용하여 모델링하거나 도면을 생성하는 것으로 한정할 수 있다고 했지만, 현실적으로 이러한 단순 반복 작업으로서의 설계로는 시장에서 경쟁력을 갖춘 새로운 제품 개발은 거의 불가능 하다.

제품의 형상, 기능, 소재 및 가공 과정의 모든 요소를 설계 단계에서 고려하여 최소 비용과 최고 품질 간의 적절한 균형을 이룰 수 있도록 해야 한다. 때문에 설계자는 가능한 한 제품 및 시장에 대한 모든 정보를 바탕으로 최적의 제품 개발 공정을 설계해야만 한다. 그리고 이러한 과정이 3D CAD 시스템에서 개념 설계라는 기능으로 도입되어 왔다.

사실 3D CAD 시스템에서의 개념 설계 과정은 명확하게 기능적으로 규정하기 힘들다. 이를 위한 특별한 기능이 추가된 경우도 있을 수 있고 기존 모델링 기능의 적절한 활용으로서도 구현이 가능하기 때문이다. 하지만 일반적으로 개념 설계 기능 혹은 과정은 3D CAD 시스템에서의 실제 모델링에 앞서 설계 대상의 핵심적인 구성 및 기구 체계를 대략적으로 구현한 후 이를 기반으로 목표한 설계 사양을 만족할 수 있는 지를 사전 평가하는 절차로 볼 수 있다.

예로 3D CAD 시스템의 Bottom-Up, Top-Down 혹은 파라메트릭 모델링 역시 개념 설계에 활용될 수 있다. 또한 CAD 시스템과 연동되는 수식 기반의 별개 어플리케이션을 사용하기도 한다. 이 과정에서는 설계자는 학습한 공학적, 기술적 이론을 적용하여 최적의 설계 사양에 대한 사전 검증을 수행할 수 있다. 또한 문제 해결을 위한 독창적 의도를 현실화할 수도 있다.

하지만 개념 설계를 실제 CAD 시스템에서 효율적으로 운용하기 위해서는 설계 대상의 기능과 사양에 대한 명확한 이해와 현실적 적용 방안에 대한 확인과 경험이 필요하다고 볼 수 있기 때문에 설계자는 지속적으로 개념 설계를 구체화하기 위한 노력이 필요하다.

3) 상세 설계

상세 설계는 일반적으로 설계 과정이라 부르는 정형화된 공정으로 볼 수 있다. 제도판 위에서 수작업으로 도면을 작성하거나 컴퓨터에서 CAD 시스템을 사용하여 설계 대상을 모델링하고 도면을 작성하는 등의 설계자가 가장 많은 시간을 소요하는 단계라 할 수 있다.

하지만 CAD 시스템의 도입으로 상세 설계는 기능적 공정으로 전락된 면도 없지 않으며, 각 CAD 시스템의 기능 역시 평준화되어 가고 있다. 그럼에도 여전히 전체 설계 공정 및 제품 개발 과정에 있어 주요한 역할을 담당하고 있다. 그러나 3D CAD 시스템의 도입으로 도면 생성 수준에 머물던 CAD 시스템의 활용 수준을 실질적인 설계 도구로 변화시키게 된다.

상세 설계 과정의 생산성을 좌우하는 것은 설계 변경에 따른 대응이 원활하게 구현될 수 있는 가의 여부라 할 수 있다. 만일 설계를 진행하는 도중 제품 사양이나 생산 공정의 변경으로 인한 설계 변경이 요구되게 될 때 혹은 설계 대상 자체가 상당 부분에서 교체되는 경우, 진행 중이거나 혹은 완료된 설계 결과를 가능한 한 최소한의 손실로 재사용할 수 있다면 설계는 물론 제품 개발 과정의 생산성은 크게 향상될 수 있다. 하지만 설계 변경의 상당 부분은 설계자의 의도와 무관하게 발생된다는 점에서 설계자는 이러한 상황에 효율적으로 대응할 수 있는 기능과 방안의 확보할 필요가 있다.

상세 설계 단계에서는 설계 대상의 형상 모델링과 도면 생성뿐만 아니라 기능적 사양을 검증하기 위한 엔지니어링 시뮬레이션 과정을 함께 진행하기도 한다. 컴퓨터 시스템의 성능 개선과 함께 CAE 시스템을 운용하기 위한 하드웨어 사양이 크게 낮아짐에 따라 현재 워크스테이션은 물론 PC 수준에서도 설계 대상에 대한 일정 수준 이하의 해석 과정을 수행할 수 있다.

또한 설계 작업의 규모가 커짐에 따라 팀이나 부서 단위 수준에서 설계를 진행할 때 설계 변경 등에 효과적으로 대응하지 못한다면 관련 업무 담당자 간에 시간과 비용의 부담이 발생한다. 그러므로 설계 업무 관리자는 각 설계자 간의 업무 배분 및 진행 수준 조율 그리고 설계 변경에 따른 일정 수정 등과 같은 업무를 원활하게 진행할 수 있어야 한다. 이를 위해 PDM/PLM 시스템과 같은 별도의 설계 정보 관리 체계를 운용하므로 써 상세 설계 단계에서의 생산성 개선을 검토할 필요도 있다.

4) 시제품 제작

컴퓨터 기반의 CAD 시스템을 이용한 설계가 일반화되기 이전 시제품 제작은 실물 제작을 의미했다. 때문에 설계 및 제품 사양의 변경이 발생하며 매번 시제품을 새로 제작해야 했기 때문에 많은 시간과 비용을 초래했다. 하지만 3D CAD 시스템의 운용이 일반화되고 또한 앞서 언급한 CAE 시스템 기능이 개선되면서 가상 환경에서의 시제품 검증이 가능하게 되었다.

일반적으로 3D CAD 시스템을 기반으로 한 설계에서의 시제품 혹은 이후 양산품 제작은 CAM 시스템에서 담당하게 된다. 기능적으로 대부분의 CAM 기능이 3D CAD 시스템에 포함된 경우가 많으며, 별도의 CAM 시스템 역시 3D CAD 시스템에서 설계 정보를 기반으로 운용되게 된다.

최근 3D 프린터의 보급과 기술 개선으로 외형은 물론 기능적 구현을 실물도 가능하게 됨에 따라 보다 신뢰성 있는 시제품 생산이 가능하게 되고 향후 보다 적극적 활용이 기대될 수 있다고 본다.

5) 제품 양산

제품 생산은 전통적으로 설계의 영역이 아니라고 할 수 있지만, 이미 현대적인 설계 과정에는 제품의 양산을 위한 고려 사항까지 확대되고 있다. 예로 제품 생산을 위한 금형을 가공하는 경우, CAD 시스템에서 설계된 형상을 기반으로 생성된 금형 정보가 CAM 시스템을 통하여 공작기계가 인식할 수 있는 가공정보로 변환하고 실제 가공 전에 이를 검증할 수 있다.

또한 IoT(Internet of Things)와 같은 생산 체제의 기술 변화로 인하여 제품 생산과 관련된 정보는 다시 설계 과정의 생산성을 위한 정보로서 재활용될 수 있게 되므로 써, 3D CAD의 설계 정보에서 최종 제품 생산 정보가 통합되고 관리되는 방향으로 발전하고 있다.

1.2.3 설계 정보의 관리

제품 개발 과정에서 설계 수정은 일상적으로 발생하는 경우라고 볼 수 있다. 하지만 설계 및 제조 과정에서 발생하는 오류는 제품 개발 과정 전체를 지연시키거나 심각하게는 제품 품질에 치명적인 문제를 유발하게 된다. 이러한 문제가 시장 출시 후 발생한다면 그 여파는 기업의 신뢰성에 큰 악영향을 초래하게 된다.

때문에 설계 과정에서 발생할 수 있는 오류를 미연에 방지하고 또한 설계 과정의 생산성을 개선하기 위해 설계, 설계 정보의 관리가 요구된다. 더불어 근래 제품 개발의 주기가 짧아지면서 기존 설계 정보를 재사용하므로 써 설계 과정에 소요되는 시간과 비용을 절감하기 위한 목적으로도 설계 정보의 관리 필요성이 부각되고 있다.

제품의 개발 및 생산 공정에서 초기 설계는 매우 주요한 비중을 차지한다. 만일 초기 설계 단계의 오류가 수정되지 않고 제품 생산으로 이어지게 되면 앞서 언급한 바와 같이 큰 문제를 발생시키게 된다. 또한 개발 과정 중 오류가 파악 되더라도 생산 공정 변경 등과 같이 일정 지연이나 비용 소요 등과 같이 심대한 영향을 미칠 수 있기 때문에, 설계 과정에 대한 관리는 초기 설계 단계에서부터 시작되어야만 한다.

또한 기업에서의 제품은 단시간적으로는 일정 범위 내에서 종류나 기능이 확대되는 경향이 일반적이다. 그러므로 신제품이라 하더라도 이전 생산 제품에서 구현되었던 기능이나 형상이 상당 부분 포함되어 있을 수 있다. 하지만 제품 종류가 다양하고 생산 지점이 여러 곳인 경우 기존 설계 정보를 활용하기가 쉽지 않다. 때문에 동일한 기능이나 형상을 다시 설계한다거나 심각하게는 오류를 가진 부분을 다시 사용하는 등의 문제가 발생하기도 한다. 때문에 설계 정보의 관리는 기존 설계의 재사용뿐만 아니라 설계 오류 방지를 위한 목적에서도 매우 효과적으로 사용될 수 있다는 점에서 많은 기업에서의 도입이 확산되고 있다.

종이 도면 위에서 제도 작업이 설계의 일상적 모습이던 시기에는 설계와 관련된 모든 정보의 관리는 각 도면에 표기되었고, 도면은 별도의 보관 장소에서 관리되었다. 이러한 관리 체계는 보관 도면의 수가 증가함에 따라 별도 공간, 인력 등 추가적인 비용 부담이 초래했고, 설계 정보에 대한 접근이 용이하지 않았기 때문에 설계 재활용성에 있어서도 비효율적이었다.

종이 도면의 경우, 하나의 원본 도면에 대한 수많은 수정 도면과 그 복제 도면을 구분하기 위한 체계적이고 철저한 도번(도면번호, 이하 도번) 관리가 요구되지만, 실제 설계 과정에서 이를 검증하기 위한 체계는 상당히 불안정했다. 하지만 물리적인 종이에 부여된 도번에 설계 변경이나 수정 그리고 새로운 설계를 즉각적으로 반영하기란 쉽지 않다.

CAD 시스템의 운영이 제도라는 설계의 핵심 과정을 대체하게 됨에 따라 종이 위의 설계 정보들은 디지털 정보로 바뀌었고 이에 따라 설계 정보 관리의 효용성 역시 크게 개선되었다고 볼 수 있다. 하지만, 디지털 정보의 특성 상 정보의 복제, 삭제 등이 수월해 짐에 따라 종이 도면 시절과 마찬가지로 설계 정보의 순서 관리 문제가 더욱 부각되었다. 오히려 고의적 수정이나 불법 복제 용이성 등으로 관리 자체가 불가능하게 되었다고도 할 수 있다. 실제로 많은 기업에서 이러한 문제로 내외부적인 어려움 겪고 있기도 하고, 예측할 수 없는 피해를 입기도 한다.

이러한 문제를 해결하기 위해 CAD 시스템의 설계 정보 관리 기능이 강화되었으며 별도의 관리 체계인 PDM 시스템이 개발되었으며, 현재는 설계 정보뿐만 아니라 제품 개발에 관련된 모든 정보를 통합 관리하는 PLM 시스템으로 발전했다.

설계 정보의 관리는 설계 도구의 변화와 무관하게 기업의 제품 개발에 대한 무유형의 자산으로 지속하기 위한 사안이다. 때문에 설계 정보 관리를 통한 제품 개발의 생산성을 더욱 개선하기 위해 기업 현실에 최적화된 관리 체계를 구축하고 이를 지속해야 한다.

하지만 현실적으로 기업에서 이러한 설계 정보의 가치를 인식하고 제대로 관리하는 경우를 찾기란 쉽지 않다. 물론 인력과 자금이 풍부한 대기업 수준에서는 이미 이러한 관리 시스템을 구축하여 운용 중이다. 반면 대기업의 주력 사업 부문이 아닌 기업 부문이나 중견 규모 이하 기업에서 설계 정보 관리 체계를 구축하고 운용하기란 수많은 현실적인 어려움이 있다. 많은 기업에서 설계 정보의 관리는 직접적 수익 발생 요인으로 보지 않는 시각을 가지고 있다.

그러나 설계 정보의 관리는 제품 개발과 생산 과정을 기업의 직접적 이익으로 연결시킬 수 있는 기반 중 하나라고 할 수 있다. 설계 정보 관리는 설계 공정 에 소요되는 시간을 단축함은 물론 설계 오류가 다음 공정으로 진행되기 전에 검증하므로 써 개발 비용을 절감할 수도 있다. 특히 여러 요인에 의해 설계 대상의 개발 공정 변경 및 목표 원가 수정 등에 대응한 설계 변경을 기존 설계 정보를 활용하여 최소한의 범위 내에서 수정하고 혹은 재사용할 수 있도록 하여 계획한-정상적-개발 과정의 지속에 크게 기여 할 수 있다.

설계 정보에는 설계자 혹은 제품 개발의 기본적이며 핵심적인 의도가 포함되어 있다. 설계 정보의 관리는 이러한 설계 의도를 지속시키고 또한 공유될 수 있도록 관리 하게끔 구현되어야 한다. 특히 3D CAD 시스템을 사용하는 경우 설계자의 의도는 후속 공정에도 이어지게 된다. 2D CAD 시스템을 통하여 생성된 도면은 대부분 제도를 위한 표준 규약이 준수되는 범위에서 설계 품질의 우열을 평가하기 힘들다. 일반적인 도면 생성 시간의 비교는 설계 품질에 별 다른 의미를 부여하시 못한다. 3D CAD 시스템에서 하나의 설계 결과를 지속적으로 관리하므로 써 후속 공정의 신뢰성을 담보하고 설계 수정에 따른 후속 절차를 미리 확인할 수 있다.

1.2.4 설계의 도구

제품 개발을 위한 설계 정보의 생성, 도면 작업을 도구의 역사는 필기구의 역사와 맥을 같이 한다고 볼 수 있다. 그리고 산업 혁명 이후 표준화되고 정확한 제품 개발을 위한 제도라는 공정이 정립되면서 제도 기구 등이 고안되고 사용되어 왔다. 그리고 일반적으로 설계는 제도판 위에서 도면을 생성하는 작업이라는 틀을 벗어나지 못한 실정이었다. 이런 측면에서 필기구가 사용된 이래 컴퓨터 기반의 CAD 시스템으로의 전환은 설계 부문에 있어 가장 근본적이며 혁신적인 변화라고 할 수 있다.

종이 위에 그려진 도면은 오늘날 CAD 시스템 화면의 도면과 내용적으로 다를 바 없다고 할 수 있지만 종이 매체의 물리적 한계로 인한 수많은 관리 비용 부담은 명확하다고 할 수 있다. 물론

21 세기에 들어서도 여전히 종이 도면은 많은 생산 현장에서 사용되고 있는 것도 부인할 수 없다.

하지만 어떤 이유에서도 설계 도구의 컴퓨터 기반의 CAD 시스템, 특히 3D CAD 시스템으로 진화할 수밖에 없을 것이며 더욱이 최근 3D 프린터의 출현과 보급은 지금까지 도면 생성이라는 이유로서 부동의 위치를 차지하고 있던 2D CAD 시스템의 필요성을 현저히 낮출 정도로 설계 자체의 개념과 범위를 변화시키고 있다.

일반적으로 3D CAD 시스템의 운용과 학습은 앞서 언급했던 바와 같이 기계 및 관련 계열에서는 진행되어 왔다. 그리고 학습 내용은 CAD 시스템의 설계 도구로서의 기능에 대한 학습과 이에 기반 한 제품 설계에 대한 학습으로 구분할 수 있다. 하지만 현실적으로 학습의 90 % 이상이 CAD 시스템의 기능적 학습에 집중되어 왔다. 그 결과를 설계 도구로서의 CAD 시스템 운용이 상대적으로 높은 반면 이를 이용한 실질적 설계 능력은 전무하거나 설계 정보를 이해하지 못하는 어려움이 지속되고 있다. 나아가서는 설계 자체가 설계 도구에 종속되는 현상이 발생하기도 한다.

현재 이미 수십 종류의 CAD 시스템들이 저마다의 장점을 내세우고 치열한 경쟁을 벌이고 있으며, 이미 수십 년의 역사를 가진 주요 CAD 시스템 간에도 우열을 가리기 힘들 정도로 기능이 평준화 되었다고도 볼 수 있다.

특히 현재는 2D CAD 시스템 시장의 경우 전체 판매량의 90% 이상을 한 제품이 장악하고 있는 현실에서 갑작스러운 3D 프린팅 기술의 혁신적 발전으로 3D CAD 시스템으로 급격히 변화하는 시기가 도래했다. 때문에 2D CAD 시스템이 표준화된 설계 도구가 인식되어 왔던 것에 비해, 뚜렷하게 시장을 주도하는 3D CAD 시스템이 없는 입장에서 3D CAD 시스템 기반의 설계 학습자는 매우 혼란한 상황에 놓이게 되었다고 볼 수 있다.

또한 3D CAD 시스템이라는 설계 도구는 도입 및 학습에 요구되는 비용과 시간으로 인해 이전의 다른 설계 도구와 같이 쉽게 전환이 가능하지 않다는 점도 학습에 상당한 부담을 가질 수밖에 없는 것도 사실이다. 그럼에도 학습자가 이러한 변화에 대응하기 위해서는 CAD 시스템을 설계 도구로서 인식하고 이에 기반한 설계 능력을 확보하기 위한 학습자의 인식의 변화와 노력이 필요할 수밖에 없다.

1.3 CAD 시스템의 발전

1.3.1 설계플랫폼으로의 진화

CAD 시스템의 역사는 컴퓨터 및 컴퓨터 그래픽스 기능의 발전과 함께 해왔다. 설계의 목적이 제품 개발 과정에서의 공학적, 기술적 문제 해결을 위한 과정의 하나라고 볼 때 컴퓨터 그래픽스에 기반한 CAD 시스템의 등장은 당연한 결과로도 볼 수 있다. 특히 3차원 컴퓨터 그래픽스 기능의 발전은 설계 환경을 보다 현실에서의 문제 해결 상황으로 인지할 수 있도록 하므로 써 설계 과정에 보다 높은 부가가치를 부여할 수 있게 되었다. 더욱이 지금도 계속 성능이 향상되고 있는 컴퓨터의 발전 속도와 함께 CAD 시스템의 기능 확장도 현재 진행형이라 할 수 있다.

현재의 통합형 3D CAD 시스템에 비해 컴퓨터의 발전과 함께 시작된 초기 CAD/CAM/CAE는 개별 프로그램으로서 각 목적에 적합하도록 개발이 진행되었다. 그런 점에서 컴퓨터의 최초 개발 목적이 수치 계산이라는 측면에서 CAE 시스템이 그 시작이라고도 생각할 수 있다. 또한 1975년 Dr. Patrick J. Hanratty에 의해 CNC 프로그래밍을 위한 PRONTO 시스템이 개발되면서 CAM 시스템이 시작되었다고 볼 수 있다. 반면 CAD 시스템은 MIT Lincoln Laboratory의 Ivan Sutherland가 TX-2 시스템에서 개발한 Sketchpad에 그 시작을 두면서 컴퓨터 그래픽스 디스플레이가 개발되면서 본격적인 개발과 보급이 진행되었다고 할 수 있다.

그림 1.2 1963년 개발된 Ivan Sutherland의 Sketch Pad

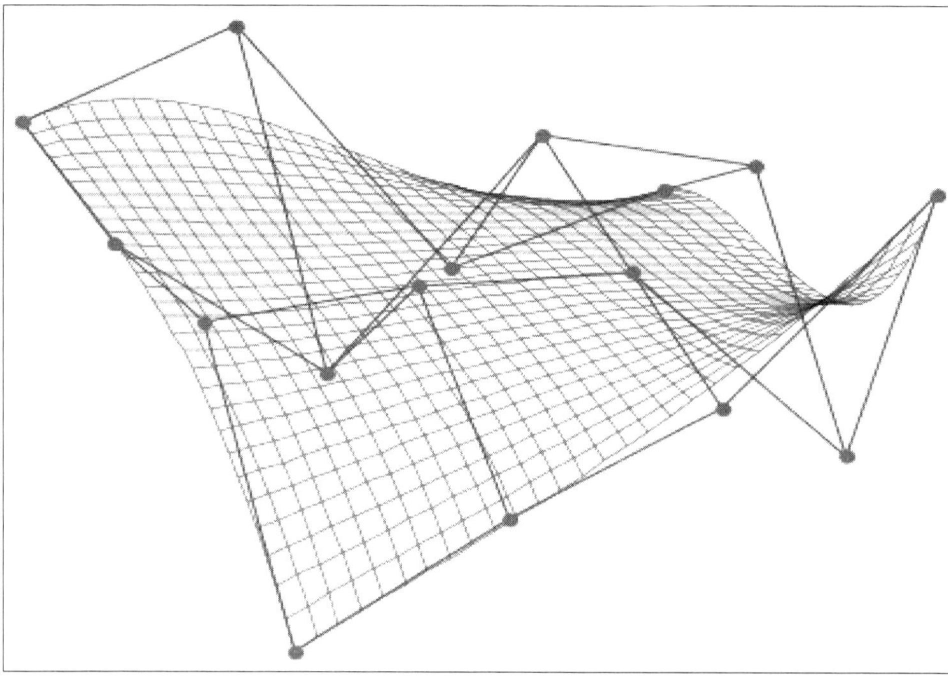

그림 1.3 베지에 곡면을 이용한 3차원 자유곡면 모델링

Sketchpad 개발 이래, CAD 시스템의 개발은 자동차, 항공기 생산 업체에서 메인-프레임 기반의 제도 작업 자동화를 목적으로 주도 되었다. 1967년 McAuto(McDonnell-Douglas Automation Company)의 CADD, Ford의 PDGS 그리고 Lockheed의 CADAM 등과 같은 2D CAD 시스템이 등장하므로 써 제도판 위의 제도 작업이라는 전통적인 설계 방식이 대체되기 시작했다. CAD 시스템을 통한 도면 생성은 기존의 설계 도면 생성이라는 업무의 생산성을 크게 향상 시키므로 컴퓨터 기반의 설계 환경 도입의 효용성을 증명시키게 된다. 이후 미국와 유럽의 주요 기업과 대학에서는 컴퓨터 그래픽스 그리고 CAD 시스템에 대한 연구가 활발히 진행되기 시작했다. 특히 프랑스의 Castelijau과 Bézier는 3차원 곡선/곡면 모델링에 대한 연구를 통하여 3D CAD 시스템의 기술적 진보에 큰 공헌을 하였다.

또한 1960년대를 지나면서 2D CAD 시스템의 설계 도구로서의 상품성이 확인되면서 Evans & Sutherland, United Computing, Applicon, Auto-Trol, ComputerVision, McAuto, SDRC 등의 CAD 시스템 개발사들이 등장했다.

1970년대 전 세계적인 경제 성장과 특히 일본을 비롯한 미국과 유럽의 자동차 산업이 급성장함에 따라 CAD 시스템 시장 역시 활황을 맞게 된다. 특히 IBM의 메인프레임에 이어 DEC의 VAX 및 HP 등의 미니-컴퓨터의 보급이 확대되었고, FORTRAN 언어의 확산과 그래픽스 터미널의 보급으로 보다 진보한 CAD 시스템 시장으로 확대되기 계기를 만들었다. 주요 자동차 제조사에 의해 주도되었는데, 이전 시대부터 이어 오던 CADAM과 CADD를 필두로 CADANCE(GM), SYRCO(Mercedes-Benz), CAD-I(Nissan), TINCA/DAETT(Toyota) 그리고 NCAD(Northrop) 등이

CAD 시스템 시장을 모습을 드러낸다. 또한 M&S Computing, MCS 등과 같은 신생 개발사도 등장하면서 CAD 시스템 시장의 경쟁이 더욱 치열해지게 된다.

하지만 1970년대까지 CAD 시스템은 자동차나 항공기 제조사가 자체적인 개발을 통하여 해당 기업 및 관련 업체 간에서 주로 사용되고 있었다. 하지만 1972년 MCS는 ADAM 커널을 발표하면서 지금까지 CAD 시스템 개발 과정에 큰 걸림돌이 되었던 커널 개발 문제가 해소되면서, 커널과 CAD 시스템의 구분 되어 개발되는 형식으로 바뀌게 된다. 이후 ADAM 커널은 Unigraphics, CADDS, AD380, CD-2000 등과 같은 CAD 시스템에 사용되면서 본격적인 상용 CAD 시스템 시장이 열리게 된다.

1970년대 다양한 전용 및 상용 CAD 시스템의 보급은 설계 생산성을 크게 개선하였지만 너무 많은 CAD 시스템이 사용되면서 각 시스템 간의 데이터 호환성이 주요한 문제로 드러나게 되었다. 또한 3차원 컴퓨터 그래픽스 구현의 제약에도 불구하고 BUILD, PADL 등 B-Rep(Boundary Representation)과 CSG(Constructive Solid Geometry) 방식의 솔리드 모델링 이론에 기반한 3D CAD 시스템이 등장하기 시작한다.

1980년대는 마이크로프로세서의 성능이 혁신적으로 개선되면서 본격적인 데스크탑 스타일의 컴퓨터가 보급되기 시작한 시기였다. Apollo, SUN, Silicon Graphics 등과 같은 CAD/CAM/CAE 관련 어플리케이션 운용을 목적한 엔지니어링 워크스테이션 개발사들이 속속 등장했다. 32-비트 마이크로프로세서, 3차원 그래픽스 가속 시스템 그리고 근거리 네트워크를 갖춘 엔지니어링 워크

그림 1.4 PA-RISC 마이크로프로세서를 탑재한 UNIX 엔지니어링 워크스테이션

스테이션은 C-언어와 UNIX 운영체제를 기반으로 가격과 효용성 면에서 이전 메인-프레임과 미니-컴퓨터 중심의 CAD 시스템 플랫폼을 대체하게 된다. 또한 본격적으로 엔지니어링 워크스테이션 기반의 3D CAD 시스템의 보급되기 시작했는데 HP의 PE CAD, IBM/Dassault의 CADAM 기반 CATIA V1 발표에 이어 GE 역시 Calma와 CAD 시스템으로 3D CAD 시스템 시장에 진입하면서 각 제품 간의 기능 및 가격 경쟁은 더욱 치열해지게 된다.

3D CAD 시스템의 모델링 기능과 성능이 주요한 경쟁력이 되면서 모델링 커널 역시 다수가 개발되면서 주요 3D CAD 시스템에 적용되고 이는 개발 속도를 더욱 가속화하게 된다. 1981년 UGS(Unigraphics)는 PADL-2 CSG 커널 기반의 UniSolids를 발표하고, 1982년 캠브리지 대학의 개발한 B-Rep 커널 기반의 Romulus가 주요 3D CAD 시스템에 공급된다. Dassault도-기존 CADAM 기반이 아닌-새로운 3D CAD 시스템인 CATIA V2를 발표한다. 또한 Euclid-IS가 발표되었고, E&S도 Romulus를 기초로 네트워크 기반의 Romulus-3D 시스템을 개발한다. 1980년대 중반까지 상용 3D CAD 시스템 시장은 CADDS(CV), Calma(GE), Bravo(Applicon), Unigraphics(MD) 그리고 CATIA(Dassault) 등이 주도한다.

1980년대는 또한 퍼스널 컴퓨터(PC)가 본격적으로 보급되기 시작한 시기이기도 했다. PC가 워크스테이션에 비해 성능 면에서 부족한 것은 사실이었지만 미래의 경쟁력을 가진 플랫폼으로서의 가능성이 일어나고 있었다. 1982년 Autodesk는 IBM-PC에서도 구동이 가능한 AutoCAD를 발표한다. 이후 기대한 바와 같은 PC 시장의 폭발적 성장세에 힘입어 1983년 CADRA(ADRA), 1984년 MicroStation(Intergraph/Bentley) 그리고 1985년 CADKey(Micro-Control)와 같이 PC 중심의 CAD 시스템들이 보급되기 시작한다.

기존 2D CAD 시스템의 연장선에 있다고 볼 수 있었던 3D CAD 시스템에 있어 가장 큰 변화는 1987년 PTC가 파라메트릭 모델링 기능을 도입하면서 다시 변화의 시기를 맞이하게 된다. Pro/Engineer는 당시 주요 3D CAD 시스템이 메인-프레임, 미니-컴퓨터 중심에서 운용되는 상황에서 워크스테이션 수준에서만 구동되도록 개발되고 Pro/Engineer의 성공은 주요 3D CAD 시스템의 플랫폼으로서 워크스테이션 입지를 확고히 하게 된다.

이처럼 1980년대 중반 이후 CAD 시스템 시장은 엔지니어링 워크스테이션 중심의 3D CAD 시스템과 PC 중심의 2D CAD 시스템으로 구분되어 가면서, 컴퓨터 기술의 발전으로 하드웨어 플랫폼의 가격 하락과 성능 개선이 동시에 진행되면서 CAD 시스템 시장은 급격히 확대되기 시작한다. 3D CAD 시스템의 모델링 기능에서 파라메트릭 기법이 보편화되면서 제조 분야에서의 3D CAD 시스템 도입은 제품 개발의 경쟁력 확보를 위한 기본 사항으로 인식되어 가고 있었다.

3D CAD 시스템 개발사 간의 경쟁이 더욱 치열해지면 모델링 커널에서도 새로운 모델링 이론이 개발되면서 이를 반영한 개선이 진행되고 있었다. 1989년 Unigraphics가 마침내 기존 PADL-2에서 새로운 Parasolid로 커널을 대체한다. 이후 Parasolid 커널은 현재에 이르기까지 가장 많은 3D CAD 시스템에서 채택 된다. 또한 캠브리지 대학의 연구에 기반한 Spatial Technology의 ACIS 커널도 HP의 PE 시리즈 등에 채택된다. 한편 드물게 일본 동경대의 연구 성과를 바탕으로 한 일본 Ricoh의 독자적인 DesignBase 커널도 시장에 등장하게 된다. 이후 모

그림 1.5 PC/DOS 환경에서 구동되는 AutoCAD의 등장

델링 커널은 Pro/Engineer의 GRANITE 같은 독자적인 커널을 사용하는 경우도 있지만 대부분의 3D CAD 시스템은 Parasolid와 ACIS를 채용하므로 써 양분 되게 된다.

1980년대를 지나 1990년대에 들어서면서 CAD 플랫폼은 HP, SGI, SUN등의 엔지니어링 워크스테이션 중심으로 완전히 전환되었고, 개인용 컴퓨터에서도 3차원 컴퓨터 그래픽스 기능이 발전되기 시작한다. 3D CAD 시스템 시장에서는 CADDS, CATIA, Pro/Engineer, Unigraphics, I-DEAS 등의 주류로 자리 잡게 되지만, Calma 등 이전 시대의 CAD 시스템은 시장에서 사라지기 시작한다.

1990년대는 세계적인 정보산업 혁명과 함께 제조 산업 현장에서의 3D CAD 시스템을 이용한 설계 생산성 혁신이 확산되고 시작한다. 이러한 혁신은 1990년대 중반 이후 PC의 성능이 급속히 향상되고 Windows 운영체제의 안정화에 따라 PC 워크스테이션이라는 이름으로 기존 미드-레인지 워크스테이션 시장에 진입하게 만든다. 더불어 PC 워크스테이션을 위한 전용 3D CAD 시스템이 보급되면서 PC 워크스테이션 시장은 폭발적으로 성장하기 시작한다. 1995년 SolidWorks는 Microsoft Windows 95 기반에서 구동되는 SolidWorks 95를 출시하면서 새로운 시장을 선도한다. 이후 SolidEdge 등과 같이 PC 워크스테이션 기반에서의 운용을 전제로 한 3D CAD 시스템의 개발이 확산된다. 그리고 미드-레인지 3D CAD 시스템 시장의 확산은 그 동안 AutoCAD로 2D CAD 시장의 평정하고 있던 Autodesk도 마저 3D CAD 시스템 시장으로의 진입을 촉진하게 된다.

엔지니어링 워크스테이션과 PC 워크스테이션의 하드웨어 플랫폼에 양분되면서 3D CAD 시스템 시장도 이전과 다른 변화가 일기 시작한다. 주요 3D CAD 시스템을 UNIX 기반의 엔지니어링 워크스테이션에서 Windows 기반 PC 워크스테이션으로 이전하면서도, 새로운 미드-레인지 3D

CAD 시스템 시장을 장악하기 위해 기존 미드-레인지 3D CAD 시스템을 비롯한 경쟁 제품을 인수 후 통합하는 방향으로 나아간다. Dassault는 SolidWorks를, EDS(UGS)는 SolidEdge를, 그리고 PTC는 과거 한때 3D CAD 시스템 시장을 선도했던 ComputerVision을 인수한다.

1990년대는 3D CAD 시스템의 확산과 함께 급증하는 설계 정보와 협업 설계 환경의 구축하고 관리하기 위한 PDM 시스템의 보급이 본격적으로 시작된다. 결과적으로 3D CAD 시스템의 데이터에 기반한 PDM 시스템 역시, 3D CAD 시스템 시장을 장악한 Dassault, PTC 그리고 UGS에 의해 주도 되었는데 이들의 PDM 시스템은 자사의 제품은 물론 경쟁 제품까지 통합하므로 써 설계 정보 공유와 협업 체계 구축이 가능하게 되었다.

21세기를 맞이하면서 3D CAD 시스템 시장의 확대는 2D CAD 시스템 시장을 평정한 Autodesk가 3D CAD 시스템 시장 진입을 위한 Inventor를 출시하게 되므로 써 기존 하이-엔드 및 미드-레인지 3D CAD 시스템으로 시장한 장악하고 있던 Dassault, PTC 그리고 UGS(2007년 이후 Siemens) 간의 경쟁 구도로 확장되게 된다.

PC 워크스테이션의 성능이 지속적으로 개선되면서 엔지니어링 워크스테이션의 입지가 점차 위협받는 상황에서, 3D CAD 시스템 시장에서 하이-엔드 제품과 미드-레인지 간의 성능 차이도 점차 줄어들고 있었다. 그리고 2005년 전후로 가격대비 성능에서 상당한 도입 비용을 요구하는 UNIX 운영체제 기반의 엔지니어링 워크스테이션의 신규 제품이 시장이 출시되지 않으면서 워크스테이션 시장은 PC 워크스테이션 중심으로 재편된다. 이후 PC 워크스테이션 혹은 PC의 성능이 미드-레인지 이상의 3D CAD 시스템을 운용함에 충분한 성능을 제공함에 따라 더 이상 하드웨어 플랫폼 도입의 제한이 없어졌다고 할 수 있다.

PDM 시스템은 주요 3대 플랫폼이 시장을 주도하면서 점차 PLM 시스템으로 확장되어 대규모 제품 개발 관리 체계로 발전되었다. 그리고 PLM 시스템을 기반으로 3D CAD 시스템의 설계 정보가 제품 개발 및 생산 단계를 넘어 전사적인 관리 체계에서 공유되는 협업의 대상으로 확장되게 된다.

2010년대를 지나면서 인터넷과 스마트 기기 기반의 모바일 혁명은 CAD 시스템에도 변화를 초래했다. 특히 도면을 비롯한 설계 정보를 더 이상 연구소나 설계실의 워크스테이션이 아닌 장소에 구애받지 않고 확인하고 공유할 수 있는 체계로 변화되었다.

더불어 3D 프린팅, IoT 같은 새로운 혁신적 기술에 3D CAD 시스템과 연동되면서 컴퓨터 시스템 내의 가상공간과 실제 공장의 기기들이 연결되므로 써 산업혁명 이후 큰 변화 없이 지속되어 온 제조 환경을 완전히 다른 세계로 변모시키기 위한 노력이 진행되고 있다.

1.3.2 형상 모델링 기법의 변화

현대적 3D CAD 시스템의 기술적 발전 가운데 설계자 입장에서 가장 주요한 변화는 3차원 공간에서 형상을 구현하는 절차적 방식과 이후의 수정 과정에 대한 기술이라고 할 수 있다. 단면을 직접 구현하는 2D CAD 시스템과 3차원 공간에서 형상 모델링을 진행해야 하는 3D CAD 시스템에서는 설계 요소가 증가할수록 설계자의 부담 역시 증가하게 된다. 때문에 3D CAD 시스템에서는 설계자가 가능한 최소의 입력으로 최적의 설계 대상을 구현할 수 있도록 기능적인 개선을 지속해오고 있다.

3D CAD 시스템의 발전 과정에서 이러한 기술적 개선의 가장 큰 변화를 가져온 것은 1980년대 중반 PTC의 Pro/Engineer(현. Creo)에 의해 파라메트릭 모델링(Parametric modeling)이 본격적으로 채용되기 시작하면서 부터였다. 파라메트릭 모델링 기법의 도입은 3D CAD 시스템의 설계 생산성을 크게 변화시키게 되고 3D CAD 시스템 시장 구도의 변화를 초래하게까지 한다. 이후 파라메트릭 모델링은 현대적 3D CAD 시스템의 기본 모델링 기법으로 자리 잡게 된다.

1) 파라메트릭 모델링

파라메트릭 모델링 기법은 파트(형상)를 구성하는 여러 각 피처 생성과 구현 순서가 형상 모델링에 대한 매개변수 요소로 작동하고, 각 피처를 구성하는 스케치 요소는 피처의 매개변수로 구성된다. 그리고 스케치 생성 과정에서 적용하는 치수 및 기하 구속 등과 같은 설계 요소가 또한 스케치의 매개변수가 된다.

이와 같이 설계 대상의 구현에서 사용되는 각 계층적 요소가 전체 형상의 매개변수이기 때문에 설계자는 형상 모델링 및 수정 과정에서 여러 매개변수를 수정하고 조정함으로써 설계를 진행하게 되고, 이는 설계 수정이 빈번하게 발생하는 경우 초기 설계 과정에서 높은 설계 생산성을 제공하게 된다. 현재 대부분의 3D CAD 시스템이 파라메트릭 모델링 기법에 의해 형상 설계를 진행하는 방식을 사용하고 있다.

하지만 파라메트릭 모델링 기법은 개별 형상의 수정이나 피처 이동 등과 같은 경우 형상 모델링의 기반이 되는 요소, 매개변수에 대하여 정확하게 적용되어야하기 때문에 복잡한 피처로 구성된 파트의 수정 특히 완성 단계의 형상 모델링 수정에서 복잡함을 초래할 수 있다. 또한 하나의 스케치나 피처가 여러 피처 모델링에 연결되어 있는 경우 개별 피처의 수정이 예상하지 못한 다른 피처의 수정이나 오류로 이어질 수 있기 때문에 매개변수로서 스케치나 피처 선정에 주의를 요한다.

2) 다이렉트 모델링

파라메트릭 모델링이 형상 생성과 수정 등의 후속 변경 과정에서 기반 요소의 설계 변경에 의한 주변 여러 피처나 파트 형상에 영향을 미친다는 점에서 특히 모델링 후반의 수정 작업에서 여러 문제를 초래할 수 있다. 때문에 이러한 파라메트릭 방식에 대응하여-피처가 아닌-지오메트리 형상이 구현된 이후 생성 과정에서의 계층적 변수 관계가 유지되지 않도록 모델링할 수 있는 기법으로서 다이렉트 모델링(Direct modeling)이 효용성을 가지게 되었다.

특히 제한된 공간에서 다양한 형상을 구현하거나 기능 배치가 필요한 설계에서 각 형상의 수정이 다른 형상에 미치는 영향을 최소화할 수 있다. 반면 파라메트릭 모델링 기법과 달리 형상이나 피처 간의 관계를 지정에 따른 Top-Down 설계 등 여러 계층적 방식에 의한 현대적 설계 모델링 방식의 장점을 활용하기 어렵다. 때문에 파라메트릭 모델링 기법에 의해 극히 제한된 3D CAD 시스템에서 다이렉트 모델링을 채용해오고 있다.

하지만 최근 파라메트릭 모델링 기법의 적용이 일반화되고 그 장단점에 명확하게 인식됨에 따라 다이렉트 모델링의 효용성 역시 이전에 비해 보다 효율적으로 활용하기 위한 방식으로 채용이 서서히 증가하고 있다.

3) 형상 모델링 기법의 융합

앞서 언급한 파라메트릭 모델링 기법과 다이렉트 모델링 기법의 비교에서 예로 박스 형태 피처에 여러 직경을 구멍이 뚫어진 형태로 설계를 진행할 때 각 구멍의 직경이 서로 연관성을 가지고 있는 경우라면 임의 직경의 수정에 따라 주변 구멍의 직경이나 깊이도 규정된 규칙이나 범위에 따라 자동 수정된다. 반면 구멍의 형태가 단순한 원통 피처가 아닌 매우 복잡한 형상 피처라고 하면 구멍 가운데 일부가 삭제되거나 위치가 이동되어야만 하는 경우 기존 파라메트릭 모델링에서는 주변 피처와 연관성을 해제하거나 새로운 규칙을 적용하기 위한 복잡한 과정을 거쳐야 한다. 하지만 다이렉트 모델에서는 각 원통을 변경이나 수정이 다른 피처에 영향을 미치지 않으면 또한 영향을 받지도 않게 된다.

21세기 들어 주요 3D CAD 시스템에서는 이러한 파라메트릭 모델링과 함께 다이렉트 모델링의 장점을 모두 채용하기 위한 기술적 개선을 진행하게 된다. 그 결과 최근의 3D CAD 시스템에서는 파라메트릭 모델링과 다이렉트 모델링을 모두 제공하는 방식으로 전환되고 있다. 물론 이러한 복잡한 모델링 기법이 반드시 유용하다고 할 수는 없으며, 실제 현재까지는 상대적으로 파라메트릭 모델링 기법이 중심을 이루며 형상 수정 등과 같은 과정에서 다이렉트 모델링 기법이 적용되는 형식이 주를 이루고 있다.

하지만 현재까지 파라메트릭 모델링과 다이렉트 모델링이 융합된 모델링 기법은 주요 3D CAD 시스템 개발사가 저마다의 기술적 명칭을 부여하고 있기 때문에 기술적으로 명확하게 규정되었다고 볼 수 없다.

이러한 모델링 기법의 변화는 설계자에게 자신의 업무, 형상 설계 및 수정 업무에 대한 명확한 이해를 통하여 최적의 모델링 기법과 기능을 제공하는 CAD 시스템의 선택을 할 수 있도록 요구받게 만들었다고 할 수 있다.

1.4 CAD 시스템의 현황

1990년대를 지나면서 세계적인 3D CAD 시스템 및 관련 어플리케이션 시장은 고성능 통합형 하이-엔드 시스템과 중소기업 시장을 목표로 한 미드-레인지 시스템으로 구분되어 시장을 형성하고 있다. 물론 이러한 기능과 성능의 구분은 대규모 설계를 진행하는 경우를 제외한 대부분의 개별 사용자나 소규모 개발 팀 수준에서는 큰 영향을 미치지 않는다고 볼 수 있기 때문에 여러 다양한 시스템 중 개발 환경과 상황에 적절한 시스템을 선택할 수 있다. 앞서 언급한 바와 같이 전통적인 하드웨어 플랫폼 구성에 따른 하이-엔드와 미드-레인지 3D CAD 시스템에 대한 구분은 현재 PC 환경이 제공하는 마이크로프로세서와 3D 그래픽스 서브시스템(그래픽 카드)의 비약적인 성능 개선에 따라 환경적 제약이 해소된 상태로 볼 수 있다. 반면 대규모의 제품 개발을 진행하는 경우나 전사적 단위에서의 설계 협업 체계 구성 등이 요구되는 상황에서는 하이-엔드 3D CAD 시스템과 PDM/PLM 시스템 기반의 대형 관리 체계가 필요하게 된다. 하지만 이미 미드-레인지 3D CAD 시스템을 위한 PDM 시스템이 등장하고, 하이-엔드 PDM/PLM 시스템에서도 미드-레인지 3D CAD 시스템을 지원하는 범위가 확대됨에 따라 이러한 구분도 의미를 상실해 가고 있다.

1.4.1 2D CAD vs. 3D CAD

설계 플랫폼으로서 2D CAD 시스템과 3D CAD 시스템 간의 직접적 비교는 설계 대상이나 설계지의 상황에 따라 의미가 다르다고 할 수 있다. 오히려 현재의 기준으로 보자면 설계 도구로서의 두 플랫폼 간의 단순 비교는 각 시스템의 운용 목적 혹은 설계에 대한 이해 부족이라고도 할 수 있다.

일반적으로 3D CAD 시스템이 2D CAD 시스템에 비해 설계 기능이 뛰어나고 풍부한 반면 높은 도입 비용과 복잡한 사용 환경을 요구한다는 점에서 설계 도구로서 우월한 위치에 있다고 볼 수도 있다. 하지만 현실적으로 높은 도입 비용과 효율적 운용을 위한 학습 비용은 많은 기업에서 큰 부담 요소로 작용한다.

때문에 기업의 자체적인 설계 수행 여부에 상관없이 도면 생성과 출력이 주된 실제 업무라면 도입 및 관리 비용이 현저히 저렴한 2D CAD 시스템의 운용이 상대적으로 높은 생산성을 가질 수 있다. 하지만 앞서 언급한 바와 같이 이러한 각 플랫폼 간의 상대적 우위에 대한 비교는 설계 업무에 요구되는 사안을 명확하게 파악되지 않은 상황에서는 의미 없는 논쟁일 뿐이다. 실제 현재까지의 CAD 시스템 시장은 2D CAD 시스템과 3D CAD 시스템이 기능과 성능 그리고 용도에 비춰 서로 다른 시장으로 존재하고 있다고 볼 수 있다.

하지만 1990년대 이후 현재까지 확대되어 왔던 두 플랫폼의 시장이 외부적 경제 상황 등과 같은 요인으로 성장이 둔화되고 정체되면서 2D CAD 시스템과 3D CAD 시스템 간의 시장 확장을 위한 충돌 혹은 통합 현상이 일어나고 있다. 2D CAD 시스템 공급사들은 저가격의 사용이 편리한 3D CAD 시스템을 출시하여 미드-레인지 3D CAD 시스템 시장으로 진입하고 있으며, 이에 대응하여 3D CAD 시스템 공급사들은 기존 2D CAD 시스템에 비해 현저히 낮은 비용의 2D CAD 제품을 공급하거나 기존 2D CAD 시스템 사용자를 3D CAD 시스템의 성능과 효용성을 담보로 대체기능과 효용성으로 2D CAD 시스템의 역할을 대체하고자 시도하고 있다.

이러한 가운데 21세기에 들어서면서 PC 워크스테이션의 성능 향상으로 하드웨어 도입의 벽이 낮아짐에 따라 3D CAD 시스템의 도입이 확산되면서 제조 분야에서의 본격적인 무도면(無圖面) 기반의 제품 개발 환경으로 전환하기 위한 시도가 진행되었다. 그러나 모든 설계 및 개발 정보를 3D 형상 모델로 기반 하여 제조 환경의 혁신에 집중하고자 했지만 현실적인 가공 환경의 제약으로 전반적인 제조 영역에서 기대한 성과는 충족되지 못했다.

이후 다시 3D CAD 시스템 기반의 제품 형상 모델링 및 엔지니어링 설계 그리고 2D CAD 시스템 기반의 제품 가공 부문으로 두 플랫폼이 다시 공존하는 양상으로 바뀌게 되었다. 이는 아직도 국내외 많은 제품 가공 환경이 완벽하게 3D CAD 시스템에서 생성된 모델을 수용하지 못하고 있는 결과이기도 하다.

최근 이러한 두 플랫폼 간의 관계는 3D 프린팅 기술이라는 새로운 제조 방식의 확산으로 또 다시 3D CAD 시스템으로 중심이 옮겨지고 있는 실정이며, 미래에 3D 프린팅과 같은 전통적인 가공 방식을 완전히 대체할 수 있는 혁신적 가공 기술 발전이 지속될 수 있다면 두 플랫폼 간의 균형은 다시 달라질 수 있을 것이다.

결론적으로 아직까지는 2D CAD 시스템과 3D CAD 시스템 간의 구분은 설계의 과정보다는 결과로서 도면 생성 및 출력이라는 목적을 위한 인력, 시간 및 비용에 따른 효용성으로 판단할 수 밖에 없다. 만일 효용성에 따른 자원의 소모가 과도하고 생산성에 저하가 있다면 새로운 설계 플랫폼으로의 전환을 고려할 필요가 있다고 본다.

그림 1.6 종이 도면없이 100% 디지털 설계로 개발되었다고 알려진 프랑스 닷소 항공(Dassault Aviation)의 라팔 전투기

1.4.2 하이-엔드 vs. 미드-레인지 CAD 시스템

하나의 제품에 있어 가장 일반적인 혹은 시장 확대를 위한 보급 목적으로 개발된 대상이 있는 반면 일부 그리고 고가의 전문적인 특정 작업을 위한 개발된 대상으로 구분되는 경우가 있다. CAD 시스템에 있어서도 그러한 구분이 지금까지 지속되어 오고 있다고 할 수 있다.

도면 출력의 목적인 2D CAD 시스템의 경우에는 상대적으로 고급형과 보급형의 구분이 큰 의미가 없을 정도로 보편화된 제도 기능이 사용되기 때문에 설계 도구로서의 기능뿐만 아니라 도면 생성 및 관리 기능에 따라 구분되는 정도하고 할 수 있다.

이에 반해 3D CAD 시스템은 도입 초기부터 이를 운용하기 위해서는 메인-프레임이나 미니-컴퓨터에서 전용 입출력 장치를 갖춘 고가의 컴퓨터 환경이 요구되었기 때문에 일부 대기업에서 운용이 가능한 수준이었으며, 그나마 1980년대 이후 엔지니어링 워크스테이션의 개발과 함께 3D CAD 시스템의 보급이 본격화되기 시작했음에도 도입 및 운영 자체가 대부분의 중소기업에서는 부담스러운 수준이었다. 때문에 PC 워크스테이션에 의해 CAD 플랫폼 시장이 평정되는 2010년대에 들어서기까지 3D CAD 시스템에서 있어서의 하이-엔드와 미드-레인지 구분은 하드웨어 플랫폼의 구분과 동일시되기도 했다.

현재 PC 워크스테이션 넓게는 PC 성능의 혁신적 발전으로 더 이상 하드웨어 플랫폼의 구분이 절대적 기준이 되지 않게 된 상황에서는 3D CAD 시스템이 제공하는 기능의 성능과 범위에 의해 하이-엔드와 미드-레인지로 구분되고 있다. 하지만 점점 3D CAD 시스템의 가장 보편적이고 일반적인 기능 수준에서 비교할 때에 현재 하이-엔드와 미드-레인지 플랫폼 간의 구분은 거의 없다고 할 정도로 미드-레인지 3D CAD 시스템의 성능도 크게 개선되었다고 할 수 있다.

21 세기에 들어서도 3D CAD 시스템 시장은 Dassault의 CATIA, PTC의 Creo(구. Pro/Engineer) 그리고 Siemens의 NX(구. Unigraphics) 정도가 하이-엔드 3D CAD 시스템으로 구분되고 있으며, Dassault의 SolidWorks, Siemens의 SolidEdge 그리고 Autodesk의 Inventor가 대표적인 미드-레인지 3D CAD 시스템으로서 시장을 주도하고 있다. 언급한 바와 같이 3차원 설계를 위한 절대적인 성능과 기능에 있어 하이-엔드 3D CAD 시스템이 미드-레인지 3D CAD 시스템이 비해 우월할 수밖에 없는 것은 사실이지만, 구축 가격대비 설계 생산성으로 본다면 대부분의 중소규모 설계 프로젝트에서는 미드-레인지 3D CAD 시스템으로도 충분히 대응이 가능할 정도로 두 플랫폼 간의 성능 차이는 매우 근접해 있다고 보기도 한다.

이러한 구분은 이전에 비해 점점 명확하게 규정하기 힘들 정도로 미드-레인지 3D CAD 시스템의 성능 개선은 지속되고 있다. 이에 대응하여 3D CAD 시스템은 설계 도구로서의 기능뿐만 아니라 설계 정보 관리, 제품 개발 프로젝트 관리 및 전사적 기업 자원 관리 체계 과의 통합 등으로 그 범위를 확대해 하면서 발전 방향을 달리하는 면도 있다. 때문에 가격이나 관리적인 면을 고려하지 않고 단순히 설계 도구로서의 3D CAD 시스템의 선택 문제는 성능이나 기능적인 범위에서는 쉽지 않은 일이기도 하다.

또한 미드-레인지 3D CAD 시스템 시장에서도 성능과 기능 그리고 효용성을 기준으로 우열이 결정되기도 한다. 예로 2000년대 중반까지 미드-레인지 3D CAD 시스템의 대표적인 제품인 Dassault의 SolidWorks는 성능 평가 항목의 많은 부분에서 하이-엔드 3D CAD 시스템과 미드-레인지 3D CAD 시스템의 중간에 위치하고 있다고 할 정도로 사용자 수는 물론 제공하는 기능의 범위에서도 결코 하이-엔드 3D CAD 시스템에 못지않다고도 할 수 있다. 이러한 변화는 3D CAD 시스템을 도입하고자 하는 기업의 입장에서 선택의 어려움을 한층 더 부담시키고 있기도 하다. 분명한 것은 가격대비 성능이라는 측면에서 3D CAD 시스템 간의 경쟁은 플랫폼 간의 구분 없이 더욱 치열해지고 있다는 것이다.

매년 주요 조사기관에서 3D CAD 및 관련 어플리케이션의 시장 점유율을 발표하고 있지만 평가 분야나 사용 층에 따라 상당한 차이를 보인다. 지난 십 수 년의 시장 점유율 변화로 볼 때, 실제로 세계적인 제조 환경의 크게 변화되지 않고 있기 때문에-각 제품에 따른 차이가 있기는 하지만-대형 공급사의 제품 기준으로 본다면 아직 큰 이변 없이 시장에서의 주요 CAD 시스템의 영향력이 유지되고 있다.

하지만 최근에는 Dassault, PTC, 그리고 Siemens의 하이엔드 3D CAD 시스템 중심의 시장 상황이 SolidWorks 및 Inventor의 비약적 성장으로 크게 변화되고 있다.

이렇듯 주요 4개 회사의 전체 CAD 시장 점유율은 80% 이상을 상회하고 있으며, 이들 공급사들이 지속적으로 경쟁제품 및 신규 시장의 제품을 인수 및 합병하는 추세를 보이고 있기 때문에 이러한 시장 상황은 상당 기간 지속될 것으로 예상된다.

1.4.3 범용 vs. 전용 시스템

CAD 시스템의 개발은 20 세기 대량 생산 시기에 특정 산업 분야별도 시작되었다고 볼 수 있다. 이후 CAD 시스템 도입에 따른 생산성 향상으로 전 산업 분야에 폭넓게 보급되었다. 이 과정에서 특정 업종이나 분야에 한정된 기능이 아닌 산업 전반 분야에서 적용할 수 있는 일반화되고 표준화된 설계 기능을 갖춘 범용 CAD 시스템이 개발되기 시작했다. 그리고 현재의 2D CAD 시스템은 물론 3D CAD 시스템은 특정 산업 분야에 한정되지 않고 전 범위에 걸쳐 적용이 가능한 이른바 범용 설계 및 제품 개발 환경이라고 할 수 있다. 반면 조선, 플랜트 등 일부 산업 영역의 특정 업무에서는 해당 분야의 설계 작업에 특화된 전용 CAD 시스템의 사용도 결코 적지 않은 편이라고 할 수 있다.

전용 CAD 시스템의 경우 운영 분야가 한정되어 있기 때문에 운용 정보 혹은 학습 정보의 취득이 제한적일 수밖에 없기 때문에 인지도도 낮으며 교육 기회가 적다. 반면 특정 분야의 전문적인 설계에 적용되는 관계로 업무 종사 가능자의 역할이나 가치는 상대적으로 높을 수 있다. 하지만 특정 일부 영역의 설계 업무를 제외하고는 범용 3D CAD 시스템으로 대체되는 경향이 짙은 편이기 때문에 전용 CAD 시스템의 도입은 점차 줄어 들 것으로 예상된다. 또한 주요 3D CAD

시스템 공급사들이 전용 CAD 시스템의 인수하여 기능을 통합하는 경우도 많기 때문에 이러한 경향은 지속될 것으로 예측할 수 있다.

언급한 바와 같이 기계 관련 분야에서 현재까지 전용 CAD 시스템의 운용이 가장 높은 분야가 조선 및 플랜트 등이었다. 때문에 이런 분야의 3D CAD 시스템은 도입 비용이 상대적으로 높고 또한 운용 수명 역시 일반적인 범용 CAD 시스템에 비해 길어질 수밖에 없다. 더불어 해당 분야에서 이러한 전용 CAD 시스템이 오랜 기간 사용되어 왔기 때문에 설계의 기술이나 라이브러리 역시 전용 CAD 시스템에서만 지원되는 경우가 많다는 점도 범용 CAD 시스템의 전환이 더디거나 일부분에 국한되어 진행되는 이유이기도 하다.

현재의 전용 범용 CAD 시스템과 전용 CAD 시스템 간의 구분은 기능적이라기보다 산업 분야의 영업적 목적에 따라 구분되었다고 볼 수 있다.

1.4.4 CAD vs. DCC

3D CAD 시스템은 컴퓨터 그래픽스의 발전에 기반 하여 지금까지 지속되고 있다. 그 과정에서 기술적이지 않은 부문에서도 컴퓨터 그래픽스 기술에 기반한 혁신이 일어났다. 컴퓨터 그래픽스(Computer Graphics; CG)라고 구분되는 분야는 형상의 구현이라는 점에서도 동일하다고 볼 수 있지만 방법이나 내용에 있어서는 전혀 다르다.

CG 기능은 방송이나 영화의 작은 부분을 차지하는 수준에서 시작하여 현재는 3차원 CG 만으로 게임이나 영화가 완성되는 수준에 이르렀고, 인터넷의 보급으로 다양한 멀티미디어 분야에서 급싱징해 왔다. 이러한 CG 플랫폼은 현재는 DCC(Digital Contents Creation)으로 완전히 별개의 3차원 컴퓨터 그래픽스 분야로 구분하고, 이 영역에서의 운용을 위한 전용 하드웨어의 개발과 보급이 진행되었다. 한때 3D CAD 시스템 사용자 입장에서 DCC는 장난스러운 취미나 예술적 표현으로 치부하기도 했지만, 현재 시장 규모나 이익에서도 CAD 시스템 시장을 뛰어 넘고 있다고도 할 수 있다.

DCC 영역의 CG 시스템에서 구현 되는 형상 모델링은 기본적으로 CAD 시스템에서와 다르지 않다고 볼 수도 있다. 하지만 설계 과정과의 가장 큰 차이는 실질적 기능의 구현과 가상적 기능의 구현이라는 점이다. 즉 실물 제품이 개발이라는 CAD 시스템의 운용 목적과 달리 DCC는 모델링 자체에 또 다른 방식으로 가치를 부여 한다. CAD 시스템에서의 형상 모델링은 설계 사양과 개념 설계를 기반으로 정확한 형상과 구동 기능 그리고 기계적 특성을 유지하도록 설계되어야 하지만, DCC 어플리케이션에서는 동일한 형상 그 자체를 모델링하는 것으로 완료된다. DCC의 형상은 소비자에게 그 의미 혹은 감각을 전달하는 목적으로 구현되기 때문에 정확한 형상 보다는 주체의 이미지 전달이 더 중요한 기능이라고 할 수 있다.

그림 1.7 고해상도 고품질의 컴퓨터 그래픽스 모델 모델의 렌더링 이미지

하지만 현재 DCC 어플리케이션의 기능이 점점 정밀화되면서 CAD 시스템에서의 형상 모델링 기능에 못지않은 수준의 모델링 품질을 제공하는 경우도 많다. 반대로 정확한 형상 모델링을 위한 3D CAD 시스템에 생성한 모델을 DCC 어플리케이션에서 불러 들여 사용하기도 한다. 또한 특정 3D CAD 시스템 경우, CAD 시스템 임에도 불구하고 DCC 어플리케이션으로 사용되기도 한다. 더불어 Autodesk와 같이 설계 도구로서의 플랫폼과 DCC 어플리케이션을 함께 보유하고 있는 경우 두 시스템 간의 데이터 호환성을 유지하고 있기도 하다.

DCC 어플리케이션은 3D CAD 시스템에 비해 가격도 저렴할 뿐 아니라 수요가 다양하다는 점에서 접근성이 매우 높다. 이런 점에서 DCC를 먼저 접한 경우 3D CAD 시스템을 설계 도구나 제품 개발 환경으로 인식하지 못하고 형상 모델링 도구처럼 오해하는 경우가 많다는 점이다. 단순하게 3차원 컴퓨터 그래픽스 혹은 3D 프로그램 등과 같은 이름에 익숙한 많은 학습자들이 3D CAD 시스템을 쉽게 배울 수 있는 대상으로 생각하는 경우가 적지 않다. 설계를 학습하는 과정에서 3D CAD 시스템에 대한 이런 오해는 학습 과정에서 접하는 여러 복잡한 수학적 이론에 기반한 기능에 적응하지 못하게 만들기도 한다.

하지만 21세기 이후 이러한 전통적인 CAD와 DCC의 구분에 대한 시각이 점차 변화되고 있다. 제품의 시장 경쟁력이 품질, 기능 등과 같은 기술적 측면을 우선시 하는 경향에서, 소비자이자 사용자로서의 편의성, 경험 그리고 심미적 디자인에 의해 좌우되면서, 공학적이기보다는 예술적 이론과 감각에 기이한 외형 및 기능 설계의 중요도가 부각되기 시작했다. 그 결과 지금까지 제품 개발 과정에서의 제품의 개발 및 생산 비용 못지않게 디자인 비용을 크게 증가했고 이에 따라 '산업 디자인'영역의 DCC 어플리케이션에 기반한 설계 과정 역시 크게 주목받게 되었다.

이러한 경향은 3D CAD 시스템의 기능 구현에도 큰 변화를 초래했다고 볼 수 있다. 전통적인 설계자의 전유물이었던 3D 시스템의 운용 대상이 디자이너까지 확장되면서, 설계 목적에 부합하는 성과를 도출하기 위한 복잡하고 어려운 고급 설계 기술을 구현하는 제품보다는 학습하기 쉽고 보다 단순하게 형상의 구현이 가능한 제품이 선호되기 시작했다.

1.5 4차 산업혁명 시대의 CAD 시스템

21세기에 들어 이전 세기에서 기대 혹은 상상으로만 생각했던 미래의 제품 제조 기술과 생산 정보 처리 체계가 현실화되고 있다. 특히 20세기 후반 3차 산업혁명이라고 일컬어지는 자동화, 정보화 시대로의 진입 이후 컴퓨터 기술의 급속한 발전과 네트워크 환경의 광범위한 보급에 이은 모바일 스마트 기기의 등장으로 정보에 대한 접근의 시간과 공간의 제약 세상으로 변화되면서 새로운 제품 설계 및 제조 분야의 혁신이 이뤄지고 있다. 이러한 4차 산업혁명 혹은 Industry 4.0 시대의 도래는 전통적인 제조 산업 분야에서의 디지털 정보 기반 생산 체계로의 전환을 촉진하고 있다. 물론 20 세기 현대적 공업화의 시대 이후 자동화 및 정보화의 시대와 Industry 4.0 시대가 지향하는 지능화된 디지털 시대 간의 시간적 간극과 차이를 명확하게 규정하고 구분하기는 쉽지 않다. 산업의 구조나 생산 방식의 변화에도 불구하고 여전히 지금까지 진행되어 온 현대적 산업 사회로의 발전이라는 연장선에 있다고 볼 수 있다. 그럼에도 이전에 비해 더욱 짧은 시간 동안 많은 변화가 모든 영역에서 급격한 진행되고 있다는 사실은 명확하고 이러한 변화는 앞으로도 지속될 것이라고 예상할 수 있다.

4차 산업혁명은 다양한 분야에서 변화를 초래한다는 점에서 3D CAD 시스템도 변화의 대상이 될 수밖에 없다. 하지만 넓은 의미에서 4차 산업혁명이라는 변화의 도구이기도 하다. 현재 3D CAD 시스템은 현대적 설계 플랫폼으로 자리 잡고 있으며 이전 시대와 비교할 수 없는 다양한 기능을 수용하면서 발전해 오고 있다. 그리고 이러한 변화로 인해 제품 개발과 관련된 수많은 업무의 형식과 내용도 바뀌어 왔다. 하지만 1차 산업혁명 이후 제품 개발 과정의 기반이 된 많은 요소들이 지금까지 이어지고 있기도 하다.

예로 1980년대 마이크로컴퓨터와 3차원 컴퓨터 그래픽스 기술의 발선은 도먼이라는 2차원 정보 매체에 기반한 제품 개발 환경은 3D CAD 시스템의 등장으로 3차원 설계 정보로 대체될 것으로 예상되었지만 여전히 생산 현장에서 도면은 매우 주요한 역할을 담당하고 있다.

때문에 4차 산업혁명 시대의 3D CAD 시스템이 제공해 할 제품 개발 기능 가운데 이전 시기와 구별되는 핵심 사항은 제품 개발 정보의 생성과 활용에 대한 접근성의 제약 해소라고 할 수 있다.

지금까지 3D CAD 시스템은 산업화 시대의 제품 설계 플랫폼으로서 발전해왔으며 PDM/PLM 등의 관리 체계가 도입되면서 제품 개발 및 관리 체계로 확장되어 왔지만 학습 및 운용 비용 그리고 관리에 대한 접근이 고성능 컴퓨터 하드웨어에 기반한 플랫폼에 제한되어 왔다.

하지만 21 세기 고성능 스마트 기기의 확산과 이에 기반한 설계 플랫폼에 대한 자유로운 접근이 가능해 짐에 따라, 기존 전통적인 폐쇄적 설계 플랫폼은 설계자의 위치와 설계 공간에 제약받지 않는 개방된 형식으로 확장 가능하게 되었고 이러한 변화는 제품 설계 및 관리 환경 전체에 대한 변화도 촉진하고 있다.

그림 1.8 산업용 로보트에 의한 자동화된 생산 공정

21 세기에 들어 제조 산업 분야에서는 3D CAD 시스템에 기반한 설계 플랫폼의 완전한 디지털 환경으로의 전환 및 진화를 기대하고 있었다. 특히 디지털 목업(Digital mock-up)이라는-전통적인 종이 도면에 기반한 설계 기획과 시제품 개발 생산 과정을 완전히 대체하는-3D CAD 시스템에 의한 제품 개발 체계가 도입되기 시작했다. 나아가 CAD/CAM/CAE 시스템의 통합 개발 환경과 실제 제품 개발 및 생산 현장의 운용 검증을 위한 CAPP(Computer Aided Process Planning) 시스템을 통합하기 위한 노력이 진행되어 왔다.

하지만 현실적인 측면에서 공장자동화 혹은 유연생산시스템의 구축은 생산 현장의 가공 및 공정 과정에 3D CAD 시스템에서 생성된 설계 정보 전달되고 이에 대한 반응에 따른 다시 수정 및 보완이 상호 간 원활하게 운용되어야 한다는 점에서 구현이 쉽지 않았다. 특히 전통적인 공작기계 중심의 생산체계는 컴퓨터 시스템 혹은 네트워크 환경과의 연결을 고려하지 않은 경우가 대부분이기 때문에 전환을 위한 수정 및 재배치를 위한 비용 부담 증가로 이어질 수밖에 없었다. 그 결과로 대부분의 생산 현장에서 제품 개발과 관련된 모든 요소들이 연결된 지능형 생산 체계는 먼 미래의 일처럼 생각되어 왔다.

이러한 상황은 근래 세계적인 인터넷의 보급과 모바일 스마트 기기의 확산으로 생산 현장의 기계들 역시 네트워크 연결과 컴퓨터 시스템 운용이 보다 저렴한 비용으로 가능하게끔 바뀌어 가기 시작했다. 그리고 생산 현장의 정보화 및 지능화 관리 체계의 도입은 인력에 의한 관리 한계에 극복하고 생산 현장의 유연한 재배치 및 자동화를 구현할 수 있도록 확장된 환경을 제공하게 되었다.

그럼에도 새로운 미래를 위한 이러한 기술적 변화들이 실제 현대 대량 생산 체계의 산업 구조를 기대한 방향으로 이끌 수 있을 지는 아직까지 불확실하다. 하지만 어떤 결과이든 지금까지와 다른 변화가 급격히 진행될 것이라는 점은 분명하다.

향후 4 차 산업혁명으로의 변화는 3D 프린팅, 사물인터넷, 가상 현실 그리고 인공지능 등과 같이 컴퓨터 시스템과 초고속 인터넷에 기반한 전통적 제조 분야의 디지털 환경과의 융합이 주도할 것으로 기대된다. 그리고 그 변화의 속도는 지금까지의 산업혁명의 변화에 비해 더욱 빠르게 진행될 것이 분명하고 그 여파 또한 예상하지 쉽지 않을 것이다. 무엇보다도 향후 이러한 변화는 개별적인 기술이나 분야에 한정되지 않고 제조 산업은 물론 모든 산업과 사회 영역의 각 부문에 영향을 미치고 그 결과가 다시 반영되는 기술적 융합이 활발하게 수용될 수 있도록 발전할 것이다.

1.5.1 사물 인터넷 기술의 확산

3D CAD 시스템을 운용하는 설계를 진행하는 입장에서 가장 익숙하면서도 새로운 기술이 3D 프린팅에 의한 가공 방식과 IoT에 대한 제품 정보 운용 환경이라고 할 수 있다. 특히 IoT는 3D CAD 시스템에 의해 구현된 모든 설계 대상의 실질적이고 물리적인 기능 운용을 확인할 수 있는 체계라는 점에서 설계 범위를 현실적 제품 사용 수준으로 확장할 수 있게 한다.

사물 인터넷, IoT의 등장은 기술적인 측면에서 보자면 생산 및 공정 관리 분야에 이미 익숙한 대상이라고 할 수 있다. 센서, PLC(Programmable Logical Controller), HMI(Human Machine Interface) 등 기존의 공장 자동화 및 원격 관리 체계에 사용되는 기술이 폐쇄 구조의 인트라넷을 넘어 인터넷으로 확장되고 연결 대상 컴퓨터 관련 장비가 아닌 생산 및 운용 목적의-정보의 입출력이 가능한-모든 대상 대상으로 확대되었다고 볼 수 있다.

그림 1.9 프로그래밍이 가능한 제어 장치인 PLC가 확산되면서 공장자동화의 혁신이 본격화 된다.

그림 1.10 사물인터넷(IoT) 기반 정보기기의 구성과 연결의 개략도

물론 IoT가 지향하는 모든 제품이 연결된 세상은 각 제품의 직접 혹은 간접적으로 광범위한 네트워크, 인터넷 환경으로의 접속 가능하다는 사실을 전제로 하고 있다. 그리고 이미 최근 출시되는 수많은 부품 및 제품 그리고 이를 위한하는 각종 제어 및 운용 장비들이 이러한 기능의 수행을 염두에 두고 등장하고 있다.

IoT 환경에서 3D CAD 시스템을 이용하여 설계된 부품과 제품은 실제 제품 운용 단계에서 발생하는 기능적 현상과 주변 정보를 인터넷을 통하여 IoT 플랫폼의 중앙 서버로 전송하게 되고 미리 설정된 기준에 따라 제품의 정상적 운용은 물론 오류 상태 나아가 향후 발생할 수 있는 문제의 내용과 범위를 측정 및 평가할 수 있게 된다. 이러한 환경은 부품이나 제품의 사용 환경은 물론 제조 환경에도 동일하게 적용됨으로써 생산 및 개발 공정에서 발생하는 문제에 대한 조치를 즉각적이고 효율적으로 수행할 뿐만 아니라 문제 발생에 대한 사전 조치를 수행함으로써 비용 및 시간 그리고 품질 신뢰성을 개선할 수 있게 된다.

제조 산업 분야에서는 기존 PLC 중심의 제어 및 관리 체계가 IoT 환경으로 확장됨에 따라 제품 개발 공정에서 발생할 수 있는 시간 지연과 불량 발생 문제를 사전에 예방하여 심각한 손실 발생 경우를 현저히 줄일 수 있다는 점에서 생산성 개선 및 원가 절감에서 혁신적 변화를 기대할 수 있게 된다. 특히 대량 생산 체계에서의 이러한 사전 예방 조치는 비용 절감에 따른 제품 경쟁력 강화에 크게 기여할 수 있다.

IoT는 지금까지 제품 생산 공정의 생산성 개선에 있어 가장 접근이 어려웠던 생산 체계의 사전 정비 및 예방 그리고 관리 주기를 정량적으로 제공할 수 있기 때문에 운용 및 관리 인력의 효율적 충원에도 효과적으로 적용될 수 있기 때문에 산업 구조 전반에 큰 변화를 촉진할 수 있다.

IoT 기반의 생산 관리 체계가 이러한 역할을 수행할 수 있는 또 다른 핵심 요소는 수많은 IoT 지원 기기로부터 공간적 시간적 제약없이 실시간으로 수집되는 엄청난 양의 정보와 이를 실시간으로 분석하고 평가할 수 있는 컴퓨터 시스템과 네트워크 시스템 그리고 IoT 관리 시스템의 기능에 의해서라고 할 수 있다.

그리고 3D CAD 시스템의 설계 정보와 IoT 시스템의 운용 및 관리 정보가 결합됨으로 써 다시 제품 설계 과정에서 실제 제품 운용에서의 성능과 문제 발생 등의 현상과 원인을 해소한 개선된 설계를 수행할 수 있게 됨으로써 보다 새롭고 효율적인 제품의 개발과 경쟁력의 확보에 기여할 수 있게 된다.

더불어 PLM 시스템이 관리하는 제품 운용 관리에 대하여 실질적인 정보를 실시간으로 제공할 수 있게 됨에 따라 제품의 설계 및 개발 이후의 판매와 지원 현황과 체계의 구성에도 활용될 수 있다는 점에서 제품의 수명 주기 관리를 획기적으로 개선 및 연장할 수 있게 된다. 결과적으로 IoT는 기업에 있어 제품 개발과 관리 과정에서 생산선 형상과 비용 발생을 절감할 수 있다는 점에서 급속히 확산되고 있다.

이와 같은 이유에서 이미 주요 3D CAD 및 PDM/PLM 시스템 개발사에서는 IoT 및 빅-데이터 관련 기업을 인수하고 이를 기반으로 IoT 시장을 선도하고자 경쟁하고 있다. 또한 3D CAD 시스템 개발 관련 기업뿐만 아니라 기존 정보통신 기기 및 서비스 기업에서도 IoT 기반 관련 분야로의 진출을 진행하고 있다.

현재는 IoT 플랫폼은 제품 개발 중심의 제조 산업 분야와 제품 운용 환경의 분유로 구분되어 시장을 확대하고 있지만 향후 제품 개발 플랫폼 기업과 비즈니스 및 서비스 기업 간의 IoT 시장을 차지하기 치열한 경쟁이 지속될 것이다.

그러나 네트워크, 특히 인터넷에 기반 정보 수집 및 평가라는 환경에 의해 기기 운용에서의 물리적 변화 요인 및 네트워크 환경에서의 보안 문제 등은 IoT 기반 환경에 치명적 영향을 발생시킬 수 있다는 점에서 이에 대한 대응 역시 함께 논의되고 있다.

더불어 현재까지 여러 IoT 플랫폼이 공급되는 상황에서 각 플랫폼 간의 ㅈ어보 전달 및 상호 운용을 위한 표준화된 운용 환경 공유 등에 대비할 필요가 있다.

표 1.1 주요 3D CAD 시스템 공급사의 IoT 플랫폼과 PLM 플랫폼 현황

Company	IoT	3D CAD	PLM(PDM)
Dassault	3DExperience	CATIA	Enovia
PTC	ThingWorx	Creo	Windchill
Siemens	MIndsphere	NX	TeamCenter
Autodesk	Fusion Connect	Inventor	(Vault)

IoT 환경으로의 급속한 확장의 상황에서 3D CAD 시스템을 이용한 제품 설계 및 개발 담당자들은 IoT 지원 관련 기능들이 3D CAD 시스템 및 PDM/PLM 시스템에 포함되고 있기 때문에 이를 적극적으로 활용하기 위한 준비가 필요하다. IoT는 제품 운용 기반 플랫폼이기 때문에 일반적인 개별 설계자가 운용할 수 있는 시스템 수준을 넘어선다. 때문에 설계자는 IoT로부터 수집 및 평가 된 정보를 제품의 기능 개선 및 새로운 제품 개발에 효과적으로 활용할 수 있어야 한다.

또한 IoT로부터 수집된 정보가 PDM/PLM 시스템의 개별 부품 및 조립 제품 구성에도 영향을 미칠 수 있기 때문에 제품 설계 과정에서 다양한 기능과 구성 변화에 유연하게 적응할 수 있는 구조에 기반한 설계를 진행할 수 있는 역량을 확보할 필요가 있다.

1.5.2 3D 프린팅 기반 가공 환경의 변화

3D 프린팅 기술은 앞선 언급한 IoT와 함께 3D CAD 시스템 관련 분야에 직접적인 변화를 초래하고 있는 분야이다. 3D 프린팅 기술은 이미 1980년대 초부터 연구가 시작되어 왔지만 최근까지도 적용 재료의 제약과 출력 범위의 한계 그리고 비싼 비용으로 일부 용도에 한정하여 적용되어 왔다.

하지만 21세기 에 들어 3D 프린팅 관련한 새로운 기술이 개발되고 급속히 보급되면서 일상의 기술로 인식되는 수준까지 확대되었다. 이미 개인 수준이기는 하지만 PC 시스템에서의 프린터처럼 운용할 수 있는 수준의 가격과 품질을 제공하는 3D 프린팅 시스템을 사용할 수 있다.

3D 프린팅 기술을 적용한 가공 기술 등장 이전, 여러 가지 전통적인 기계가공 기술에 의해 제품이나 금형이 생산되었다. 재료의 일부를 절삭하거나 형틀을 이용하여 재료 형상을 변형하거나 혹은 재료 상태를 변화시키는 방법 등 수많은 가공 방법을 통하여 고품질의 제품과 대량 생산 체계를 구현해 왔다. 하지만 가공 방법에 따라 생산이 어렵거나 불가능한 제품이 있으며 또한 특정한 생산 기기를 사용해야만 했다. 반면 3D 프린팅 기술은 현재까지 기존 대량 생산 체계에 직접적으로 대응하기 어렵지만 이론적으로 출력 가능한 대상에 제한이 없다는 점에 전통적인 가공 방식과 완전히 다른 생산 기술이다.

설계자의 정보가 별도의 시제품이나 생산 과정 없이 사용자의 3D 프린터를 통하여 직접 출력되어 이를 즉시 운용하는 체계는 제품 개발 및 판매 과정에서 수많은 절차적 단계를 거쳐야 했던 기존 산업 사회의 구조를 혁신적으로 바꿀 수 있다.

3차원 공간에서 형상을 직접 구현한다는 것은 제품 제조와 관련된 모든 분야에서의 최종 목표와 같은 꿈과 같은 일이기도 했다. 비록 3D 프린팅의 기술적인 접근이 가능하다고 하더라도 여러 종류 특히 금속류의 재료를 이용한 출력은 구현은 물론 기존 생산 방식과의 비교에서 경쟁력이 없다고 평가되었다. 하지만 근래 이러한 예상을 뒤엎고 이미 금속 재료에 의한 3D 프린팅은 물론 생성된 부품 역시 기계 가공 못지않은 기계적 성질을 유지할 수 있다는 점에서 길지 않은 시간안에 생산 방식의 변혁을 기대하게 하고 있다.

3D 프린터를 구현하는 3D 프린팅 기술은 가공, 제작하고자 하는 형상을 분말이나 액체 형태의 재료를 원하는 방향에서 얇은 층으로 수직하게 쌓아가는 적층 방식으로 최종 형상을 출력하게 된다.

특히 3D 프린팅 기술이 적용된 3D 프린터는 이미 대량 생산 체계로 전환된 제조 산업 부문에서 일정 수량의 제품 생산이나 나아가 소량의 다양한 제품 생산에 따른 생산 비용을 현저히 낮춤으로써 다양한 용도와 요구에 즉각적으로 대응할 수 있는 체계라는 점에서 미래 생산 방식의 변화를 선도할 수 있다.

또한 3D 프린팅에 적용될 3D 프린터는 물리적 출력 범위의 제한 외에는 가공 기구 및 운용 기술에 특별한 요소가 포함되지 않기 때문에 기존 대형 공작기기 수준의 생산 공정 및 시설 도입 비용을 크게 절감할 수 있다는 점에서 생산 공장을 비롯한 제품 생산 환경의 변화 역시 변화시킬 수 있게 된다. 더불어 가공 과정에서 발생하는 환경 문제 그리고 생산 시설에 요구되는 공간적 요구 사항도 크게 해소될 수 있다는 점에서 미래의 생산 방식으로서의 조건을 충족해 나갈 수 있는 기술이라고 할 수 있다.

이러한 이유에서는 세계적인 기업들이 3D 프린팅을 위한 재료 및 소재 개발에 경쟁적으로 참여하고 있다. 또한 3D 프린터 자체도 고속 적층이 가능한 3D 프린팅 기술을 채용하고 생산 비용을 더욱 절감하는 경쟁력 있는 생산 기기로의 전환을 이행하고 있다.

4차 산업혁명으로의 변화 측면에서 3D 프린팅 기술은 제품 설계, 시제품 제작, 제품 생산이라는 절차적 방식을 설계와 함께 제품 생산이라는 체계로 변화될 수 있다는 점에서 IoT와 같은 새로운 정보 관리 체계와 결합하여 사용자의 요구가 즉각적으로 반영되는 제품 생산 체계를 구축할 수 있다. 특히 설계자의 작업 결과를 직접 제품으로 구현하기 위한 시제품 제작 과정이 사라지거나 최소화됨으로 써 완벽한 디지털 목업의 시대가 구현될 수 있다.

더불어 기획한 제품의 시제품 생산에 소요되는 시간과 비용 그리고 이를 평가하는 과정에 소요되는 시간과 비용도 현저히 줄어들게 됨에 따라 제품 판매를 위한 활동에 보다 집중할 수 있다는 점에서 3D 프린팅 기술은 제품 생산 이외의 기업 활동의 변화에도 큰 영향을 미칠 수 있다.

그럼에도 아직까지 3D 프린팅 기술이 완벽하다고 할 수 없으며 특히 여전히 사용할 수 있는 재료도 제한적이다. 비록 현재의 3D 프린팅 기술로도 높은 기계적 성질이 요구되는 부문을 제외하고는 충분히 적용이 가능한 경쟁력을 가지고 있다고 볼 수 있지만, 제품의 대량 생산이라는 점에서는 기존 절삭, 소성 및 주조 가공에 비해 생산량이나 생산성을 직접적으로 비교할 수 없다. 특히 높은 정밀도가 요구되는 부품 생산에 있어 절삭 가공의 생산성을 확보하기 위해 지속적인 연구가 필요하다.

3D 프린팅 기술은 기존 생산 방식과 경쟁하기 위해 아직 수많은 문제 개선하고 새로운 기술이 적용되어야 한다는 점은 분명한 사실이지만 1차 산업혁명이후 현대산업의 생산 방식을 근본적으로 변화시킬 수 있는 점 역시 사실이다.

그림 1.11 직접전자빔적층(Sciaky Directed Electron Beam Deposition) 방식에 의go 제조된 30-인치 X 30-인치 크기의 로터 부품

3D CAD 시스템을 운용하는 입장에서 3D 프린팅 기술은 지금까지 CAD와 CAM 시스템 등으로 구분된 설계 및 가공 방식의 구분을 사라질 수 있다는 점을 인식할 필요가 있다.

일반적으로 CAD/CAM 시스템으로 통합된 형태의 제품 개발 플랫폼을 운용하지만 제품 설계와 부품 가공 그리고 금형 가공 등은 생산 방식의 차이로 다른 영역으로 관리되어 왔다. 반면 3D 프린팅 기술은 설계자의 3 차원 모델을 특별한 가공 방식의 선택 없이 직접 출력할 수 있도록 한다. 이러한 과정이 보다 현실화된다는 완벽한 CAD/CAM 통합 시스템의 구현이 가능해 진다는 점에서 제품 설계 및 개발 과정에서도 큰 변화라고 할 수 있다.

또한 3D 프린팅 기술이 확대는 제품 설계 분야의 핵심 기반 정보로 존재했던 3 차원 형상의 2 차원 설계 정보인 도면의 효용성을 제거할 수 있다는 점에서 3D CAD 시스템을 비롯한 CAD 시스템 시장에 큰 변화를 촉진하게 될 수 있다.

현재 2D CAD 시스템을 이용한 설계의 기본 목적은 도면의 출력이라는 점에서 도면의 2차원 정보가 필요 없는 3D 프린팅 기술은 지난 수십 년 간에 걸쳐 더디게 진행되어온 3D CAD 시스템에 의해 3 차원 설계 환경을 구축을 완성할 수 있다.

이미 주요 3D CAD 시스템에서는 설계자의 3 차원 모델을 별도의 변환 작업 없이 직접 3D 프린터로 출력하는 기능을 포함하기 시작했다. 기존 제품 가공 및 생산 방식에서는 3D CAD 시스템을 정보를 생산 기기에서 인식될 수 있는 변환하는 작업을 CAM 시스템을 통하여 운용했다. 하지만 3D CAD 시스템의 정보가 직접 3D 프린터로 출력되면 이러한 중간 과정을 사라지게 된다.

그림 1.12 개인용 3D 프린터를 이용한 플라스틱 수지 부품의 직접 출력의 예.

물론 현대 산업 사회의 생산 구조는 물론 생산 방식이 다양하다는 점에서 모든 생산 방식이 3D 프린팅 기술로 대체된다고 장담할 수는 없을 것이다. 특히 절대적 수량이 일정 기간 내에 확보되어야 하는 대량 생산 체계를 3D 프린팅 기술이 대응하기란 단기간 내에 쉽지 않을 수도 있다.

그럼에도 3D 프린팅 기술은 지난 수 세기 동안 지속되어야 기계가공방식을 근본적으로 변화시킬 수 있는 점에서 향후 지속적으로 확대 및 발전할 것이라는 사실이 분명하다.

특히 3D 프린팅 기술은 생산자와 소비자로 구분된 시장 구조를 생산자와 소비자가 동일한 대상으로 존재할 수 있도록 한다는 점에서 사회나 경제 구조의 변화에도 영향을 미칠 수 있다는 점에서 미래 사회의 개인의 삶에 보다 직접적인 변화 요소라고 할 수 있다.

1.5.3 인공지능과 가상현실의 현실화

IoT와 3D 프린팅 기술이 4차 산업혁명 시대의 3D CAD 시스템의 변화에 있어 직접적인 관련 요소라고 할 수 있지만, 인공지능이나 가상현실은 현재의 기준으로 아직 간접적인 관련 요소라고 할 수 있다. 하지만 이러한 예측은 물리적인 제품 생산과 운용을 전제로 하고 있다는 점에서 직접적 제품 생산 활동 이외의 수많은 일에는 많은 영향을 받을 수 있다.

인공지능과 가능현실 기술의 발전은 현대적인 컴퓨터 시스템의 비약적 성능 개선의 결과라고 할 수 있다. 인공지능은 현대적인 컴퓨터의 개발 직후 가장 선도적으로 그리고 집중적으로 연구되었던 분야였다. 하지만 20 세기 컴퓨터 기술은 인공지능을 현실 문제 해결에 적용할 만큼의 성능을 제공하지 못하고 지금까지 답보 상태를 유지하다가, 21 세기 컴퓨터 성능의 향상과 함께 인터넷 기반의 클라우드 컴퓨팅이 실용화되면서 수많은 컴퓨터가 연결되고 그 기반으로 엄청난 정보가 수집되고 분석되면서 이른바 기계적 학습이 가능하게 됨에 따라 점차 실용적 운용이 가능한 인공지능이 다시 등장할 수 있게 되었다.

가상현실 기술 역시도 초기 컴퓨터의 성능과 3D 그래픽스 처리 기술의 한계로 현실감 있는 가상 환경을 구축하지 못해 실용적 적용이 지지부진한 상태를 유지하다가 최근 3D 컴퓨터 그래픽스 기술의 혁신적 개선으로 점차 현실적인 가상적 현실의 구현이 가능할 수 있게 되었다. 특히 가상현실의 하나로서 증강현실의 등장은 모바일 스마트 기기의 발전과 결합하여 그 활용성이 크게 부각되면서 제품 개발 및 운용과 관련한 용도로서의 효용성에 큰 가치가 있음이 드러나고 있다.

그림 1.13 인공지능과 가상현실을 표현하는 전형적인 이미지

인공지능 기술은 IoT 환경에서 발생할 수 있는 여러 사안을 수집 및 분석하여 사전 조치를 결정함에 있어 인력의 소요를 대체할 수 있다는 점에서 생산 공정 및 관리 영역에서 효용성이 크다고 볼 수 있다. 실제로 제어 및 관리 체계가 확장됨에 따라 생산 현장에서의 인력을 줄어 들 수 있지만 소수의 관리 인력에게는 더 복잡하고 많은 문제를 담당해야 하는 부담이 증가하게 된다. 이러한 상황에서 예기치 않은 실수나 적절한 시간 내의 판단이 지연되는 경우도 적지 않다. 하지만 수집된 정보를 적절한 기준에 따라 유연하게 판단할 수 있는 인공지능 관리체계는 자동화된 생산 현장을 보다 안전하고 효율적으로 운용할 수 있다.

비록 이전 시기에 비해 인공지능 기술이 월등히 개선되었다는 점은 사실이지만 아직 근본적인 지능화된 알고리즘에 의해 낮은 수준으로서도 사람의 지능을 대체하기를 기대하기는 어렵다. 또한 널리 활용되고 있는 인공지능 기술 역시 일부 영역에 한정되어 그 효과를 드러내고 있다는 점에서 다양한 문제의 인식과 판단 그에 따른 합리적인 조치가 필요할 수 있는 생산 현장을 모든 문제를 인공지능으로 대응하기란 쉽지 않다. 특히 잘못된 판단에 따른 생산 현장은 물론 주변 환경에 큰 피해가 발생할 수 있는 경우라면 인공지능 기술의 적용은 더욱 신중할 필요가 있다.

실제로 현재 인공지능을 적용하기 위한 많은 분야에서도 높은 수준의 인공지능 기술을 적용하기 보다는 해당 영역에 가장 적합한 수준의 인공지능 기술을 운용하기 위한 연구가 활발히 진행중이다. 그 결과 일부 영역에서 사람의 판단이나 역할을 이미 능가하는 성과를 보이는 분야도 적지 않다.

낮은 수준 혹은 제한된 범위의 인공지능 기술은 3D CAD 시스템에서도 이미 적용되고 있다고 볼 수 있다. 3 차원 공간에서의 설계 작업이 진행되는 과정에서 설계자의 현재의 작업 현황을 파악하여 향후 조치할 수 있는 기능을 미리 예측하여 설계자의 선택의 폭이 최소화되도록 기능을 정리하여 제공하기도 한다.

IoT나 3D 프린팅 기술과 달리 인공지능 기술은 발전의 정도나 적용의 범위를 예측하기가 쉽지 않다는 점 그리고 그 적용에 따른 효과나 결과 역시 인식하기 어렵다는 점에서 향후 개선 방향과 수준에 따라 활용성 역시 기대 이상일 것으로 예측된다.

인공지능 기술에 비해 가상현실 기술은 적용 범위의 제한에도 불구하고 상대적으로 컴퓨터 시스템의 활용 영역에서 일정 부분 지속되어 왔다. 특히 교육 분야에서 실물 활동에 제약적인 경우 시뮬레이션 시스템 구축에 핵심 기술로서 발전해 왔다. 그리고 3 차원 컴퓨터 그래픽스 기술의 발전으로 시뮬레이션 시스템이 제공하는 가상현실은 보다 실질적으로 현실적인 환경으로 개선되고 있다.

특히 최근 증강현실 기술의 발전은 특별히 기구를 필요로 하는 고가의 시뮬레이션 장치를 운용하는 수준이 아닌 간단한 디스플레이 장비를 이용하거나 스마트 기기 등을 이용하여 교육 및 실습 장비로서 활용되고 있다.

특히 증강현실 기술과 IoT 기술의 융합으로 실제 기계 설비의 운용 중에 발생할 수 있는 문제에 대한 대응 절차 혹은 실물 제품에 대하여 직접 적용하기 위한 분해 및 조립 과정을 적용할 수 있는 용도로 적극 활용되고 있다.

가상현실에 사용자가 필요로 하는 모든 요소를 3 차원 컴퓨터 그래픽스로 표현하기 위한 많은 자원 소요되기 때문에 강력한 컴퓨터 시스템의 성능을 필요로 하는 반면 증강현실은 실제 현실 세계에 필요한 요소만을 표현한다는 점에 일반적인 수준의 컴퓨터 시스템이나 개인용 스마트 기기로도 그 활용성이 충분히 보장되는 장점이 있다.

이미 주요 3D CAD 시스템에서 설계된 3차원 형상 모델을 기반으로 제품의 기능과 운용 등을 미리 확인하여 문제 발생에 대응하는 조치를 시험해 볼 수 있는 기능을 포함시키기 있다. 또한 제품 설계 과정에서 각 부품의 배치나 기능의 구현을 현실적으로 체험하여 사전에 점검할 수 있도록 하여 설계자가 보다 정확한 설계를 진행할 수 있도록 하는 용도로도 사용될 수 있게 끔 하고 있다.

이와 같은 인공지능 기술이나 가상현실/증강현실 기술은 기존 3D CAD 시스템은 물론 IoT나 3D 프린팅 기술과 같은 4차 산업혁명 시대의 주요 전략 요소와의 결합과 융합으로 보다 높은 생산성 개선의 도구로 활용될 가능성이 매우 높다.

향후 가상현실이 제공하는 현실적 감각의 수준이 개선될수록 제품 자체가 물리적인 대상이 아닌 가상 대상으로 가치를 확보할 수 있는 상황으로까지 발전한다면 제품 설계 및 개발 자체의 개념도 근본적으로 변화할 수 있다고 본다.

예로 가상현실에서의 제품 역시 현실에서의 기능과 동일하게 구현될 수 있어야 한다면 물리적인 제품과 동일한 수준의 정밀도와 기능성을 확보할 수 있도록 가상적으로 설계되어야 한다. 하지만 설계자 입장에서는 물리적 제품의 설계나 가상적 제품의 설계나 설계 과정에 있어서는 크게 차이가 나지 않을 수도 있다.

이러한 측면에서 가상현실 및 증강현실의 확대는 3D CAD 시스템에 있어 새로운 적용 분야의 확대라고도 할 수 있다. 미래 사회의 일부 영역에서는 가상의 공장에서 가상의 제품이 현실의 설계 도구를 통하여 구현될 수도 있다.

현실적으로 인공지능과 가상현실 역시 생산 현장에서 적용하기 위한 최대 효용성은 인력 및 원가 등의 비용 절감을 위한 기반 요소로 활용될 수 있다는 점에, 향후 제조 산업 분야의 적용이 보다 확대될 것으로 예상된다. 하지만 아직 인공지능과 가상현실은 3D CAD 시스템이 운용되는 실제 설계 업무에 적용되기 위해서는 많은 기술적 개선과 연구가 필요하다.

1.5.4 4차 산업혁명 시대의 설계 학습 대응

4차 산업혁명의 시대 제품 개발 과정은 보다 세분화되고 특정화된-소비재의 경우 보다 개인화된-제품을 동일한 생산 체계에서 빠르게 생산될 수 있도록 유연하게 관리되어야 한다.

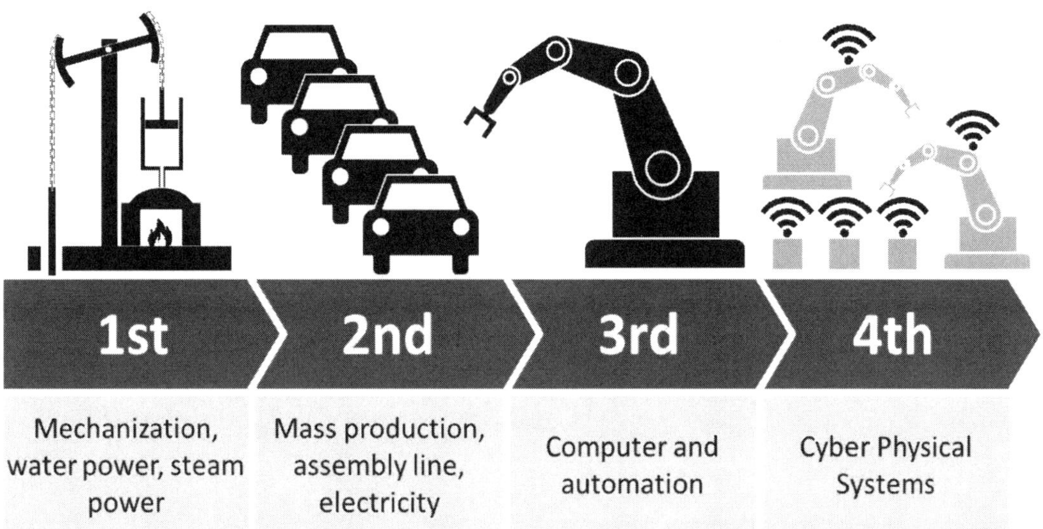

그림 1.14 산업 4.0(Industry 4.0)으로의 발전 단계 개략도

향후 제품 설계자 및 개발자도 3D CAD 시스템으로 대표되는 제품 설계 및 개발 환경과 개발 정보를 관리하는 PDM/PLM 시스템을 기반으로, 새로운 생산 기술과 관리 요소로 대두되고 있는 3D 프린팅 및 IoT 그리고 가상 환경 기술과의 통합 및 융합 체계의 구성을 제품 개발 및 제조 환경의 변화에 대응할 필요가 있다.

하지만 제품 개발을 위한 설계 환경은 산업 혁명 이후 오늘날까지 제도의 기능적 구현에 학습이 집중되어 왔다. 이후 대량 생산과 전자 기술 시대를 지나 현재의 정보화 시대에 접어들면서 3D CAD 시스템을 통하여 설계 과정에서 보다 다양한 변수가 적용될 수 있는 상황으로 전환 되었다. 그럼에도 3D CAD 시스템과 같은 엔지니어링 어플리케이션의 운용을 위한 학습에서 3 차원 모델링을 위한 기능적 학습에 대부분의 시간을 할애하여 경우가 많다.

때문에 3D CAD 시스템을 주요 설계 플랫폼을 운용하기 학습하는 과정에서도 기존 기능적 학습 과정에 비해 보다 다양한 설계 의도를 적용할 수 있는 유연한 전략을 필요로 한다. 즉, 다양한 제품 설계에는 여러 설계 변수에 수정과 변화에 대응할 수 있는 유연성과 기능성이 필수적으로 요구된다는 점에서 설계 학습자의 경우도 이러한 측면을 이해하고 대응할 필요가 있다.

근래 주요 3D CAD 시스템 간의 주요 기능들이 표준화되면서 설계 대상에 대한 단순화되면서 기능적 접근성이 크게 개선되었고, 일반적인 3 차원 형상 모델링 작업에 소요되는 시간과 자원도 크게 절감되고 있다.

반면 단순한 형상 설계 작업이 아닌 실질적인 제품 개발에 요구되는 공학적, 기술적 설계 작업에 대한 학습 요구가 증가하고 있다. 또한 이러한 설계 능력을 기반으로 생성된 설계 정보를 관리하고 다른 설계 요소들과 연동하여 제품 생산 과정에 소요되는 실질적 공정과 비용을 산출하는 역량에 대한 학습도 요구되고 있다.

4차 산업혁명 시대의 제품 설계 혹은 개발 역량을 확보한 설계자로서 성장하기 위해서는 3D CAD 시스템의 기능적 운용 능력 배양은 물론, 3D CAD 시스템을 통하여 해당 제품의 구동 원리를 비롯한 기술적 기능을 구현하고 또한 향후 지원되는 새로운 제품 개발 환경을 지원하는 도구를 통하여 가상현실 혹은 실제 현실에서 구체화할 수 있는 과장에 대한 학습이 요구된다.

무엇보다도 4차 산업혁명 시대가 본격적으로 확산되는 과정에서 제품 개발 설계자에게 요구되는 또 다른 역량은 수많은 기반 정보를 효율적으로 관리할 수 기술이라고 할 수 있다. 제품 개발 과정에서는 형상과 기능의 구현에 있어 단순한 치수 등과 같은 정량적 정보와 함께 정확한 3차원 형상의 수정 및 변화에 대응하기 위한 정보 및 기능적 변화 유연성에 대응하기 위한 정보를 필요로 한다.

2 CAD 시스템 도입 효용성 이해

3D CAD 시스템은 2D CAD 시스템과 달리 기업의 사업 분야나 운용 목적 그리고 비용 계획에 따라 다양한 제품군에서 선택이 가능한 특징을 가지고 있다. 이러한 이유로 제품 개발 책임자는 해당 기업에 가장 적합한 3D CAD 시스템을 선정할 수 있어야 하고, 도입, 설치, 운용 및 관리에 따른 시간, 인력 및 비용의 요구에 대응할 수 있어야 한다. 때문에 기업에서 3D CAD 시스템에 대한 투자는 쉽지 않은 일이므로 요구 목적에 부합된 설계 도구의 도입에 있어 신중하게 접근해야 한다. 설계자 또한 이러한 과정에서 설계 업무의 효율과 제품 개발의 생산성 확보를 위해 최적의 3D CAD 시스템 도입을 위한 기초적인 배경 지식과 운용 역량을 키우는 노력이 요구된다.

2.1 3D CAD 시스템의 도입 검토 사안

현재 3D CAD 시스템의 도입은 대부분의 제조 분야 산업에서 필수적인 조치로 이해되고 있고 또한 성공적 도입을 위한 투자를 진행하고 있다. 하지만 현실적으로 주요 대기업 및 중견 기업을 제외한 대부분의 중소기업에서는 도입을 계획 중인 3D CAD 시스템에 대하여 검토, 관리할 수 있는 전문인력의 부족으로 도입이후 기대한 만큼의 성과를 내기 어려운 상황에 직면하기도 한다. 실제로 3D CAD 시스템을 도입한 많은 기업들이 설계 플랫폼이 제공하는 기본적인 기능 조차 제대로 활용하지 못하고 시스템 유지를 포기하는 경우가 적지 않다.

이러한 문제의 원인은 3D CAD 시스템은 기존 일반적으로 운용해 오던 2D CAD 시스템과 비교하여 몇 가지 사안에서 큰 차별적 요소가 있다는 점을 확인하지 못하거나 그 가치를 충분히 검토하지 않고 성급한 도입의 결과라고 볼 수 있다. 때문에 3D CAD 시스템을 완전히 새로운 설계 플랫폼으로 그 차별적 요소를 명확하게 이해하고 이에 대한 적절한 관심과 투자를 유지해야만 기내한 노입 성과를 얻을 수 있나. 이러한 성과를 확보하는 것은 생산성 향상이라는, 기업 특히 제조 산업 분야에서의 이익창출에 충분히 기여할 수 있는 절대적 해결 방안이기도 하다.

본 장에서는 설계자 그리고 3D CAD 시스템에 관련한 플랫폼의 도입을 검토하는 관리자의 입장에서 신규 과제로서 3D CAD 시스템의 도입과 운용 그리고 관리를 위해 고려해야 할 사항에 대한 점을 설명하고자 한다. 기업 입장에서도 3D CAD 시스템에 대한 투자와 비용의 측면에서 반드시 검토해야만 성공적 도입과 성과를 기대할 수 있다고 본다.

2.1.1 도입 비용

단순하게 3D CAD 시스템의 도입 비용을 2D CAD 시스템의 경우와 비교하자면, 비교 자체가 무의미할 정도로 상당한 직간접적 비용이 초래된다. 때문에 기업에 있어서도 3D CAD 시스템이 2D CAD 시스템과 구분되는 가장 큰 그리고 현실적인 요소는 도입 비용이다.

일반적으로-모든 기능이 필요하지는 않지만-전체 기능이 완비된 하나의 3D CAD 시스템이라면 2D CAD 시스템에 비해 수배에서 많게는 수십 배의 비용이 요구될 수도 있다. 또한 2D CAD 시스템과 마찬가지로 일정 수량을 확보해야 한다면 그 비용은 더욱 증가하게 될 것이다. 이러한 현실적 이유에서 실제 3D CAD 시스템 전체 판매량의 90%는 전체 기업의 10% 정도에 불과한 대기업에서 구매되고 있다. 반면 대부분의 중소기업에서는 2~3개의 수준에서 3D CAD 시스템을 도입하고 있고, 이 비율 역시 전체 중소기업 비중에서 보자면 10% 수준에 불과하다. 이러한 관점에서 3D CAD 시스템의 도입에 있어 비용 부담은 가장 직접적인 걸림돌이 될 수밖에 없다.

결과적으로 3D CAD 시스템의 시장 확대는 도입 비용의 절감이라는 핵심 사안이라고 할 수 있다. 이러한 문제에 대응하기 위해 주요 3D CAD 시스템 공급사에서 직간접인 지원이 제공하거나 기능 구성을 통한 가격 절감 그리고 전체적인 비용 할인 등을 제공하고 있지만 여전히 2D CAD 시스템에 비해 높은 가격이라는 점은 분명한 사실이다. 또 다른 대응 방안으로 미드-레인지 3D CAD 시스템이 출현했다고도 볼 수 있다.

3D CAD 시스템의 도입 비용에서 직접적인 것이 어플리케이션 가격이라고 할 때, 추가적인 간접비용이 초래되기도 한다. 2D CAD 시스템과 달리 3D CAD 시스템을 원활하게 운용하기 위해서는 상대적으로 높은 사양의 하드웨어 플랫폼이 요구된다고 볼 수 있다. 3D CAD 시스템의 하드웨어 사양에 따라 운용 효율이 현격하게 차이를 보인다. 최근 마이크로프로세서의 성능과 메모리 가격의 하락 그리고 그래픽스 어댑터의 비약적 발전으로 웬만한 수준의 PC서도 3D CAD 시스템의 운용이 가능하지만, 복잡한 설계 사양에서는 생산성 확보를 위해 대당 수백만 원에서 수천만 원에까지 이르는 전용 워크스테이션을 구입하고 있다. 하지만 대부분의 중소기업에서 이러한 투자를 기대하기란 쉽지 않다. 많은 기업들은 3D CAD 시스템 도입 후 그 효과를 대부분 설계자의 몫으로 넘기는 경우가 대부분이지만, 설계자가 요구하는 설계 플랫폼을 만족하기 어려운 것이 현실이다. 3D CAD 시스템의 도입 비용과 함께 운용 환경의 확충에 따른 부담은 기업에서의 기대한 3D CAD 시스템의 활용을 저해하는 요소이다.

3D CAD 시스템의 도입과 관련하여 대부분의-특히 국내-중소기업의 실정에서의 문제는 3D CAD 시스템의 도입 목적이 제품 개발을 위한 설계 도구로서의 역할을 기대하기 때문이라기보다는 원청(原請) 기업에서 지급받은 설계 모델링이나 도면 정보를 파악하기 위한 제한적 도구로서 사용되는 경우가 대부분이라는 것을 부인할 수 없다는 점이다. 이러한 문제는 원청 기업이 여러 곳이면서 서로 다른 3D CAD 시스템을 운용하는 경우라면 비용 부담은 더욱 늘어나게 된다. 그런 문제는 다시 기업으로 하여금 제대로 된 3D CAD 시스템 도입과 운용에 부정적 이미지를 가지기도 한다.

이상과 같은 점에서 3D CAD 시스템을 도입하고자 하는 경우, 도입 비용에 적합한 소프트웨어 및 하드웨어 플랫폼 간의 비교를 통하여 실제 설계 업무 개선에 효과를 보증할 수 있는 대상을 결정하기 위한 노력이 필요하다. 즉 기업에서는 현재 필요한 기능을 명확하게 정하고 또한 설계 규모를 정확하게 규정하여 이를 원활하게 수행할 수 있는 3D CAD 시스템과 이를 운용할 수 있는 하드웨어를 선정하므로 써 최적의 도입 비용을 산정할 수 있어야 한다.

2.1.2 학습 비용

새로운 설계 도구의 도입은 설계자의 경험 수준에 따라 차이가 있겠지만 일정 기간 이상의 교육을 할애하기도 한다. 특히 2D CAD 시스템과 3D CAD 시스템의 기능과 구성 그리고 사용자 인터페이스에 차이가 극명하기 때문에 서로 다른 교육 체계의 학습이 요구된다.

일반적으로 도면을 생성하는 목적에서의 2D CAD 시스템은 사용자의 작업 환경과 거의 동일한 수준에서 진행되기 때문에 학습 과정에 소요되는 시간이 비용이 상대적으로 저렴하다고 할 수 있다. 물론 일정 수준 이상의 도면 작업을 수행하기 위해서는 전문적인 이론과 실습을 위한 학습 과정이 추가로 필요하지만 이러한 절차는 기본적인 도면 생성 기능을 습득 후 실무 작업과 함께 진행함에 있어 큰 무리가 없다고 평가 되어 왔다. 때문에 2D CAD 시스템 교육은 도면 생성에 필요한 형상 제도 기능에 집중되었고 예제 도면에 대한 반복적 실습을 통하여 주어진 도면을 컴퓨터 화면에 그대로 구현하는 목적을 쉽게 달성할 수 있었다.

하지만 이러한 제도 기능은 예제 도면이 아닌 실제 설계 사양이나 참고 정보를 기반으로 설계 도면을 생성해야 하는 일정 수준 이상의 실무적인 고급 설계 기술의 습득에는 효용성이 없다고 볼 수 있다. 실제 고등 교육 과정의 설계 과목 수강자 가운데 있어서도 2D CAD 시스템을 이용하여 목적한 형상을 정확하게 구현할 수 있음에도 3 각법에 따른 형상 배치 등과 같은 기본적인 제도 이론을 모르는 경우도 적지 않다. 그럼에도 도면 생성이라는 보편화 혹은 기능화된 2D CAD 시스템의 학습 내용은 일반화되어 있다.

이러한 현상은 2D CAD 시스템이 Autodesk의 AutoCAD가 가장 많이 채택된 결과에 기인한다고 볼 수 있다. AutoCAD 이외 몇몇 2D CAD 시스템이 시장에 공급되고 있지만 1~2개 제품을 제외하고는 AutoCAD의 구성과 기능을 완벽하게 모방 내지는 구현하고 있다. 때문에 2D CAD 시스템은 동일 환경에 동일 기능이라는 완벽한 운용 체계를 갖추고 있다. 이 때문에 시중의 수많은 학습서가 제공하는 기능적 학습에서 그 차별성을 찾기란 어렵다. 이미 현실적으로 이러한 2D CAD 시스템의 교육 체계 자체가 하나의 큰 서비스 산업으로 자리 잡고 있다는 점에서 앞서와 같인 설계 도구로서의 2D CAD 시스템의 활용성 개선을 위한 교육 체계 수정을 더욱 어렵게 하고 있다.

반면 2D CAD 시스템과 달리 3D CAD 시스템은 AutoCAD와 같이 시장을 거의 독점하거나 주도하고 있는 제품이 명확하지 않다고 볼 수 있다. 물론 산업 분야별 혹은 대상별로 세부적으로 구분하면 상대적으로 시장 점유율이 높은 제품이 있긴 하지만 시장 상황에 따른 변화가 2D CAD 대비 매우 유연하다고 할 수 있다.

비록 3D CAD 시스템이 수십 종류가 개발되어 있기는 하지만 기본적으로 핵심 설계 절차로서 제공되는 기능은 유사하다고 할 수 있다. 일반적으로 개념 설계의 유무와 상관없이 주어진 설계 사양 및 참고 정보 혹은 도면 정보를 이용하여 3차원 공간에서의 형상을 모델링 하고, 여러 모델링 파트를 하나의 조립 모델로 구성한 후 각 모델링 대상 그리고 조립 모델에 대한 도면을 산출하는 과정이 가장 기본적이며, 핵심적 기능이라고 할 수 있다.

이러한 기본적인 단계의 설계 절차가 유사함에도 불구하고 3D CAD 시스템의 학습이 어렵고 또한 복잡한 이유는 개발 제품이 제공하는 각 과정이 서로 다른 기능과 구성으로 이뤄져 있기 때문이다. 예로 같은 형상을 모델링하는 개별 기능의 명령 및 단계 구성이나 절차는 다양한 방법으로 구현할 수 있다. 이는 단순한 형상을 설계하는 과정에서 큰 문제가 되지 않을 수 있다고 판단할 수 있지만 2D CAD 시스템과 달리 설계 과정에서의 수정을 직접 적용하는 3D CAD 시스템의 특성상 개별 명령의 처리 순서에 따라 수정 여부의 용이성은 물론 설계 완성에 까지 영향을 미칠 수 있다는 점에서 큰 차이를 가진다. 때문에 동일한 3D CAD 시스템을 사용하는 설계자 사이에서도 모델링의 방법에 따라 설계의 품질에서 매우 큰 차이를 보인다. 또한 중급 수준이상의 형상 모델링 명령 단계에서는 기본적 명령 체계와 달리 더욱 복잡하거나 다른 구성으로 구현된 인터페이스로 인해 특정 3D CAD 시스템의 사용자가 다른 플랫폼에 쉽게 적응하기가 쉽지 않을 수 있다. 때문에 대규모 설계 프로젝트를 수행하는 기업에서는 이러한 모델링 과정을 표준화하고 이를 유지하기 위하여 주기적으로 점검하기도 한다.

이러한 3D CAD 시스템의 기능적 학습에 대한 부담은 사업 규모가 작은 기업일수록 설계자에게 큰 부담을 안겨주기도 한다. 2D CAD 시스템과 달리 시중에서 지원받을 수 있는 정보가 제한적이기 때문에 상당한 비용의 교육 과정을 지속적으로 수강하거나 개별 학습을 하지 않는 경우 설계자가 창의적이고 효율적인 설계 방법을 구축하기는 매우 어렵다. 비록 시중에 운용하는 3D CAD 시스템의 교재가 있다고 하더라도 관련 업무의 생산성 개선에 직접적으로 적용할 수 있는 분야를 언급한 경우는 거의 없으며 또한 내용 자체도 기본적인 기능의 절차적 예제를 다룬 경우가 대부분이다. 또한 2D CAD 시스템과 달리 별도 교육을 제공하는 학습 기관의 수도 절대적으로 부족하고 학습 내용 역시 시중 교재의 수준을 벗어나지 못하는 경우가 다수라고 볼 수 있다.

물론 현실적인 3D CAD 시스템을 도입하여 운용하는 많은 기업 중 제품 공급사와 지원 계약을 맺고 있는 경우라면 어렵고 복잡한 문제를 지원사의 협력으로 쉽게 해결해 나갈 수 있는 반면, 3D CAD 시스템의 도입이 부담되는 수많은 중소기업에서 별도의 유지보수 계약을 유지하는 것은 쉽지 않을 수 있다. 때문에 일정 기간의 유지보수 기간이 종료되면 대개 3D CAD 시스템의 기능적 학습 부담은 다시 설계자의 몫이 되는 경우가 대부분이다.

또한 3D CAD 시스템을 전문적인 설계 도구로 사용하는 주요 기업에서는 설계 업무의 생산성을 향상시킬 수 있도록 구성이나 인터페이스를 표준화하여 사용하기도 한다. 더불어 이러한 기능에 대한 독자적인 학습 교재와 내부 교육 과정을 운용하기도 한다. 하지만 이러한 지원이 부족한 경우는 비효율적인 3D CAD 시스템의 기본적인 명령어 구성 체계를 개선하기 위한 노력은 매우 어렵다.

2D CAD의 경우 대부분의 설계자가 약간의 시간을 투자하면 실무에 필요한 기본기능을 익힐 수 있는 반면 3D CAD 시스템은 별도의 내외부적인 학습 과정 없이 설계자가 이러한 요구를 스스로 충족하기란 결코 쉽지 않다는 점을 3D CAD 시스템의 도입 과정에서 반드시 검토되어야 한다. 대부분의 중소기업에서 3D CAD 시스템의 도입 후 개별 설계자가 변화된 플랫폼에 대한 학습을 위한 시간을 가지기란 쉽지 않으며 기존 업무와 병행하는 가운데 별도의 교육을 진행하기란 역시 현실적으로 어렵다.

실제 3D CAD 시스템을 도입한 수많은 중소기업들 가운데 설계 도구로서의 운용 자체를 정상적으로 운용하지 못하는 경우가 상당한다. 외부로부터 설계 인력의 수급에서도 단순한 기능 명령의 수행이나 제도 도면을 기반으로 3차원 형상을 모델링하는 수준이 아닌 도입 비용 대비 설계 생산성 개선을 담당할 수 있는 설계자를 확보하기는 쉽지 않다. 예로 하나의 분야에서 오랫동안 3D CAD 시스템을 사용하여 설계 작업을 수행한 전문가 역시 같은 플랫폼에서도 전혀 다른 분야의 설계에 적응하기 위해서는 많은 시간과 비용이 요구될 수 있다.

그러므로 3D CAD 시스템의 운용을 위한 설계자에 대한 학습 비용은 설계 및 제품 개발 업무의 생산성에 직접적으로 영향을 미치는 사안이라는 점을 명확히 해야만 한다. 또한 3D CAD 시스템의 도입하여 운용하는 경우 내부적인 설계 인력에 대한 교육은 물론 인력 변동에 대응할 수 있는 학습 교재 개발 및 대응 교육 인력 확보 등도 필수적으로 검토되어야 할 사안이다.

2.1.3 관리 비용

3D CAD 시스템의 도입에 있어 구입 및 구축 비용 그리고 설계자에 대한 비용이 직접적으로 예측되고 평가될 수 있는 반면 향후 플랫폼 유지 및 생산성의 개선 등에 영향을 미치는 관리 비용에 대해서는 특별히 고려하지 않는 경우가 많다.

3D CAD 시스템의 관리 비용은 가장 단순하게는 매년 공급사에게 지급하는 유지 보수 혹은 임대 비용이라고 할 수 있다. 최근 많은 3D CAD 시스템이 제품 가격을 영구 사용 방식에서 매년 혹은 매월 사용 비용을 지불하는 방식으로 변화하고 있다. 이는 3D CAD 시스템의 도입 비용을 최소화할 수 있다는 점에서 예전에 비해 비용적인 측면에서 긍정적인 점이라고도 할 수 있다. 하지만 전체적인 도입 비용으로 본다면 플랫폼을 직접적으로 완전히 소유하지 못한다는 문제도 함께 가지고 있다. 하지만 3D CAD 시스템의 도입에 따른 실질적 관리 비용이란 플랫폼에서 생산되는 수많은 정보에 대한 비용이라고 할 수 있다. 이는 2D CAD 시스템의 경우도 크게 다르지 않다고 볼 수 있다. 종이 기반의 제도 도면이 물리적인 공간과 관리 인력을 필요로 하는 반면 관리 대상과 주체가 분명하다고 할 수 있다. 그러나 컴퓨터 시스템에서 구성되는 디지털 파일 형태의 설계 정보는 원본 및 수정본의 관리는 물론 내외부적인 보안 문제까지 연결된다.

단순하게 기술적인 측면에서도 일반적으로 파일 하나가 도면 하나로 생성되는 2D CAD 시스템과 달리 3D CAD 시스템은 여러 모델링 파트, 조립 모델 그리고 도면으로 이어지는 구조로 인하여 설계자가 관리해야 될 대상이 늘어나며 또한 하나의 설계 대상이 완료된 이후 해당 정보 역시 별도로 관리되어야하기 때문에 관리 대상은 시간이 지날수록 기하급수적으로 증가하게 된다.

그리고 3D CAD 시스템을 도입하여 설계 업무를 진행하게 되면 설계의 절차적 방법이 플랫폼 내에 기록되는 경우도 있으며 또한 기준 시점에서 별도 수정 대상으로 확장되는 경우도 있다. 때문에 2D CAD 시스템과 달리 설계자에 있어 이러한 절차가 간단하게 이뤄진다는 점에서 하나의 설계 과정에서 수많은 파생된 설계 정보가 산출될 수 있다. 특히 두 명 이상의 설계자가 함께 협업을 이루는 경우라면 산출되는 양을 더욱 증가할 수밖에 없다. 3D CAD 시스템의 관리 측면에서 이러한 설계 정보를 보다 생산성 있는 자산으로 변화시키기 위해서는 별도의 관리 체계를 마련해야 할 필요가 있다.

이러한 목적을 위해 이미 3D CAD 시스템 공급사들은 별도의 관리 체계인 PDM 시스템을 개발하여 보다 높은 수준의 설계 정보를 관리할 수 있도록 하고 있다. 하지만 이러한 관리 체계의 구축과 운용 비용은 3D CAD 시스템의 수준을 훨씬 뛰어넘는 수준이라는 측면에서 쉽게 접근하기 어려운 부분이기도 하다. 더욱이 PDM 시스템의 구축 혹은 운용 교육은 3D CAD 시스템 대비 훨씬 많은 공급사의 지원과 정보에 의존할 수밖에 없기 때문에 향후 확장성에서도 상당한 제약이 있을 수 있다.

그러나 3D CAD 시스템의 설계 정보를 관리하기 위해 반드시 PDM 시스템 나아가서는 PLM 시스템과 같은 고급 관리 체계를 필요하다고만은 할 수 없다. 이러한 관리 체계의 도입 성공률은 3D CAD 시스템의 비하면 매우 저조하다고 할 수 있을 정도로 많은 비용과 시간이 요구되기 때문에 매우 신중한 접근이 필요하다.

중요한 것은 설계 정보가 관리 대상이라는 점을 인식하는 것이 우선이며, 설계 정보의 관리를 통하여 설계 생산성은 물론 제품 개발 과정의 비용을 절감하고 품질을 향상시킬 수 있는 체계임을 역시 인식하는 것이 우선되어야 한다. 하지만 설계자를 포함한 많은 기업의 관리자들은 설계 도구의 직접적 산출이 아닌 관리 체계를 통한 간접적 산출에 따른 효용성을 제대로 인식하지 못하고 있는 것이 현실이다.

설계 정보의 관리는 설계 과정의 생산성을 담보 혹은 개선하기 위한 기본적인 조치하고 할 수 있다. 설계 정보의 관리를 통하여 설계자는 기존 설계 오류를 반복하지 않을 수 있으며 더불어 기존 설계 정보를 재사용하므로 써 설계에 소요되는 시간을 줄일 수 있다. 그리고 새로운 제품 개발 과정을 보다 개선하기 위해 공통적 설계 정보를 파악하고 설계 과정에서 소요되는 자원을 최적화하여 사용할 수 있도록 해야 한다.

2.2 3D CAD 시스템 기반 설계 생산성 향상

앞서 언급한 3D CAD 시스템의 도입과 운용에 관련한 부담에도 불구하고 현재 산업 사회의 제품 개발 및 제조 분야에서 3D CAD 시스템의 도입 당위성은 명확하다고 할 수 있다. 그것은 제품 개발 과정에 소요되는 모든 자원을 최소화하고 시장에서 경쟁력 있는 제품을 개발하는 것이다. 하지만 3D CAD 시스템을 도입하고자 하는 혹은 도입한 기업에서는 단기적 수익 달성이라는 기준으로 도입 여부 및 성과를 평가하려고 한다. 그리고 이러한 요구는 현실적으로 달성하기 쉽지 않다.

때문에 본 절에서는 3D CAD 시스템의 도입을 통하여 달성하고자 하는 목적에 대한 기본적 이해를 위해 개별 목표에 대한 표준적인 기준을 제시하고자 한다. 더불어 각 목표는 3D CAD 시스템이 제공하는 기능적 효용성이기도 하다. 물론 3D CAD 시스템이 제공하는 개별적인 효용성이 모든 기업이나 산업 분야에 적용된다고는 볼 수 없지만 기본적으로 설계 생산성을 개선하고 이를 통하여 제품 개발 비용과 제품 경쟁력 향상을 도모하기 기본 사항이라고 할 수 있다.

2.2.1 설계 생산성 개선

설계 생산성을 넓은 의미에서 보자면 제품 설계 과정의 범위에 제품 기획 이후부터 제품이 양산되는 시점 이전까지의 모든 개발 업무가 포함된다고 할 수 있다. 반면 좁은 의미에서 보자면 설계 생산성이라는 제도 혹은 3차원 모델링과 같은 기능적 업무로 한정할 수도 있다. 어느 경우든 3D CAD 시스템을 도입한 후 얻고자하는 일차적인 기대 사안은 설계 시간의 단축, 개발 비용의 절감 그리고 나아가서는 최적화된 제품 생산 공정 수립 등으로 볼 수 있다. 하지만 그 가운데 설계 시간의 단축을 통한 제품 개발 기간의 단축 목적이 가장 일반적이라고도 할 수 있다.

전체 제품 개발 기간에 비춰 설계 기간이 차지하는 상대적으로 짧다고 할 수 있다. 물론 시제품 제작이나 평가 과정의 결과에 따른 설계 수정에 소요되는 시간을 모두 설계 기간이 포함한다는 전자의 경우에 비해 전체 개발 과정의 상당 부분을 차지할 수도 있다. 설계 생산성이란 초기 설계 및 수정 설계에 소요되는 시간을 가능한 한 단축하여 전체 제품 개발 과정의 시간을 단축하는 것으로 일반화할 수 있다. 물론 그 과정의 결과물은 계획한 품질이 확보되고 또한 유지될 수 있어야 한다. 그리고 결과물로 본다면 제품의 최종 도면 그리고 제작도가 산출되기까지의 시간을 절감할 수 있어야 한다.

내용적으로 이러한 설계 생산성을 확보하기 위해서는 설계 수정에 요구되는 시간을 최소화할 수 있어야 한다. 그리고 설계의 품질 혹은 생산성이란 설계 수정이 가능한 설계를 하므로 써 가능하게 될 수 있다. 설계자는 제품의 기능과 사용 목적은 물론 제품 개발과 양산에 필요한 모든 정보를 기반으로 설계 수정이 발생하는 경우에 유연하게 대응하므로 써 수정에 요구되는 시간이 절감될 수 있는 기능과 절차로서 설계 대상에 대한 모델링을 진행해야 한다. 예로 설계 수정 요구에 즉각적으로 대응하지 못하게 되면 이미 진행 중인 전체 프로젝트의 정상적 운영에 심각한 영향을 미칠 수도 있다.

이러한 설계 및 설계 수정을 위해서는 기본적으로 제품 사양을 비롯한 설계 초기 자료에 대한 명확한 이해가 필요하다. 일반적으로 3D CAD 시스템의 학습 과정에서도 2D CAD 시스템과 같이 주어진 과제에 대한 빠른 모델링을 통한 완성된 형상을 산출하는 것을 최우선 목표로 하는 경우가 일반적이다. 반면 설계 수정의 상황에 대응하는 학습 과정 및 개념 설계에서 출발한 전체 설계 구조에 대한 이해는 부족한 경우가 많다. 때문에 빠른 기능적 설계 역량에도 불구하고 설계 수정 상황에 효율적으로 대응하지 못하게 된다.

또한 설계자는 설계 생산성을 개선하기 위해 제품 형상뿐만 아니라 생산 비용 및 양산 체계에 대한 이해도 필요하다. 예로 3D CAD 시스템에서 설계된 형상이 최종 제품 형상이라고 하더라도 제품 생산 혹은 가공 방법에 따라 가공 정보 생성 혹은 금형 개발 등으로 이어지게 된다. 만일 형상 모델링에 적용된 기능들이 이러한 후속 공정에서의 설계나 설계 수정에 영향을 미칠 수도 있다는 점을 인식하고 있어야 한다.

그러므로 설계자, 3D CAD 시스템을 운용하는 주체로서는 초기 설계의 뿐만 아니라 개발 과정 중 잦은 설계 수정에 대응할 수 있는 구조와 기능으로 전체 설계에 대한 명확한 파악이 가능하도록 설계를 진행한다.

2.2.2 제품 원가 절감

일반적으로 설계 혹은 제품 개발이라는 업무의 이미지는 형상 모델링 내지는 제도 작업에 집중되어 있다. 하지만 실제 설계 작업은-모델링 및 제도 작업에 가장 많은 시간이 소요될 가능성이 높지만-제품 형상 및 기능 구현을 위한 재료 선정, 기능성 평가 그리고 제품 양산을 위한 금형 개발 등 여러 후속 작업을 포함한다. 그리고 이러한 후속 작업은 제품 개발 과정은 물론 제품 자체의 원가에 직접적으로 영향을 미치게 된다.

제품 개발 비용 및 제품 양산에 따른 제품의 가격은 마찬가지로 시장 경쟁력에 직접 영향을 미치기 때문에 제품 판매와 기업의 이익을 좌우하게 된다. 그러므로 설계자는 이러한 범위에 걸친 고려 사항을 반드시 설계 과정에서 검토 및 검증하여 정확하고 현실적인 그리고 수정과 변경에 대응할 수 있는 유연성을 가진 설계 결과를 산출해야 한다.

예로 설계 사양에 따라 적용할 수 있는 재료 선택의 폭에서 여유가 있다면 설계자는 각 재료를 설계 대상에 적용하여 제품의 기능적 사양에 대한 평가를 수행할 수 있다. 이러한 기능은 수계산에 의한 검증도 가능하지만 3D CAD 시스템 운영의 입장에서는 엔지니어링 시뮬레이션 과정, CAE 기능을 통하여 확보가 가능하다.

일반적으로 CAE 시스템에 대한 절차적 시각은 설계가 완성된 후 검증 단계로 인식되고 설계 과정과는 직접적 연관이 없는 별개의 업무로 생각된 경우가 많았다. 하지만 3D CAD 시스템에서 개념 설계 과정의 필요성이 확산되면서 설계 과정에서 평가 과정을 함께 수행할 수 있는 기능적 연동 체계 구성이 가능하도록 발전되고 있다.

반면 많은 설계자들이 설계 대상에 대한 기능적 평가에 경험이 부족하고 또한 무엇보다도 이러한 과정에 소요되는 3D CAD 시스템의 기능에 상당한 비용이 초래된다는 점에서 도입에 걸림돌이 되었다. 하지만 이러한 비용적 측면을 단순한 3D CAD 시스템의 기능적 확장이 아닌 설계 및 제품 개발 단계에서의 검증을 통한 제조 원가 측면에 적극적으로 반영할 수 있는 사실에 보자면 충분한 투자 효과를 담보할 수 있다고 본다.

지금까지 설계자 스스로 설계 범위를 형상과 기능적 구현에서의 자유도를 제한해 온 경향이 많았다는 측면에서, 설계 업무와는 차별적으로 보일 수 있는 제품 비용에 관련한 부분에 관심과 참여는 제품 원가 절감을 통한 시장 경쟁력 향상을 위한 기본적 사항으로 확산되어야 한다.

2.2.3 기술 경쟁력 확보 및 유지

제품 개발을 위한 설계는 최종적으로 설계 모델 그리고 관련 도면의 산출로 마무리된다고 볼 때, 하나의 개발 프로젝트 진행 과정에서 적지 않은 정보가 생성된다. 또한 기업에서는 이러한 개발 과정이 지속적으로 발생한다는 점에서 설계 및 관련 정보는 물리적이든 아니든 상당한 양을 차지할 수밖에 없었다. 하지만 컴퓨터 기술의 발달은 저장 장치에 소요되는 비용을 혁신적으로 개선하므로 써 CAD 시스템을 운용하여 생성된 설계 및 개발 정보의 저장 한계는 무한대에 가깝다고도 볼 수 있다.

하지만 완료된 설계 정보의 재활용성은 대개의 경우-이전 설계 정보를 검토하는 과정은 있다고 하더라도-실질적으로 활용하기란 쉽지 않다. 이러한 문제는 설계 과정의 관리적인 문제도 있겠지만 대부분의 기업에서의 3D CAD 시스템을 비롯한 설계 플랫폼과 설계 정보의 관리에 한계가 있기 때문이라고 할 수 있다.

일반적인 중소기업 수준에서 설계 정보를 별도로 관리하는 인력 내지는 PDM 시스템과 같은 추가적인 관리 시스템을 구축한 경우를 찾기란 쉽지 않다. 그리고 구축한 관리 체계를 효율적으로 운용하는 것 역시 많은 비용과 자원이 소요되는 일이라는 점에서 지속하기가 어려운 경우가 많다.

그러나 경쟁이 심화되는 현대 산업 산업에서 새로운 기술, 새로운 제품 그리고 새로운 서비스의 개발을 최소의 비용으로 최고의 결과를 만드는 최적의 과정으로 진행하기 위해서는 기업 기술 자산, 즉 설계 정보가 효과적으로 관리되어야만 시장에서의 경쟁력과 생존을 유지할 수 있다.

이를 위한 설계 혹은 제도의 결과물은 설계자들이 효율적으로 참고하고, 재사용하고 **그리고** 개선하기 위한 절차와 체계가 구축되어야 한다. 이러한 구조는 제품 혹은 기업 그리고 분야에 따라 다양하기 때문에 일률적으로 표준화할 수는 없지만, 기존 설계에 포함된 정보를 필요한 경우 참고 할 수 있고 또한 재사용이 가능한 형태로 유지하므로 써 가능할 수 있게 된다.

동일하거나 유사한 제품의 개발 과정에서 이전 설계 정보에 대한 접근이 수월하도록 플랫폼을 구성하거나 전체적인 개발 관리를 담당하는 인력에 의해 설계 정보와 제품 관련 기술들이 정리되어야 한다. 물론 앞서 언급한 바와 같이 3D CAD 시스템에 비해 많은 비용과 자원이 요구될 수 있음에도 이러한 조치가 매우 중요한 것은 설계 과정에서 설계자가 같은 실수나 오류를 반복하지 않고 또한 이전 설계 정보로 부터 현재의 문제를 해결할 수 있는 정보를 찾아 적용하므로 써 새로운 제품 개발에 소요되는 자원을 효율적으로 사용할 수 있기 위함이다. 이를 통하여 기술과 제품 경쟁력 확대를 기대할 수 있게 된다.

그러므로 설계 정보에 있어서는 잘된 설계 혹은 잘못된 설계라는 구분은 없다. 설계자가 설계 과정에서 적용한 모든 결과물은 설계 정보로서 그리고 기술 자산으로서의 가치를 가진다. 때문에 기업에서는 별도의 관리 체계를 통하여 새로운 설계 프로젝트의 준비 과정에서 이러한 정보들을 효과적으로 활용할 수 있도록 절차를 표준화해야 한다.

일반적으로 설계자 시각에서 새로운 제품의 개발, 특히 초기 설계 과정에 주어진 시간은 부족할 수밖에 없다. 이 과정에서 많은 오류가 발생하고 여러 여건을 적절하게 판단하지 못하여 최적의 선택을 놓치게 되는 경우가 허다하게 된다. 특히 기업이나 조직의 규모가 작을수록 이러한 문제는 일반적으로 경험이 많은 설계자 혹은 관리자에 의존하는 경향이 매우 높다.

설계 정보 관리 플랫폼의 도입은 기업 측면에서 설계 과정 및 설계 정보와 같은 기술 자신이 개별 설계자의 능력에 한계 되지 않고 표준화된 관리 체계 내에서 운용될 수 있도록 해야 한다.

이미 현재적 3D CAD 시스템은 제품 개발에 소요되는 설계 정보를 관리할 수 있는 기능을 제공하면서 또한 대규모의 설계 작업을 위한 PDM 나아가 PLM 시스템과 연동되어 보다 넓은 범위에서 제품 개발 및 생산 관리 영역으로 확대될 수 있도록 발전해 왔다.

이러한 기능을 통하여 설계자는 이전 개발 정보의 주요 사안을 쉽게 검색 및 활용하여 새로운 제품 개발에 적용하므로 써 개발 시간과 비용을 절감할 수 있게 된다. 3D CAD 시스템은 이러한 설계 구조와 체계를 시스템으로 구축하므로 써 새로운 제품 개발에 필요한 설계 기술의 재사용을 통한 기술 진화를 가능하게 하도록 운용될 수 있다.

3 3D CAD 시스템 운용 플랫폼 구성

컴퓨터 시스템 기반의 설계 플랫폼은 단순한 하드웨어 및 소프트웨어의 조합이 아닌 정보화 시대 이후 기술적 변화가 가장 빠르게 반영되는 통합 기기이기도 하다. 때문에 3D CAD 시스템 및 관련 분야 어플리케이션 운용을 위한 설계 플랫폼으로서 워크스테이션 혹은 PC 구성 요소에 대한 이해를 통하여 설계자가 스스로 자신의 설계 업무에 최적화된 설계 플랫폼을 구축하고 설계 생산성을 개선할 수 있는 환경을 이해하는 능력을 갖추고 있어야 한다.

설계자는 설계 플랫폼의 성능 유지에 관심을 가짐으로써 하나의 명령 실행에 따른 작은 시간적인 단축 효과도 반복되면서 기나긴 전체 설계 공정에 있어 상당한 비용 절감의 효과가 나타날 수 있다. 또한 설계자에게 있어 3D CAD 시스템은 물론 그 운용 환경 역시 주요한 생산성 평가 요소로서 관리되어야 한다.

3D CAD 시스템 구동을 위한 하드웨어 및 소프트웨어 환경은 설계자의 제품 설계 및 개발 작업을 위한 물리적 도구이다. 과거 PC의 성능과 기능이 제한적이던 시절에는 3D CAD 시스템과 같은 엔지니어링 어플리케이션을 구동하기 위해서는 워크스테이션이나 미니-컴퓨터 같은 고가의 컴퓨터 시스템을 사용할 수밖에 없었다. 하지만 1990년 후반부터 PC의 비약적인 발전은 마침내 3D CAD 시스템 운용을 위한 퍼스널 워크스테이션(혹은 PC 워크스테이션)이라는 새로운 플랫폼을 등장시키게 되었다. 그럼에도 일정 수준 이상의 설계 작업에 있어 3D CAD 시스템의 운용은 구동 플랫폼에 상당한 부하를 초래하고, 작업 효율과 시간에 큰 영향을 미치게 된다. 이러한 점에서 설계자는 자신이 운용하는 3D CAD 시스템이 최고의 성능을 발휘하면서도 작업 중 문제가 발생하지 않도록 플랫폼의 신뢰성 유지에 집중할 필요가 있다.

3D CAD 시스템이 등장한 이후, 제조 분야의 개발 비용을 절감하고 공정 생산성을 개선하기 위한 도구로 사용되어 왔지만, 지금까지도 3D CAD 시스템과 운용 플랫폼은 여전히 많은 기업에서 도입, 운용 및 관리 비용을 초래하는 고민스러운 투자의 대상으로 인식되고 있다. 특히 중소 제조분야 기업에서 3D CAD 시스템의 효용성에 대한 기대에도 불구하고 도입 비용과 관리 체계 미비로 인하여 접근하기 어려운 것이 현실이다.

그리고 3D CAD 시스템을 도입한 여러 기업에서도 설치 이후 운용과 관리 문제에 적절히 대응하지 못하고, 기대한 생산성 향상의 도구로서 활용하지 못하거나 심지어는 포기하는 경우도 적지 않다. 결과적으로 3D CAD 시스템의 도입과 운용을 통한 이익 창출 성과 역시 기업의 관심과 투자 역량에 따라 크게 달라질 수 있다.

언급한 바와 같이 20세기 후반 시작된 PC 분야의 급속한 기술 발전은 3D CAD 시스템을 운용하기 위한 하드웨어 및 소프트웨어 플랫폼 확장의 기반이 되었다. 그리고 규모가 작은 기업에서도 PC 기반의 3D CAD 시스템 도입과 운용이 가능하게 되었다. 하지만 이러한 접근성의 확대와 달리 실제 3D CAD 시스템 운용 성과에 만족하는 경우를 찾기란 쉽지 않다.

그 이유 중의 하나는 3D CAD 시스템과 같은 3차원 컴퓨터 그래픽스 기반의 엔지니어링 어플리케이션은 하드웨어는 물론 소프트웨어 환경에 따라 체감 성능에 상당한 차이가 발생하고 설계 업무가 복잡하고 규모가 클수록 차이는 더욱 현저하게 드러나게 된다. 3D CAD 시스템 운용을 위한 플랫폼으로서 하드웨어, 소프트웨어 그리고 운영 환경의 구성과 설정에 따라 설계 업무 효용성에 큰 차이를 초래할 수 있다는 점에서, 3D CAD 시스템의 도입 혹은 운용을 담당하는 경우라면 목표한 설계 업무의 생산성이 일정한 수준 유지될 수 있도록 플랫폼을 관리할 수 있어야 한다.

3D CAD 시스템이 본격적으로 확산되기 시작한 1980년대 설계 플랫폼은 RISC(Reduced Instruction Set Computing) 마이크로프로세서와 UNIX 운영체제를 탑재한 고가의 엔지니어링 워크스테이션으로 제한되어 있었다. 이러한 엔지니어링 워크스테이션들은 제조사에 의해 성능과 기능이 유지 및 관리되는 경우가 대부분이었기 때문에 설계자 입장에서 설계 플랫폼의 유지 및 관리 역량을 위한 별도의 학습이 요구되지 않았다.

하지만 21세기에 들어 엔지니어링 워크스테이션이 PC 기반 워크스테이션으로 완전히 대체되었고, 3D CAD 시스템을 운용할 수 있는 하드웨어의 구성과 소프트웨어 환경이 표준화되면서 설계 플랫폼의 구성과 도입에 설계자가 직접 관여할 수 있는 기회도 확대되었다. 반면 하드웨어의 구성이나 소프트웨어의 환경 설정에 따른 3D CAD 시스템의 성능 유지 역시 설계자의 몫으로 확대되었다.

현재 3D CAD 시스템 운용을 위한 플랫폼에 대한 최적 환경 설정이라는 것이 워크스테이션의 품질과 신뢰도를 평가하는 주요한 기준이 되었다. 현재 주요 워크스테이션 공급사들은 설계자가 사용하는 3D CAD 시스템을 포함한 엔지니어링 어플리케이션에 대한 최적 운영 환경 구축을 위한 별도의 프로그램을 탑재하고 시장 경쟁력을 확보하기 위한 노력하고 있다.

3D CAD 시스템이 특정 운용 환경의 제약에서 벗어나면서 도입 비용은 낮아 졌지만 다양한 하드웨어와 사용 환경에 대한 최적화 문제가 발생하게 되었다. 그리고 설계의 대상이나 범위가 광범위하다는 점에서 이 문제는 3D CAD 시스템 운용하는 설계자의 부담으로 이전되었다고 할 수 있다. 개별 설계자의 업무 범위 역시 매우 다양하다는 점에서 설계 플랫폼의 정비는 설계 업무 생산성에 장기적으로 큰 영향을 미칠 수 있다.

설계 플랫폼은 업무가 진행될수록 처리해야 하는 부하가 지속적으로 증가하게 된다. 때문에 일정 기간이 지나게 되면 새로운 설계 플랫폼을 교체하게 된다. 하지만 대부분 기업에서 이러한 요구에 즉각적으로 대응하기란 쉽지 않다.

일반적으로 하드웨어를 비롯한 설계 플랫폼의 성능 개선은 설계자로 하여금 보다 높은 수준의 설계 업무를 요구하게 되고 더불어 새로운 3D CAD 시스템의 운용을 기대하게 한다. 하지만 기업의 입장에서 많은 비용 부담으로 도입한 3D CAD 시스템의 교체는 일정 기간이 소요된다는 점에서, 일정 기간 설계 시스템의 기대한 성능 확보의 역할은 설계자의 부담이라고 할 수 있다.

3.1 설계 플랫폼 하드웨어 구성

3D CAD 시스템을 포함한 엔지니어링 어플리케이션의 성능은 절대적으로 하드웨어 구성과 성능에 기인하다. 일반적으로 새로운 하드웨어의 등장에 맞춰 새로운 소프트웨어는 개선된 성능에 부합되는 기능을 수행할 수 있도록 개정되어 진다. 일반적으로 기존 하드웨어 환경에서의 새로운 어플리케이션의 설치는 이전과 비교하여 추가적인 부하를 초래하게 된다. 이러한 측면에서 상대적으로 긴 업무 수명을 가진 워크스테이션의 하드웨어 구성은 향후 변화하는 업무 환경에 대응할 수 있는 성능과 증가하는 설계 부하를 유연하게 대응할 수 있는 신뢰성을 갖추고 있어야 한다.

오늘날과 같이 PC 성능이 크게 개선된 상황에서 3D CAD 시스템과 같은 엔지니어링 어플리케이션 운용을 위한 하드웨어의 기능과 한계를 명확하게 규정하기는 어렵다. 이미 PC나 워크스테이션의 각 하드웨어 부품이 표준화되어 있으며, 컴퓨터 시스템의 구성도 크게 다르지 않기 때문이다. 때문에 동일한 구성에서 보다 빠른 처리 속도와 더 큰 저장 공간을 확보할 수 있다면 선형적으로 성능 및 용량의 한계를 극복할 수 있다고 해도 과언이 아닐 것이다. 향후 3D CAD 시스템 운용을 위한 워크스테이션 구성에 있어 이러한 상황은 큰 변화가 없을 것으로 예상된다.

하지만 최근에는 랩탑, 노트북 환경에서도 3D CAD 시스템을 운용하기에 성능이 충분한 모바일 워크스테이션으로 등장했다. 또한 인터넷 기반의 클라우드 서비스에서의 3D CAD 시스템 운용이 서비스로 제공되기 시작했다는 점에서 설계자 입장에서는 장소에 구애받지 않고 업무를 지속할 수 있는 환경으로 변화되어 가고 있다.

그러나 현재와 같은 제조 분야의 산업 구조가 지속되는 한 표준화된 설계 플랫폼의 변화에도 불구하고 설계 업무의 다양하고 복잡한 상황은 지속될 수밖에 없다. 때문에 설계 플랫폼 하드웨어의 최적화는 설계자의 업무 생산성에 직접적으로 영향을 미친다는 점에서 하드웨어 요소 간의 구성은 가장 기본적인 관심의 대상이라고 할 수 있다.

3D CAD 시스템과 엔지니어링 어플리케이션 운용을 목적으로 판매되는 워크스테이션의 경우, 하드웨어 구성 간의 조합에 대한 유연성은 일반 화이트 박스 제품에 비해 상당 부분이 제한되어 있다고 볼 수 있다. 물론 이러한 구성은 각 하드웨어 구성 간에 발생하는 오류 발생이 상대적으로 적을 수 있다는 장점도 있다. 그에 반해 특징 부품의 업그레이드 범위 역시 한정되어 있고, 상대적으로 높은 가격으로 인해 개별 영역의 성능 개선에 비용 부담이 증가할 수 있다. 또한 표준화된 부품을 사용하고 퍼스널 컴퓨터 환경에 비춰서도 이러한 워크스테이션의 가격은 상대적으로 매우 높게 책정되었다고 볼 수 있다. 물론 이러한 부담은 개별 부품의 오류에 대한 공급사의 무상 보증에 따른 비용 발생 절감에 비춰 충분한 검토할 수 있는 대상이라고 본다. 현재 워크스테이션 시장에서는 2 ~ 3개의 대형 공급사에 의해서 제한된 범위 내의 워크스테이션이 선택될 수 있다.

본 절에서는 현재 워크스테이션 혹은 PC를 구성하고 있는 주요 하드웨어 요소가 3D CAD 시스템 운용과 성능에 어떠한 영향을 미치며 또한 각 하드웨어 요소 간의 조합에 따른 시스템 운용

성능에 대한 사안을 다룬다. 이를 통하여 설계자는 자신의 업무에 적합한 설계 플랫폼의 선택 혹은 직접 구성에 대한 기본적 역량을 확보하기 위한 지식을 습득할 수 있다.

3.1.1 마이크로프로세서

마이크로프로세서는 현대적인 컴퓨터 시스템의 CPU(Central Processing Unit)로서 자리 잡은 이후, 퍼스널 컴퓨터 혁명을 이끈 주역이라고 할 수 있다. 또한 3D CAD 시스템과 같은 엔지니어링 어플리케이션의 원활한 운용성을 결정하는 가장 주요한 요소라고 할 수 있다.

현재 일반적인 컴퓨터 시스템 구성을 위해 공급되는 있는 대부분의 마이크로프로세서는 64-비트 체계와 멀티-코어 환경을 제공하기 있기 때문에 3D CAD 시스템 운용을 위한 기능적으로 제약은 없다고 볼 수 있다. 한때 64-비트 마이크로프로세서는 엔지니어링 워크스테이션 이상의 고성능 컴퓨터 시스템에서의 전유물이었다. 하지만 2003년 AMD의 Opteron 제품이 공급되기 시작한 이후 현재 X86 계열의 대부분의 마이크로프로세서는 64-비트로 대체되었다고 할 수 있다.

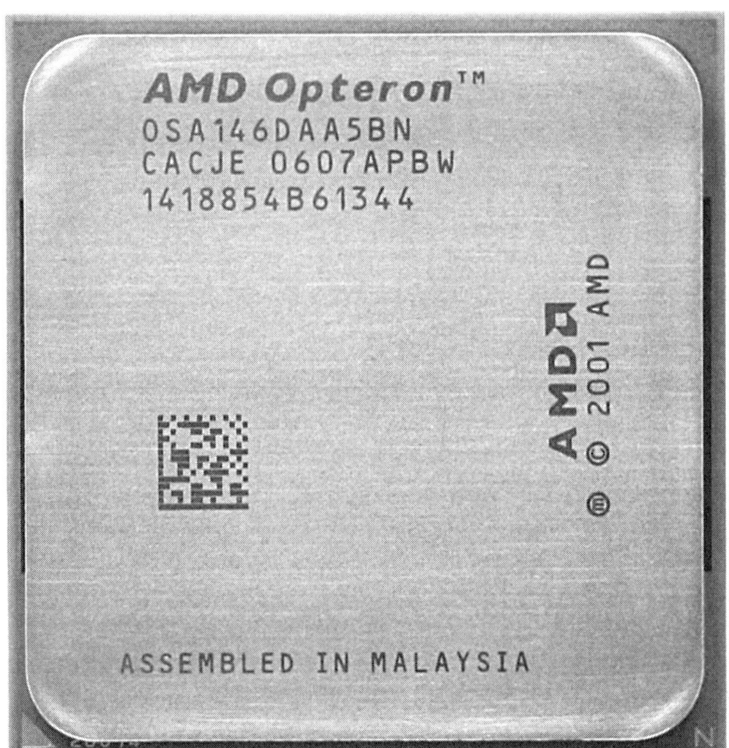

그림 3.1 2003년 X86 계열의 첫 64-비트 마이크로프로세서로 개발된 AMD사의 Opteron

표 3.1 엔지니어링 워크스테이션용 RISC 기반 마이크로프로세서의 예

아키텍처	개발사	적용제품
ALPHA	DEC(HP)	워크스테이션, 서버(2006년 생산 중지)
MIPS	SGI	워크스테이션, 서버(2007년 생산 중지)
PA-RISC	HP	워크스테이션, 서버(2008년 생산 중지)
POWER	IBM	워크스테이션, 서버, 슈퍼컴퓨터
SPARC	SUN(Oracle) & Fujitsu	워크스테이션, 서버, 슈퍼컴퓨터

64-비트 마이크로프로세서의 가장 큰 효과는 32-비트 마이크로프로세서에서 제약되었던 최대 탑재 메모리의 한계가 크게 확장되었다는 점이다(32-비트 마이크로프로세서 역시 이전 16-비트 마이크로프로세서에 비해 크게 개선된 성능과 용량을 제공했다). 이것은 3D CAD 시스템은 물론 CAE 어플리케이션을 이용한 설계 작업의 생산성 개선에 크게 기여했다고 볼 수 있다. 하지만 64-비트 마이크로프로세서 제공하는 모든 성능의 효과는 컴퓨터 시스템에서 사용하는 운영체제와 마더보드의 설계 구조 등에 따라 제한된다.

과거 3D CAD 시스템과 같은 엔지니어링 어플리케이션을 위한 플랫폼에서는 RISC 기반 마이크로프로세서를 사용했지만 오늘날 데스크탑 컴퓨터 사용 환경에서는 RISC 내지는 CISC 구분에 따른 차이는 없다고 할 수 있다.

일반적으로 마이크로프로세서는 하나의 제품군에 상대적으로 저가의 느린 모델에서 고가의 빠른 모델까지 다양한 범위에서 제공된다. 하나의 제품군 이후의 새로운 제품군이 더욱 빠른 성능을 제공하는 것은 사실이지만, 이전 세대의 빠른 모델과 새로운 세대의 느린 모델 간의 속도 차이는 비용대비 성능에 따라 다양하게 나타날 수도 있다. 하지만 이러한 마이크로프로세서 간의 성능 차이가 항상 선형적으로 3D CAD 시스템의 성능 개선에 영향을 미친다고 보기 힘들다. 때문에 마이크로프로세서의 선택에서 비슷한 속도 범위의 모델 간의 성능 차이는 다른 주변기기들의 성능 개선으로 충분히 보상이 가능하다고도 할 수 있다.

마이크로프로세서의 속도 차이가 3D CAD 시스템의 성능에 미치는 절대적 영향이 상대적으로 낮아지게 된 것은 64-비트 체계로 전환과 함께 현대적 마이크로프로세서가 제공하는 또 따른 핵심적인 기능은 멀티-코어 환경 덕이라 할 수 있다. 전통적인 싱글-프로세서 및 싱글 코어의 마이크로프로세서로는 멀티프로세싱 환경의 구축이 상당한 비용이 요구되는 것에 비해 하나의 마이크로프로세서에 여러 개의 코어를 장착하게 됨으로써 적은 비용으로 높은 효용성의 멀티프로세싱 환경 구축이 가능하게 되었다.

지금까지 3D CAD 시스템 혹은 CAE 시스템에서는 빠른 기능 처리를 위해 두 개 이상의 마이크로프로세서를 사용할 수 있도록 개발되어 왔으나 하드웨어 측면에서의 멀티프로세싱 환경 구축의 비용 부담으로 제한된 영역에서만 사용되어 왔다. 하지만 멀티-코어 기반 마이크로프로세서를 통하여 수십 개의 마이크로프로세서를 사용하는 효과를 얻음으로써 싱글 프로세서 구성과는 비교할 수 없는 빠른 처리를 통하여 3D CAD 시스템의 운용성이 크게 향상될 수 있게 되고 이에 따른 설계 생산성도 크게 개선되었다.

그리고 마이크로프로세서 개발사의 정책적 이유로 멀티프로세서 구성이 가능한 제품과 싱글 프로세서로만 사용해야 하는 제품이 구분되어 공급된 이후로 멀티프로세서는 3D CAD 시스템과 같은 엔지니어링 어플리케이션 운용을 위한 워크스테이션 혹은 서버 등에서만 한정되어 왔으나, 최근에는 PC 용도의 싱글프로세서의 성능이 멀티-코어 기술로 크게 향상되었으며 또한 멀티프로세서 용도로만 사용되었던 워크스테이션 용도의 마이크로프로세서도 단일 구성의 싱글 프로세서 사용이 가능한 제품이 등장하면서 성능과 무관한 멀티프로세서 구성 의 제약도 유연성을 가지게 되었다고 볼 수 있다.

반면 현재까지 마이크로프로세서가 제공하고 있는 64-비트 및 멀티-코어 환경을 완벽하게 지원하는 엔지니어링 어플리케이션의 수는 매우 제한적이며 또한 코어의 증가에 따라 비용대비 성능에서도 충분한 효용성을 확보하기 어렵다는 것이 현실적 문제이기도 하다.

향후 이러한 마이크로프로세서 환경의 변화를 충분히 지원할 수 있는 3D CAD 시스템이나 CAE 어플리케이션의 개발이 지속된다면 보다 생산성 높은 설계 플랫폼 구축이 가능해질 수 있다고 본다.

마이크로프로세서의 변화에 따른 또 다른 문제는 현재 엔지니어링 어플리케이션 개발사들이 하나의 마이크로프로세서 내의 멀티 코어 환경에 대해서도 추가적인 라이선스 비용을 부가하는 방식으로 전환하거나 멀티-코어의 실제 사용 여부에 상관없이 마이크로프로세서가 포함하는 총 코어 수량에 따라 라이선스를 할당하는 방식을 선택하고 있다. 이러한 문제는 3D CAD 시스템이나 CAE 시스템에서의 멀티-코어 활용에 따른 가격대비 성능 확보에서 큰 부담으로 작용할 수 있다.

현재 64-비트 체계와 멀티-코어 기능을 탑재한 마이크로프로세서는 3D CAD 시스템 운용을 위한 충분한 성능을 제공하고 있으며, 향후 3D CAD 시스템의 개선을 통하여 마이크로프로세서의 성능 개선에 대한 활용성을 더욱 높여하게 될 것으로 기대된다. 이에 반해 넓은 범위에 걸쳐 제공되는 마이크로프로세서의 성능 비교에 있어 상대적으로 비용대비 효과는 실제 어플리케이션 운영에 현저히 영향을 미친다고 보기 힘들다.

보다 세부적인 측면에서 마이크로프로세서의 선택은 3D CAD 시스템과 같이 워크스테이션의 전체적인 성능이 주요한 경우와 CAE 어플리케이션과 같이 극단적인 계산 성능이 주요한 경우로 구분할 수 있다.

3D CAD 시스템의 경우 고가의 비용이 요구되는 높은 성능의 마이크로프로세서보다는 중간 수준의 모델에서 4 개의 멀티 코어 이상을 탑재하고 있다는 충분한다고 할 수 있다. 반면 CAE 어플리케이션의 경우는 멀티 코어와 멀티프로세서 간의 구분에 따른 차이를 고려하여 단일 마이크로프로세서와 두 개 이상의 마이크로프로세서 구성 간의 비용을 비교할 필요가 있다. 특히 멀티프로세서에 대한 라이센스 비용이 증가하는 CAE 어플리케이션에서는 이에 대한 명확한 수요가 수립되어야 한다.

만일 비용 문제로 PC 용도의 싱글프로세서와 워크스테이션을 위한 멀티프로세서 구성을 선택해야 한다면, 비용대비 효용성을 세부적으로 검토해볼 필요가 있다. 특히 최대 메모리 확장 용량과 ECC 메모리 지원 여부 등 신뢰성 개선이 주요하다면 멀티프로세서 선택하는 것이 필요하다. 하지만 언급한 바와 같이 멀티프로세서 구성으로 고수하던 워크스테이션에서도 동일한 마이크로프로세서를 사용하여 싱글프로세서로 사용하거나 워크스테이션을 위한 싱글프로세서를 사용하면서도 메모리 확장 용량과 ECC 지원이 가능하도록 구성할 수 있다.

결론적으로 3D CAD 시스템 운용을 위한 플랫폼 구성에 사용되는 마이크로프로세서는 선형적 성능과 함께 메모리 확장이나 ECC 지원에 대한 선택과 멀티프로세서 구성 여부로 선택할 수 있다.

3.1.2 메모리(주기억장치)

마이크로프로세서의 성능과 함께 3D CAD 시스템을 비롯한 엔지니어링 어플리케이션 운용에 가장 큰 영향을 미치는 요소가 주기억장치, 즉 메모리(RAM, random access memory)의 용량이다. 현재 워크스테이션이나 PC에서 64-비트 마이크로프로세서와 이를 지원하는 운영체제에 의해 기술적으로 운용 가능한 메모리는 이전 32-비트 마이크로프로세서 시대에 비한다면 무한에 가깝게 확장되었다고 비약할 수 있을 정도이다.

하지만 현실적으로 이론적 한계이며 CPU 구조, 마더보드 설계 및 운영체제 지원 한계에 따라 실제 사용 가능한 메모리가 최대 용량이 결정된다. 그럼에도 32-비트 환경에서 64-비트로 이전하는 가장 큰 목적 중에 하나가 어플리케이션이 관리할 수 있는 메모리 용량을 확대하기 위함이다. 3D CAD 시스템을 운용하는 설계자 입장에서 일정 수준에서 성능 개선에서 가장 크게 체감할 수 있는 부분이라는 점에서 다른 하드웨어 요소에 비해 메모리 확장 한계는 매우 주요하다.

일반적으로 워크스테이션 등에서 3D CAD 시스템 운용을 위해서는 메모리의 용량은 많을수록 효용성이 높지만 현실적으로 8 GB 이상의 메모리 용량을 권장하고 있다. 하지만 3D CAD 어플리케이션의 성능과 기능이 개선됨에 메모리 권장 요구량은 지속적으로 증가하고 있기 때문에 하드웨어 구성에서 이에 대응할 수 있는 환경을 확보하는 것도 주요하다고 할 수 있다.

하지만 64-비트 마이크로프로세서와 운영체제에 의해 메모리 지원 한계가 늘었다고 할지라도 실제 어플리케이션에서 사용 가능한 메모리 한계는 사용하는 컴퓨터 시스템, 특히 마더보드 설계 등에 의해 제한된다는 점도 명확하게 파악해야 한다.

워크스테이션의 다른 하드웨어 요소와 달리 메모리는 3D CAD 시스템은 물론 운영체제의 성능과 안정성에도 영향을 미치는 요소라는 점에서 컴퓨터 시스템 및 마더보드가 지원하는 정확한 사양의 메모리를 탑재하는 것도 중요한다. 메모리 구성에서도 서로 다른 크기나 서로 다른 사양의 사용할 수 있다고 하더라도 동일한 사양의 제품으로 구성하는 것이 시스템 신뢰성 확보에 주요하다. 특히 워크스테이션에서는 PC에서 사용하는 메모리와 구별되는-메모리 오류를 자체적으로 수정하는 기능을 탑재한 ECC(error-correcting code) 메모리를 사용함으로써 3D CAD 시스템의 신뢰성을 보장할 수 있도록 한다.

그림 3.2 RISC 마이크로프로세서 기반 엔지니어링 워크스테이션에서 사용되던 ECC 메모리의 예

현재 주요 워크스테이션 공급사의 각 제품군에서 기본형의 최대 메모리 지원 용량이 8 ~ 16 GB 정도인데 반해 고급형에서는 256 GB 이상을 지원하기도 한다. 이러한 메모리 지원 범위의 차이는 워크스테이션의 실제적 운용 수명에도 영향을 미칠 수 있다는 점에서 초기 설계 플랫폼 구성에서 반드시 고려해야 할 사안이다.

하지만 하드웨어적으로 메모리 탑재량이 증가되는 것은 설계자 입장에서 주요한 이익이라고 할 수 있지만 활용 한계를 벗어난 이상의 용량 확장은 비용 부담이라는 측면에서도 반드시 고려해야 할 사안이다. 때문에 설계자는 운용하는 3D CAD 시스템이나 다른 엔지니어링 어플리케이션에서 요구되는 메모리 용량의 파악과 함께 향후 확장 필요성을 대비한 하드웨어 구성을 선택할 필요가 있다.

결론적으로 3D CAD 시스템을 운용하기 위한 플랫폼에서는 최소 8GB 이상의 메모리 지원될 수 있는 것이 필요하며, 보다 높은 신뢰성을 담보하기 위한 ECC 메모리 운용 가능성을 함께 고려해야 한다.

컴퓨터 시스템의 마이크로프로세서가 사용하는 정보가 1차적으로 저장된다는 점에서 메모리를 주기억장치라고 부른다.

3.1.3 외부저장장치(보조기억장치)

워크스테이션에서 마이크로프로세서에 이어 메모리의 처리 속도가 가장 빠른 반면 설계자의 실제 정보가 저장되는 별도의 보조 기억장치는 상대적으로 느린 속도를 제공한다. 그리고 이러한 속도 차이는 정보 전달 과정에서 병목 현상을 발생시키고 컴퓨터 시스템 전체의 성능을 저하시키기는 요인이 된다. 반면 마이크로프로세서나 메모리와 비교할 수 없는 크기의 저장 공간을 제공하며 또한 전원이 꺼진 상태에서도 정보는 유지된다.

3D CAD 및 CAE 시스템의 운용이 증가하게 되면 단일 설계 정보의 크기가 급증할 수 있다. 때문에 저장되는 설계 정보의 용량이 과도한 경우 어플리케이션과 저장장치 간의 잦은 정보 전달로 인한 부하가 발생할 수 있다.

현재 워크스테이션을 비롯한 대부분의 컴퓨터 시스템에서 가장 보편적인 보조기억장치는 하드 디스크 드라이브(HDD, hard disk drive)라고 할 수 있다. 하드 디스크 드라이브 이전에는 플로피 디스크 드라이브가 그 역할을 담당하기도 했으며, 더 이전에는 자기 테이프를 저장 장치로 사용했다. 비록 보조기억장치가 컴퓨터 시스템에서 가장 느린 장치이기는 하지만 최근에는 솔리드 스테이트 드라이브(SSD, solid state drive)와 같이 메모리 기반의 보조기억장치가 보급되기 시작하면서 컴퓨터 시스템에서의 병목 현상이 크게 개선되면서 전반적인 시스템 성능이 크게 향상되고 있다. 향후 하드 디스크 드라이브의 경우와 마찬가지로 SSD의 가격도 급속히 하락하면서 가장 보편적인 보조기억장치로서 활용될 것이 기대된다.

SSD와 같은 고속 정보 저장 장치가 보편화되기 이전 3D CAD 시스템 운용을 위한 워크스테이션에서 정보 저장 효율을 성능 개선하기 위해 선택한 방법은 고가의 SCSI(Small Computer System Interface) 방식 하드 디스크 드라이브를 RAID(Redundant Array of Independent Disks) 인터페이스로 연결하여 사용하는 것이었다. SCSI 방식은 ATA(Advanced Technology Attached) 방식이나 초기 SATA(Serial ATA) 방식에 비해 빠른 전송 속도를 제공함으로써 상대적으로 높은 성능을 제공했지만 가격대비성능은 물론 담보할 수 있는 용량이 적었다. 때문에 대부분의 컴퓨터 시스템에서 채용되어 널리 사용되는 SATA 방식의 속도 개선에 비해 충분한 가격대비성능을 제공하지 못했고 최근에는 새로운 SCSI 방식이라고 할 수 있는 SAS(Serial Attached SCSI) 방식으로 대체되었다.

현재 대부분의 워크스테이션에서는 보급형 중심에서는 SATA 그리고 고급형 중심에서는 SAS와 SATA 저장 장치 운용이 일반적이다.

또한 용량 확장과 함께 저장된 정보의 안정성을 확보하기 컴퓨터 시스템과 분리된 별도의 고속 외부 저장 장치로서 연결되기도 한다. 또한 네트워크 속도와 안정성이 크게 개선되면서 보조기억장치가 로컬 시스템에 연결된 장치가 아닌 위치와 상관없이 접근이 가능한 클라우드 체계로서 제공되고 있기도 하다.

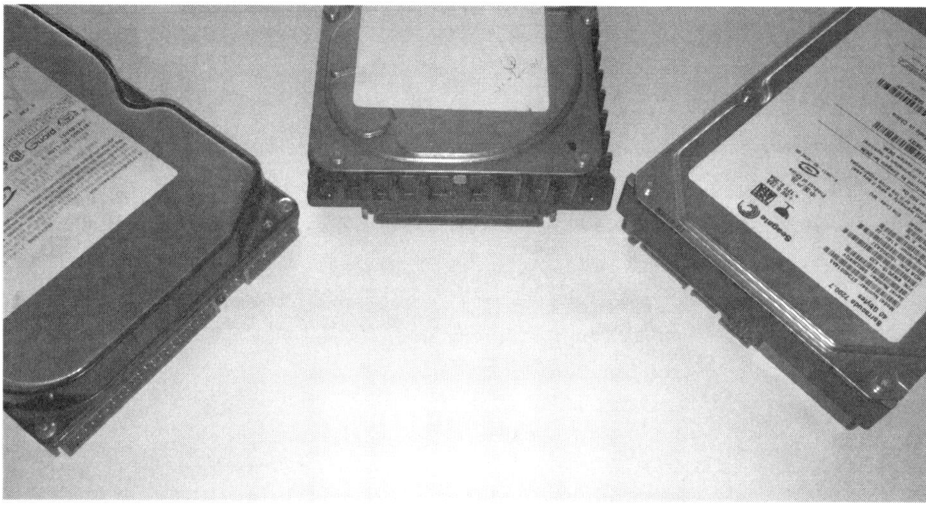

그림 3.3 데스크탑 컴퓨터 시스템에서 사용되는 하드 디스크 드라이브
(왼쪽부터 EIDE, SCSI-3 그리고 SATA2 타입)

그럼에도 3D CAD 시스템의 기능이 확장됨과 함께 여러 설계자의 협업을 통한 설계가 일상화되면서-별도의 설계 정보 관리 시스템을 사용하지 않는 경우-설계 정보는 지속적으로 증가하게 된다. 현재 이에 대응하는 가장 효율적인 저장장치는 HDD를 추가하거나 대용량 HDD로 대체하는 것이라 할 수 있으며, 실제로 HDD 운용에 따른 워크스테이션의 병목현상을 개선하여 시스템의 성능을 증진하고자 하는 여러 기술이 적용되고 있다. 물론 SSD 와 같은 더 빠른 처리 속도를 제공하는 외부저장장치를 사용하는 것이 가장 효율적인 대응 방법이기도 하지만, 보조기억장치의 용량 확장에 따른 비용과 관리 부담도 증가한다는 점에서 이에 대응하기 위한 방안도 함께 적용될 필요가 있다.

3D CAD 시스템의 운용 성능을 가장 효과적으로 개선하기 위한 보조기억장치의 성능 개선과 용량 확장에 적용되는 가장 효과적인 방법은 SATA 혹은 SAS 방식 하드 디스크 드라이브나 SSD를 RAID 장치에 여러 대로 연결하여 하나의 논리적인 연속된 저장 공간으로 묶거나 혹은 동일한 정보가 하나 이상의 보조기억장치에 중복 저장되어 정보의 안정성을 높이는 것이다.

하지만 보조기억장치의 성능 개선과 함께 저장 용량 확대는 불의의 사고로 인한 설계 정보의 손실에 따른 피해가 커질 수 있다는 점에서, 설계 정보의 중복 저장이나 정기적인 백업 절차 등이 반드시 필요하다.

3.1.4 그래픽스 서브시스템

일반적으로 그래픽 카드로 불리는 그래픽스 서브시스템은 엔지니어링 워크스테이션의 등장과 함께 3D CAD 시스템 운용을 위한 3차원 컴퓨터 그래픽스 가속 장치로 등장했다. 그래픽스 서브시스템의 핵심 기능은 3D CAD 시스템 개발에 사용되는 OpenGL 등의 3D API를 하드웨어 수준에서 가속 처리하므로 써 3차원 형상 모델링을 보다 빠르고 완전하게 구현될 수 있도록 하는 것이다.

최근에는 게임 등의 디지털 콘텐츠 제작과 가속 처리를 위한 용도로도 사용 범위가 확장되고 있지만, 여전히 3D CAD 시스템이나 CAE 어플리케이션에서의 3차원 설계 형상을 실물처럼 보다 정확하게 구현해야 하는 핵심 요소로 자리잡고 있다.

그래픽 서브시스템은 3D API으로 구현된 3차원 형상을 빠르고 정확하게 구현해야 하는 별도의 컴퓨터 시스템으로 별도의 그래픽스 프로세서, 그래픽스 메모리 용량, 전송 속도 등으로 성능을 구분된다. 또한 하드웨어 측면에서의 3D API의 지원 범위와 함께 개별 픽셀과 텍스처(표면 재질감)를 구현하는 속도 역시 3차원 그래픽스 가속 성능을 결정하는 핵심 요소이기도 하다.

1980년대 이후 엔지니어링 워크스테이션 시대에는 수많은 그래픽스 서브시스템과 함께 여러 3D API가 경쟁하면서 컴퓨터 그래픽스 기술을 발전시켜 왔지만, 퍼스널 워크스테이션으로 워크스테이션 시장으로 재편되면서 현재는 3D CAD 시스템을 위한 그래픽스 서브시스템 역시 nVidia와 AMD 두 회사에서만 공급되는 수준으로 정리되었다.

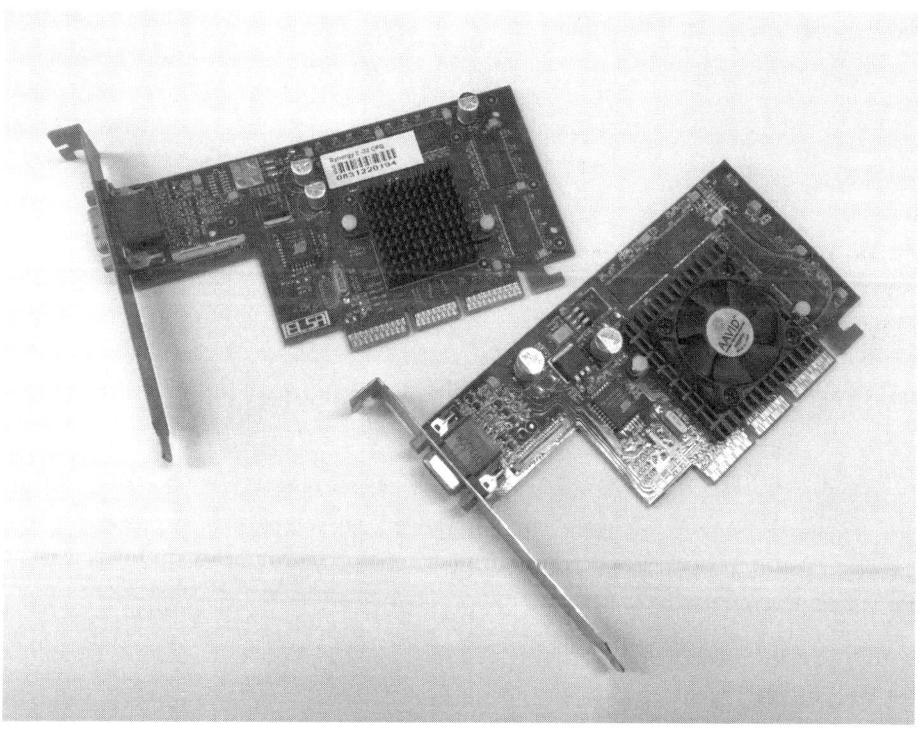

그림 3.4 PC 워크스테이션에서 고성능 3차원 그래픽스 성능 시대를 선도한 nVidia의 그래픽스 프로세서 기반 Elsa Synergy II와 Elsa Gloria II 그래픽스 서브시스템

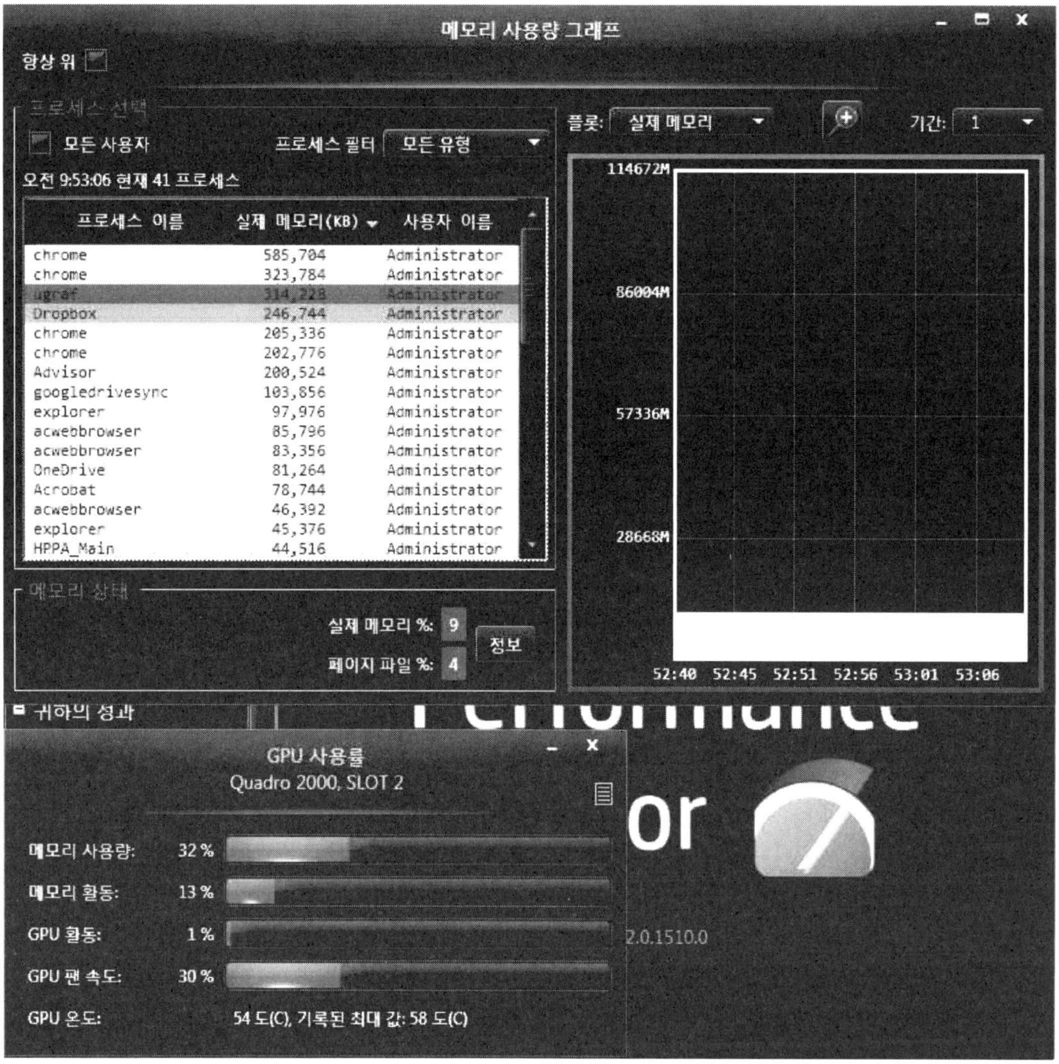

그림 3.5 워크스테이션의 성능 최적화를 위한 유틸리티(HP Performance Advisor)

그래픽스 서브시스템은 마이크로프로세서와 함께 워크스테이션의 도입 비용을 결정하는 주요 항목이라는 점에서, 고가의 그래픽스 서브시스템이 항상 비용대비 성능을 제공한다고 단언할 수는 없다. 실제로 많은 3D CAD 시스템이나 그래픽스 어플리케이션의 운용에서 저가의 보급형 그래픽스 서브시스템이 효용성이 높은 경우도 적지 않다. 하지만 마이크로프로세서와 마찬가지로 설계자 입장에서는 그래픽스 처리 성능의 작은 차이가 설계 전체 과정에 걸쳐 시간 절약 및 비용 절감으로 이어질 수 있다는 점에서 그래픽스 서브시스템의 역할이 3D CAD 시스템 운용에서 매우 주요하다고 할 수 있다.

또한 3D CAD 시스템의 기능과 구조를 완벽하게 지원하지 못해 설계 과정에 여러 문제가 발생하는 경우도 적지 않다는 점에서 3D API를 완벽하게 지원하는 그래픽스 서브시스템의 기능은 특정 설계 환경에서 특히 주요하게 작용할 수 있다. 때문에 일반적인 2D 이미지 처리나 게임 등의 처리에는 오히려 성능이 제대로 구현되지 못하기도 한다.

이러한 이유에서 현재 컴퓨터 시스템의 구성하는 핵심 요소 가운데 그래픽스 서브시스템, 그래픽 카드는 비용대비효과를 체감하기 힘든 부분이라고 할 수 있다. PC에서 게임 및 그래픽 처리를 목적으로 하는 그래픽 카드의 성능도 개선됨에 따라 3D CAD 시스템 운용 성능 역시 이전에 비해 월등히 개선되었다고 볼 수 있다는 점에서 10 배 이상의 비용이 요구되는 고성능 그래픽스 서브시스템의 도입에 의문이 제기할 수 있다.

때문에 3D CAD 시스템과 그래픽스 서브시스템 간의 최적 환경 구성은 매우 힘든 설정 작업이라고 할 수 있다. 이는 여러 3D CAD 시스템의 개발 환경과 그래픽스 서브시스템이 제공하는 3차원 그래픽스 가속 기능에 대한 상세한 정보를 확보하기 어렵기 때문이다. 때문에 주요 워크스테이션 공급사에서는 일부 그래픽스 서브시스템과 3D CAD 시스템 등과 같은 엔지니어링 어플리케이션의 환경 구성을 자동으로 설정하는 유틸리티 프로그램을 제공한다. 실제로 이러한 기능은 워크스테이션의 품질과 신뢰성을 결정하는 주요한 판단 요소가 되기도 한다.

일반적으로 수주에서 수개월 이상 걸쳐 진행되는 대규모 제품 설계 및 개발 과정에서 3D CAD 시스템의 작은 성능 개선이 설계 결과에 적지 않은 영향을 미친다는 점에서 그래픽스 서브시스템의 선택 역시 설계 플랫폼 도입에서 주요하게 고려되어야 할 사인이라 할 수 있다.

3.1.5 고속 네트워크 인터페이스

현재와 같은 초고속 인터넷의 보급이 활성화되기 이전 고속 네트워크 환경은 엔지니어링 워크스테이션과 서버 등과 같은 고성능 컴퓨터 시스템의 전유물이었다. 하지만 1990년 후반 인터넷의 확산은 PC에도 네트워크 장치를 기본 탑재하도록 변화시켰으며, 21세기 스마트 모바일 컴퓨팅 시대를 열게 되었다.

일반적으로 로컬 시스템으로서의 워크스테이션에서 구동되는 3D CAD 시스템을 운용하는 설계자 입장에서 네트워크 장치는 생성된 설계 정보를 다른 컴퓨터 시스템으로 전송하거나 외부 저장 장치에 백업하는 등과 같은 부수적인 작업을 위한 기능으로 여겨졌다.

하지만 네트워크 하드웨어 기술의 발전으로 초고속 유무선 인터넷 서비스를 통하여 대용량 정보 전송이 가능해짐에 따라 설계 정보의 일상적 저장 역시 네트워크 기반으로 실행됨은 물론 3D CAD 시스템의 구동도 네트워크를 통하여 수행할 수 있는 상황으로 변화되었다고 할 수 있다.

이미 Autodesk를 비롯한 주요 3D CAD 시스템 개발사들은 전통적인 로컬 시스템에서 구동되는 어플리케이션 방식이 아닌 인터넷을 통한 웹 브라우저 내에서 작동하거나 혹은 별도의 클라이언트 프로그램 구동되는 클라우드 기반 설계 플랫폼을 제공하고 있다.

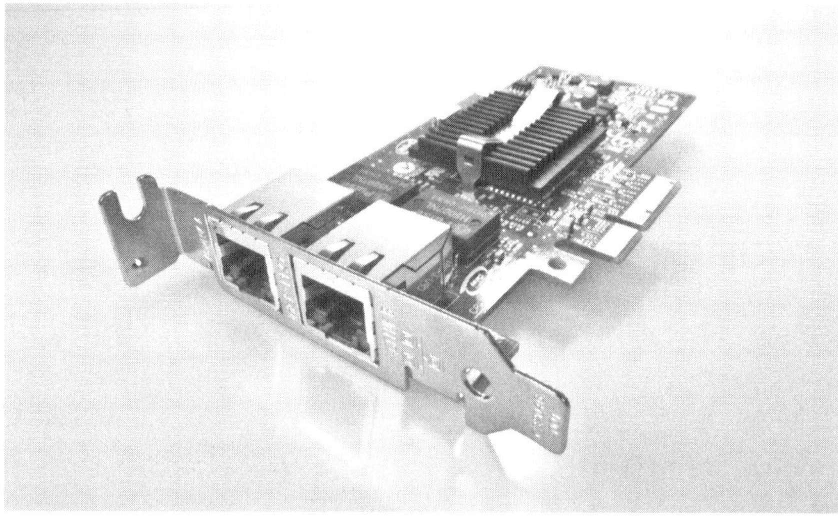

그림 3.6 멀티포트 이더넷 네트워크 인터페이스 카드의 예

네트워크 환경은 기업의 주요 자산으로서 3D CAD 시스템의 관리 체계를 로컬 시스템이 아닌 클라이언트/서버 혹은 클라우드 환경에서 관리하는 방식으로 변화시키기도 했다. 또한 많은 기업에서 3D CAD 시스템이나 CAE 어플리케이션 사용 권한을 위한 전체 라이선스를 별도 로컬 시스템이 아닌 중앙 집중된 서버에서 관리하고 있다. 이는 개별적인 라이선스 요구에 대한 최적 사용 수량 확보로 대응함으로 라이선스 비용을 현저히 절감할 수 있도록 했다.

현재까지 클라우드 기반 3D CAD 시스템이 제공하는 성능과 안정성은 로컬 네트워크와 로컬 시스템에서 구동되는 경우에 비해 제한적이며 불안정할 수도 있다. 하지만 이러한 환경적 문제가 네트워크 기술의 개선으로 근시일 내에 해결될 수 있다고 볼 때 향후 보다 가벼우면서도 강력한 기능을 제공하는 네트워크 기반 3D CAD 시스템의 등장이 기대된다.

3.2 설계 플랫폼 소프트웨어 구성

새로운 하드웨어 기술의 등장은 새로운 소프트웨어 개발을 촉진하다. 마찬가지로 새로운 소프트웨어의 등장은 이를 원활하게 구동할 수 있는 하드웨어의 발전을 초래하게 된다. 때문에 설계 업무의 가장 효과적인 개선 방법은 더 나은 성능의 하드웨어로의 교체라고 할 수 있다.

하지만 현실적으로 높은 비용 투자에 앞서 현재 하드웨어 플랫폼에서 최고의 성능이 보장될 수 있도록 운용하는 소프트웨어에 대한 최적화된 환경 설정 역시 설계 업무 생산성 유지에 주요한 요소라고 할 수 있다.

21세기 들어 3D CAD 시스템 운용을 하는 컴퓨터 시스템 하드웨어가 크게 발전하면서 소프트웨어가 제공하는 기능에서도 큰 변화가 이어졌다. 기본적으로 소프트웨어가 하드웨어 기반으로 구성된다는 점에서 표준화된 하드웨어 구성에서 소프트웨어는 성능 개선에 집중할 수 있게 되었다.

때문에 엔지니어링 워크스테이션의 시대에서처럼 설계자가 하드웨어는 물론 소프트웨어 선택을 위해 고민해야 했던 상황은 현저히 줄었다고 할 수 있다. 반면 동일한 하드웨어 환경에서 적절하지 못한 소프트웨어의 환경 설정에 의해 으로 기대한 성능을 도출하지 못하는 문제를 겪게 될 수도 있다.

기본적으로 3D CAD 시스템이 가장 주요한 소프트웨어이지만 그 운용을 담당하는 운영체제 역시 설계 플랫폼에 있어 또 다른 주요한 소프트웨어라고 할 수 있다. 현재의 Windows 기반 운영체제는 기본적으로 PC, 워크스테이션 그리고 서버 수준에서 유사한 구성과 기능으로 구동된다는 점에서 3D CAD 시스템의 운용에 제한이 없다고 할 수 있다. 하지만 운영체제의 구성이나 설정의 차이는 설계자로 하여금 엔지니어링 어플리케이션이 최적의 성능을 발휘하고 유지할 수 있도록 하는 과정에서 다양한 영향을 미치게 된다.

때문에 설계자에게도 3D CAD 시스템이 운용되는 기반 소프트웨어로서 운영체제를 포함한 운영 환경에 대한 이해와 이를 최적화하기 위한 기본 지식이 요구된다.

3.2.1 운영체제

3D CAD 시스템 역시 컴퓨터 시스템 기반에서 동작하는 소프트웨어의 하나라는 점에서 운영체제의 영향을 받지 않을 수 없다. 1980년대 엔지니어링 워크스테이션은 UNIX 운영체제를 통하여 메인프레임과 미니-컴퓨터 중심의 3D CAD 시스템 시장을 데스크탑 환경으로 전환하게 된다. 하지만 21 세기에 들어서면서 UNIX 기반의 엔지니어링 워크스테이션은 가격대성능비에서 높은 효용성을 제공하는 Microsoft Windows NT 기반의 퍼스널 워크스테이션(PC 워크스테이션)에 의해 완전히 대체되었다. 비록 Linux 및 UNIX 운영체제에서 CAE 어플리케이션이 여전히 많이 사

용되고 있지만, 3D CAD 시스템을 운용하는 분야에서는 Microsoft Windows NT가 시장의 대부분을 차지하고 있다.

과거 Microsoft Windows NT 계열의 운영체제가 32-비트 환경이던 시절에는 메모리 확장의 한계를 극복하기 위한 대안으로 UNIX 및 Linux 운영체제를 사용할 수밖에 없었으나, Windows NT 계열 운영체제가 64-비트를 지원하고 또한 PC 워크스테이션 중심의 시장 상황의 변화에 경쟁우위에 서게 된다.

21세기 접어들면서 UNIX 운영체제에 대한 대안으로서 Linux 운영체제를 선택하기도 했지만 큰 반향을 초래하지는 못했다. 하지만 3D CAD 시스템 간의 경쟁이 심화되면서 다시 Linux 혹은 Mac OS 등과 같은 운영체제를 지원하는 경향도 증가하고 있다. 이러한 플랫폼 확장에 가장 적극적인 개발사는 Siemens가 대표적이다. Siemens의 NX는 현재 Windows 환경과 함께 Linux 및 Mac OS를 지원하고 있다. 또한 2D CAD 시스템 분야에서는 Autodesk의 AutoCAD가 다시 Mac OS를 지원하기 시작했고, Dassault의 DraftSight는 Linux와 Mac OS를 지원하고 있다.

운영체제는 3D CAD 시스템뿐만 아니라 모든 어플리케이션의 구동과 성능에 영향을 미치게 된다. 특히 자원 소모가 큰 어플리케이션들은 워크스테이션에 많은 부하를 초래한다는 측면에서 운영체제의 구성이나 설정에 따라 성능 차이 역시 심각하게 영향을 받게 된다.

그러므로 설계자는 운용하는 3D CAD 시스템과 같은 엔지니어링 어플리케이션의 성능 향상을 위해 최적화된 운영환경을 구축해야 한다. 특히 운영체제에서 운용하는 어플리케이션에 가장 많은 마이크로프로세서 성능과 메모리 용량을 할당하고, 다른 어플리케이션과 함께 운용할 때 할당된 자원을 효과적으로 관리할 수 있도록 설정해야 할 필요도 있다. 이와 같은 이유에서도 운영체제 역시 64-비트 환경과 더 많은 기억장치를 운용할 수 있어야 한다.

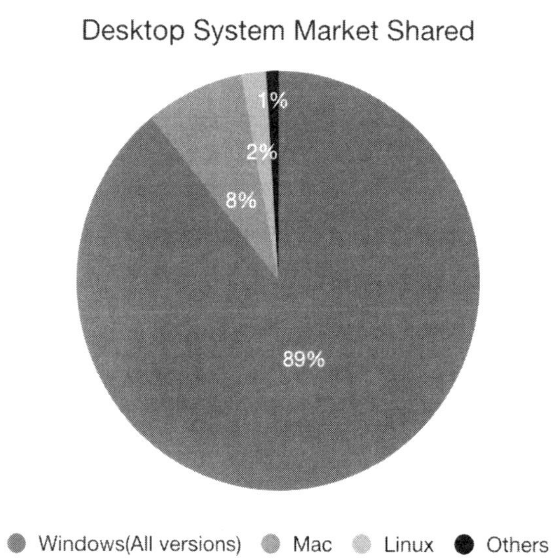

그림 3.7 데스크탑 OS 시장점유율 [출처 StatCounter 2017년 4월]

주요 워크스테이션 공급사들은 이러한 목적과 기능을 효율적으로 설정하기 위해 운영체제를 운용하는 특정 3D CAD 시스템에 최적화하기 위한 유틸리티를 제공하고 있지만, 일반적으로 여러 어플리케이션을 함께 운용하는 경우가 대부분이라는 점에서 전체적인 시스템 운용 성능을 일정 수준으로 유지하기 위한 노력이 필요하다. 그럼에도 대부분의 사용자의 입장에서 이러한 고급 유틸리티를 운용하기란 쉽지 않은 점도 있다.

3.2.2 엔지니어링 어플리케이션

설계 플랫폼 구성에 있어 하드웨어나 운영체제 등의 선택은 현실적으로 일반적인 수준에서 비용 문제를 제외하고는 도입 및 운용에 특별한 고려 사안은 없다고 볼 수 있다. 시스템을 구성하는 모든 부품과 운용 환경이 거의 표준화되었다고도 볼 수 있다. 반면 3D CAD 시스템을 비롯한 제품 개발을 위한 여러 엔지니어링 어플리케이션의 선택은 비용을 포함하여 고려할 매우 많다고 볼 수 있다.

- CAD: 제품 설계 및 도면 생성 어플리케이션으로, 제품 개발을 위한 기반 정보를 생성하고 개발 과정을 관리하며 최종적으로 제품 가공 및 운용 정보를 생성하게 된다. 제품 설계 정보를 2차원 도면을 생성하거나 3차원 형상 정보로서 다음 단계로 전달하거나 상호 운용하게 된다.
- CAM: 제품 가공을 위한 공작기기 제어 정보 생성 어플리케이션으로, 일반적으로 제품을 직접 가공하기 위한 정보 및 제품 가공을 위한 금형의 가공을 위한 정보 생성을 위한 목적으로 사용된다. 또한 제품 가공에 앞서 가공 과정을 검증하는 시뮬레이션을 위한 목적으로도 사용된다.
- CAE: 제품 구동 조건 및 가공 공정 사전 검증 어플리케이션으로, 제품의 형상, 재료 및 기능에 대한 정적, 동적 거동에 따른 응력 및 변형의 문제를 설계 과정에서 검토하기 위한 목적으로 사용된다. 또한 제품 설계 과정에 앞서 제품 개발 및 제조 과정에서 발생하는 문제를 검증하므로 써 실제 제품 설계 업무의 진행을 결정하기 위한 사전 확인 절차로 진행된다.
- CAPP: 제품 생산 공정 및 계획 수립 검증 어플리케이션으로, 제품이 절차적 가공 및 생산 과정을 위한 공작기기와 생산 기기의 배치 그리고 작업자의 업무 범위 등과 작업 동선(動線) 등을 사전 확인하므로 써 최적의 생산 환경을 구축할 수 있는 정보를 제공하기 위해 사용된다.

3D CAD 시스템은 CAE 어플리케이션과 함께 워크스테이션을 기반으로 운용되는 대표적인 하이-엔드 엔지니어링 어플리케이션이다. 하지만 2D CAD 시스템과 같이 특정 어플리케이션이 전체 시장의 대부분을 장악한 특별한 경우를 제외하면, 대부분의 엔지니어링 어플리케이션들은 각 분야

에서 주요 제품들 간의 경쟁이 심화되고 있다. 3D CAD 시스템 분야의 경우에는 약 10 여개 정도의 주요 어플리케이션이 시장에 공급되고 있으며, 상위 4 ~ 5 제품이 전체 시장의 80%를 점유하고 있다.

3D CAD 시스템의 도입과 운용이 결정된 상태에서의 선택 사안은 현재 설계 업무를 위한 운용 플랫폼으로서의 하드웨어 구성에 적합한 개정(버전)의 선택 혹은 유지라고 할 수 있다.

일반적인 컴퓨터 사용 환경에서는 새로운 어플리케이션이나 개정은 즉각적으로 진행하는 경우가 대부분이지만, 3D CAD 어플리케이션과 같은 엔지니어링 어플리케이션은 환경 변화에 따른 기능적 변화가 발생할 위험이 있다는 점에서 새로운 버전 보다는 안정된 버전을 선택하게 된다. 또한 도입 전에 충분한 평가 기간을 거치면서 설계 작업에서 발생하는 문제에 대한 대응 여부 등에 대한 검증 등의 주요한 사전 작업을 거쳐야 한다.

엔지니어링 어플리케이션의 선택을 위해서 가장 우선적으로 점검되어야 할 사안은 업무에 대한 명확한 구조와 상세 절차를 정량적 목표와 함께 규정하는 것이다. 3D CAD 시스템을 비롯한 엔지니어링 어플리케이션 도입 후 예상한 성과를 도출하지 못하는 많은 경우, 대부분 업무 범위에 부적합하거나 운용 역량을 벗어난 어플리케이션이 선택되었다고 볼 수 있다.

그러므로 엔지니어링 어플리케이션 도입에 앞서 반드시 충분한 사전 검토 및 운용 기간을 확보해야 한다. 짧게는 6 개월 수준에서 1 년 정도의 시험 운용이 필요할 수도 있다. 이 과정에서 업무에 요구되는 모든 과정을 사전에 규정한 업무 내용과 목표를 기준으로 평가할 수 있어야 한다. 고비용의 엔지니어링 어플리케이션은 대개 도입 이후 사후 조치로서 인수 거부나 반환 등의 대응이 거의 불가능 하다는 점에서 이러한 사전 검증 단계를 진행해야만 한다.

엔지니어링 어플리케이션의 사전 검증 및 시험 운용 단계에서는 관련 분야의 여러 유사 제품을 함께 비교 검토할 수 있어야 한다. 하지만 각 제품에 대하여 충분히 검증 시간을 할애할 수 없다는 점에서 앞서 언급한 바와 같이 표준 업무 절차로 규정된 항목을 포함한 실질적 문제에 대한 예제를 마련한 후 이에 대한 해결책에 대하여 평가하는 방법을 사용하는 것이 유효하다. 이후 최종 선택 대상을 최소화한 후 좀 더 세부적인 사항에 대한 평가를 다시 진행한다.

엔지니어링 어플리케이션의 선정 과정에서 업무의 시작과 완료까지 전 과정에서 걸친 항목에 대해 진행해야 할 필요가 있다. 엔지니어링 어플리케이션 도입 대상의 선정 과정에서 많은 경우 핵심 업무 사안에 집중한 나머지 주변 기능에 대한 검증을 소홀히 하게 된다. 이런 경우, 필요한 기초 정보를 확보하거나 설계 결과를 보고서로 전환하는 과정에서 많은 시간이나 추가적인 기능이 소요될 수 있다는 점이다. 또한 특정 기능의 추가를 위한 최초 계획한 비용의 범위를 넘어 설 수 있다는 점에서 반드시 전체 업무 범위에 걸쳐 평가가 진행되어야 한다.

일반적으로 엔지니어링 어플리케이션 도입 과정에서 설계 담당자가 추가로 확인해야 할 사안의 예를 다음과 같이 규정할 수 있다.

- 설계 과정을 진행하기 위한 기초 정보(재료 모델, 열간 물성치, 이상화 기능 등)를 어플리케이션 내에서 확보 및 입력할 수 있는가?

- 어플리케이션의 추가 기능을 개별적으로 도입 가능한가? 예로 제품에 따라 번들 구입과 개별 구입에 따른 가격 차이가 발생할 수 있다.
- 기존 운용하는 엔지니어링 어플리케이션과 상호 운용이 직접적 내지는 간접적으로 가능한지의 여부와 이에 대한 추가 비용이 소요되는가? 각 어플리케이션의 정보의 상호 운용이 가능한 경우와 STEP이나 STL 등 표준 공용 파일 형식으로 통하여 운용이 가능한 경우를 구분하여 확인한다.
- 설계 결과를 업무에 필요한 정보로 변환하거나 추출할 수 있는가? 예로 수정된 형상의 단면 정보를 DXF 등과 같은 2차원 정보로 저장할 필요가 발생할 수 있다.
- 추출한 정보를 일반적인 업무용 프로그램에서 사용할 수 있도록 자동 변환이 가능한가? 최종 설계 결과를 이미지나 웹 페이지로 저장하므로 써 보고서 등의 작업 시간이 절감될 수 있다.

3.3 설계정보 관리체계

제품의 형상과 기능 그리고 품질에 이어 빠른 출시가 시장 경쟁력의 주요한 요소가 된 이후, 오늘날 설계는 더 이상 설계자 단독의 업무만으로는 대응할 수 없게 되었다. 비록 개별 설계자 입장에서는 여전히 그런 시각이 있을 수 있지만 전체 제품의 개발 및 생산 과정은 수많은 설계자와 생산자들이 서로의 생각과 작업을 공유하여 진행되고 있다.

설계 환경에서의 협업 체계는 전통적으로 설계 목적과 계획에 따른 설계자들의 개념 및 개발 절차 공유에서 시작되었다고 볼 수 있지만, 현대적인 CAD 시스템 운용 기반에서는 네트워크를 통한 개별 컴퓨터들이 연결되므로 써 실제적인 설계 정보의 공유가 가능하게 되었다. 설계 정보의 공유는 적절한 관리체계가 없는 경우 작업 간의 선후 및 신구 개정 차이로 인한 문제와 복제본의 생성 등으로 인한 오류가 발생할 수 있다.

하지만 네트워크 환경 구축 이전에는 물리적인 설계 자료를 직접 공유할 수밖에 없었으며, 그 과정에서 공유 미디어의 손실이나 즉각적인 수정 사항의 반영 불가능한 경우의 발생 등 오늘날의 시각에서 보자면 많은 어려움과 비효율적인 요소들이 있었다.

어느 경우라도 설계 정보의 공유와 관련하여 심각한 문제로 부각되는 것은 도면을 비롯한 설계 정보의 불법적 유출이라고 할 수 있다. 실제로 물리적인 설계 정보로의 접근이 가능한 경우라면 정도의 차이가 있겠지만 완전한 차단은 불가능하다고 볼 수 있다. 이러한 문제는 오늘날에도 많은 기업과 설계 시스템 제조사들에 있어 주요 해결 사안으로 남아 있다.

이러한 설계 업무의 협업과 설계 정보의 관리 그리고 보안 문제에 효과적으로 대응하기 위해 별도의 관리 체계로서 PDM 시스템 도입이 검토될 필요가 있다. PDM 시스템은 기업의 설계 정보를 중앙집중화하여 관리 효율을 극대화하기 위한 목적으로 구축되지만, 일반적인 설계 업무 담당자 입장에서는 자유도와 유연성을 제한할 수 있다는 점에서 업무 범위와 기능에 가장 적합한 시스템의 선택이 무엇보다도 주요하다고 할 수 있다.

PDM 시스템과 같은 설계정보 관리체계는 설계 업무의 규모와 인력 구성 그리고 운용하는 엔지니어링 어플리케이션 수준, 무엇보다도 도입 비용에 따라 선택이 제한적이라고 할 수 있다. 때문에 기업 입장에서는 설계 업무 관리를 위한 용도로서 도입되는 관리 체계에 오히려 설계 업무가 적응되어야 하는 문제가 발생할 수밖에 없다.

특히 PDM 시스템의 경우 대형 패키지를 제외한 중소 규모의 관리체계에서는 어플리케이션 지원에 한계를 가질 수 있기 때문에 기존에 운용 중인 어플리케이션에 대한 연결 여부와 이에 소요되는 비용을 확인해야 한다. 또한 향후 도입 예정인 어플리케이션이 있다면 이에 대한 확인도 요구된다. 또 다른 유의 사항은 설계 정보 관리 체계에서는 3D CAD 시스템을 비롯한 지원 가능 대상의 개정 수준에 따라 지원 여부에 차이가 존재한다. 때문에 최신 어플리케이션으로 개정 후 PDM/PLM 시스템에서 운용하지 못하는 경우가 발생할 수 있다는 점에서 기존 운용 환경과 신규

표 3.2 PDM/PLM 제품군의 설계 어플리케이션 지원 현황

패키지	개발사	구분	타사 제품 지원
Aras	Aras	PLM	All
Enovia	Dassault	PLM	All
ePDM	Dassault/SolidWorks	PDM	Autodesk, PTC
Team Center	Siemens	PLM	All
Vault	Autodesk	PDM	Microstation, SolidWorks, PTC
Windchill	PTC	PLM	All

운용 환경에 대한 지원 여부 및 지원에 따른 비용 발생 사안도 점검해야 한다.

그리고 비용적인 측면에서 PLM 수준의 관리 체계는 다수의 서버에서 운용될 수 있도록 구축된다는 점에서 PDM 수준의 관리 체계에 비해 높은 도입 및 설정 비용 또한 자체적인 관리 비용이 요구된다는 점도 고려해야만 한다.

이미 PDM/PLM 시스템은 제품 설계 정보 관리 체계로서 설계 과정에서 발생할 수 있는 비효율적인 요소와 위험 요소에 대응하기 위한 기반 환경으로 자리 잡고 있다. PDM 시스템을 통하여 CAD 시스템에서 생산된 설계 정보뿐 아니라 수많은 디지털 정보를 통합 관리할 수 있도록 구축되었기 때문에 설계 정보의 협업 체계, 보안 체계 그리고 정보를 재사용할 수 있는 관리 체계를 제공한다.

그럼에도 지금까지 많은 기업들에서 CAD 시스템에 의해 생성된 설계 정보를 관리하기 위해 PDM 시스템을 도입하고 있지만, 대부분 구축 목적에 비춰 정상적 사용이 어렵거나 실질적 효과를 기대하기 어려운 곳이 많다. 때문에 설계자는 향후 이러한 관리 체계의 도입과 운용을 위한 주체로서 그 중요성을 인식할 필요가 있다.

3.4 제품 개발 플랫폼의 변화

전통적이고 일반적인 시각에서 3D CAD 시스템 운용을 위한 하드웨어 및 소프트웨어 환경 그리고 설계 정보 관리 체계에 대해 언급했지만, 21 세기에 들어 제품 설계 및 개발 플랫폼도 큰 변화를 맞이하고 있다.

지금까지 3D CAD 시스템의 운용을 위한 설계 플랫폼으로는 워크스테이션과 같은 고성능 데스크탑 컴퓨터가 선택되어 왔다. 하지만 최근 초고속 네트워크 기술의 발전은 이러한 전통적인 워크스테이션의 기능을 변화시키고 있다. 설계자가 3D CAD 시스템 구동을 위한 플랫폼을 인식할 필요 없이 다양한 터미널 장치를 통하여 인터넷 기반의 클라우드 서비스로서 설계 업무를 진행하는 방식으로 변화되고 있으며, 인트라넷 기반의 서버 형태로서 기능적인 워크스테이션의 역할을 수행하는 단순한 형태로 바뀌어 가는 경향을 확산되고 있다.

현재 3D CAD 시스템 운용을 위한 플랫폼으로 하드웨어와 소프트웨어 구분에 따른 워크스테이션과 서버의 차이는 거의 동일하며 주기억장치 및 보조기억장치 등의 확장성이나 시스템 공급사의 서비스 제공 범위로 구분할 수 있다. 하지만 3D 컴퓨터 그래픽스 가속을 위한 그래픽스 서브시스템의 운용 여부에 의해 워크스테이션과 서버는 엄격히 구분될 수밖에 없었다. 그러나 최근에는 서버에서도 그래픽스 서브시스템의 지원 범위가 확장되면서 그 구분은 하드웨어 기능적으로 규정하기 힘든 경우도 있다. 반면 워크스테이션에서도 서버에 못지않은 메모리 확장 용량을 제공하며 보조기억장치를 내외부에 추가할 수 있는 여력이 확대되면서 서버의 역할을 대체하여 사용되는 경우도 많다. 이러한 변화는 모두 설계 플랫폼으로서는 물론 설계 정보의 중앙집중화된 관리 체계로의 이전으로 의미한다고 볼 수 있다.

이러한 기존 설계 플랫폼의 기능적 변화와 함께 워크스테이션 및 서버의 컴퓨터 성능과 확장성이 보장되면서 새로운 측면에서 활용성이 적극 검토되고 있다. 일반적으로 가상화는 기존 업무에 할당되지 않은 남는 자원을 이용하여 다른 운영체제나 어플리케이션을 별도 가상의 컴퓨터에서 구동하는 것으로 최근 그 활용 범위가 확대되고 있다. 하지만 3차원 그래픽스 서브시스템의 기능을 반드시 요구하는 3D CAD 시스템이나 모든 자원은 집중하여 계속 속도 개선에 활용하는 엔지니어링 어플리케이션의 특성으로 인해, 제품 설계 및 개발 분야에 대한 가상화 제품의 접근은 제한되어 왔다.

하지만 최근 가상화 환경에서의 3 차원 컴퓨터 그래픽스 가속 기능을 지원하는 그래픽스 서브시스템을 등장하면서 3D CAD 시스템의 운용을 위한 가상화 환경 구축이 운용되기 시작하고 있다. 고성능의 대규모 서버에서 3D CAD 플랫폼이 탑재된 가상의 워크스테이션이 구성된 후, 설계자가 네트워크 터미널을 통하여 가상의 워크스테이션에 연결하여 기존과 동일한 설계 업무를 수행할 수 있게 된다. 현재는 로컬 워크스테이션에 비해 가격대비 성능이 다소 부족한 편이지만 향후 가상화 환경에 최적화된 기능이 지원된다면 위치에 상관없이 3D CAD 시스템을 운용할 수 있는 환경은 더욱 확대될 것으로 예상된다.

현재의 이러한 변화는 네트워크 환경의 개선과 확대로 인한 대용량의 설계 정보의 전달과 상호 접근이 가능해짐에 따라 드러난 새로운 형태의 워크스테이션가 등장하는 것이라 할 수 있다. 물론 최종 이러한 변화가 기능적으로 설계자 입장에서의 변화를 초래한다고 볼 수는 없다.

하지만 지금의 이러한 변화의 확산이 계속되고 있는 상황에서 향후 어떠한 새로운 형태의 설계 플랫폼이 등장할지도 단언할 수 없다. 분명한 것은 설계 업무 자체가 고성능 컴퓨터 시스템으로 인해 점점 더 가벼워 질 수 있도록 발전하고 있다는 점이다. 이를 통하여 장소에 구애받지 않아 다양한 연결 장치를 통하여 설계 업무를 수행할 수 있게 될 것이다.

물론 대규모의 제품 설계 업무는 여전히 로컬 시스템으로서의 워크스테이션에서 운용될 수밖에 없지만, 설계 플랫폼의 다양한 변화는 결국 설계 업무 자체를 보다 일반화되고 단순화된 작업과 매우 정밀한 전문적인 작업으로 구분하게 될 것으로 예상된다.

그리고 3D CAD 시스템을 비롯한 주요 엔지니어링 어플리케이션 역시 이러한 변화를 수용하는 방향으로 발전하게 될 것이다. 현재의 AutoCAD와 같은 광범위하게 사용될 수 있는 3D CAD 시스템의 등장을 예측하기란 쉽지 않지만, 현재도 산업의 일정 부분에서는 한두 개의 어플리케이션의 주도적으로 시장을 이끌고 있다는 점에서 충분히 예상할만하다고 볼 수 있다.

그럼에도 이러한 설계 플랫폼의 변화가 설계 업무 자체의 변화를 이끌게 될 지는 예단하기 힘들다. 표준 부품의 사용 비율을 증가하고 경쟁 제품 간의 차별이 줄어들게 되면서 설계의 핵심 부분이 일반화될 수는 있지만, 기업 간의 경쟁에서는 언제나 새로운 제품과 기술이 등장했다는 점에서 설계 업무의 비중은 여전히 주요하다고 할 수 있다.

언급한 바와 같이 4차 산업혁명 등 앞으로의 새로운 산업 사회의 변화에서 IoT나 3D 프린팅 기술의 발전이 3D CAD 시스템을 어떻게 변화시킬 지는 의문이다. 분명한 것은 현재와 같이 CAD/CAM/CAE 등과 같이 구분된 영역의 기능이 개별 수행되는 경우보다 설계와 가공 그리고 검증이 보다 일관성 있는 통합 형태로 변화될 것이라는 점이다.

4 3D CAD 시스템의 모델링 기능의 이해

3D CAD 시스템을 제품 설계 및 개발을 위한 생산성 향상의 도구로 활용하기 위해서는 3차원 형상에 기반한 설계의 이론과 구현 방법론을 정확하게 이해할 필요가 있다. 2D CAD 시스템과 달리 3D CAD 시스템은 3차원 공간에서 설계 형상이 생성되고 이를 기반으로 2차원 도면이 추출되며, 설계 형상에 대한 모든 추가적인 수정은 도면에 자동으로 반영되게 된다. 3D CAD 시스템을 효과적으로 운용하기 원하는 설계자는 기대한 설계 생산성을 확보하기 위해서는 3차원 작업 공간에서의 설계와 2차원 작업 공간으로 도출 전환에 대한 이해가 우선될 필요가 있다.

본 장에서는 일반적인 3D CAD 시스템에서 제공하는 기본적인 설계 모델링 기능 구현과 응용에 적용되는 기하 모델링 이론과 설계 접근 방법론 그리고 모델링 기능에 대한 사항에 대하여 다루고자 한다.

4.1 3차원 설계 공간의 이해

3D CAD 시스템에서의 설계 작업은 3차원 공간에서 이뤄진다. 이는 2D CAD 시스템의 설계 환경과 가장 구별되는 요소이면서, 두 플랫폼 간의 이러한 차이는 설계 과정의 모든 기술적 구현 수준을 달라지게 만든다. 때문에 3차원 작업 공간의 명확한 이해는 3D CAD 시스템을 운용하는 설계자의 작업 효율에 적지 않은 영향을 미치게 된다.

설계 작업의 결과물을 도면이라고 한정할 때, 2D CAD 시스템은 작업 공간과 동일한 환경에서 결과물이 구현된다. 반면 3D CAD 시스템은 3차원의 결과물이 다시 2차원 도면으로 표현되는 절차를 거치게 된다. 이러한 환경적 차이는 2D CAD 시스템을 통하여 설계 작업을 수행해 온 설계자가 3D CAD 시스템으로 전환에 큰 거부감을 느끼게 하고, 많은 경우 3D CAD 시스템의 도입 성과를 기대하기 어렵게 만드는 원인의 하나가 되기도 한다. 실제로 이는 기업에서의 3D CAD 시스템 도입과 확산을 위해 해결해야 할 가장 큰 문제의 하나이다. 물론 설계자 개인적인 측면에서는 변화하는 작업 환경에 대한 부적응으로 인한 문제라는 부담을 가질 수도 있다.

일반적으로 2D CAD 시스템은 X-Y 좌표로 구성된 2차원 평면에서 형상이 표현되고 최종적으로 도면으로서 출력된다. 때문에 2D CAD 시스템 운용에 대한 경험이 적은 사용자라 하더라도 2차원 평면 위에서의 설계 작업과 설계의 대상, 객체에 대한 이동 및 복사 그리고 삭제 등과 같은 기능에 적응하는 것은 어렵지 않다. 사용자 인터페이스 측면에서 컴퓨터 그래픽스 기능이 도입된

그림 4.1을 그려내는 페인팅 프로그램이나 드로잉 프로그램과 크게 다를 바 없다고 할 수도 있다. 또한 그런 점에서 여러 2D CAD 시스템에서의 사용자 인터페이스의 구성과 기능은 유사하다고 할 수 있다. 그리고 Autodesk의 AutoCAD가 2D CAD 시스템의 대부분을 점유하는 상황에서 다른 경쟁 제품의 사용자 인터페이스 역시 유사한 구성을 하게 되었다.

반면 3D CAD 시스템은 3차원 공간을 이해하고 컴퓨터 그래픽스 기반 가상의 공간에서 구현하는 방식이 각 제품 마다 다양하기 때문에 2D CAD 시스템과 달리 표준화된 작업 공간 그리고 기능적으로 표준화된 사용자 인터페이스를 제공하지 못하고 있다. 비록 현재 주요 3D CAD 시스템의 작업 공간이 사용자 편의성이라는 측면에서 점차 유사해지고 있다고 할 수 있지만 전체적인 구성과 기능의 차별성에 비해 아직 그 효과는 크지 않다.

그럼에도 3D CAD 시스템의 도입 확대에 따른 사용 기능의 집중과 평준화로 인해 점차 더 많은 부분에서 각 제품의 새로운 개정 간의 유사성은 더욱 증가할 것으로 예상된다.

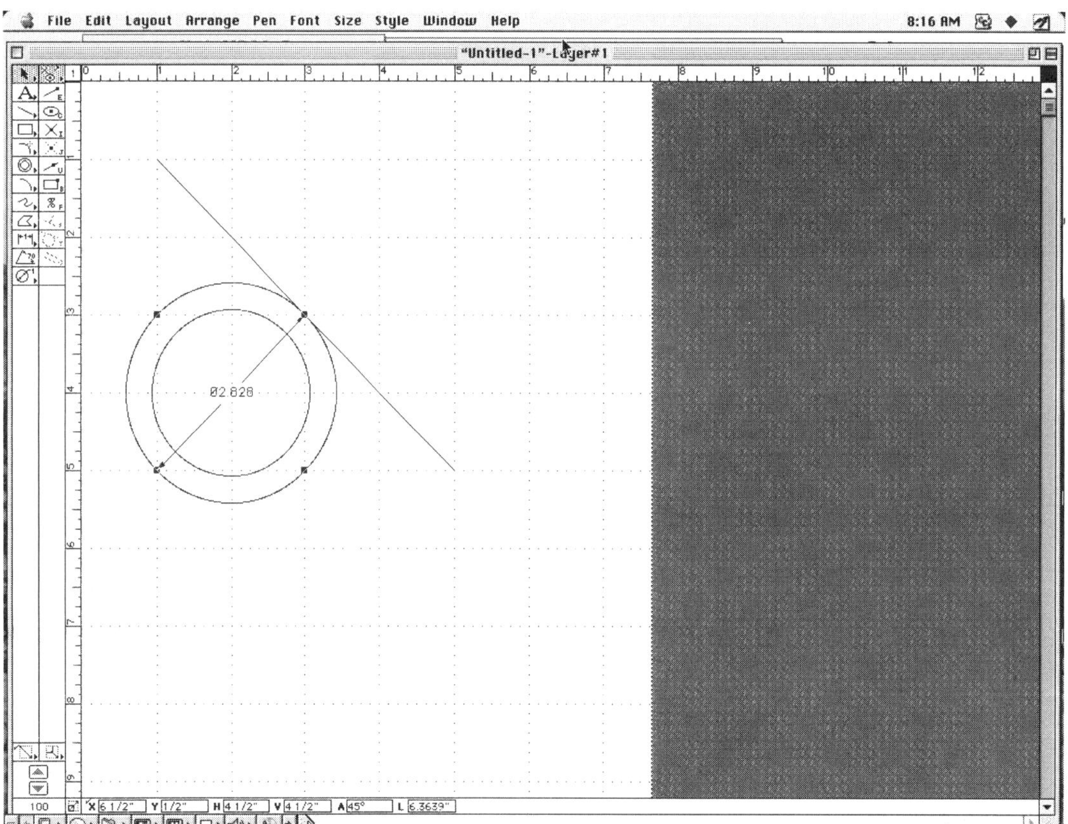

그림 4.1 도면 생성 목적을 위해 운용되는 2D CAD 시스템(Claris CAD for Macintosh)

4.2 3차원 모델링 공간

설계 플랫폼의 구분과 상관없이 모든 설계는 3차원 공간에 존재하는 특정 대상 혹은 특정 대상에 반영되어 구현되는 기술이다. 때문에 3차원의 설계 대상을 3차원 환경에서 설계하는 것은 지극히 자연스러운 일이다. 하지만 3D CAD 시스템에서 3차원 형상은 2차원 컴퓨터 디스플레이 내 가상의 3차원 공간에서 생성된다. 그리고 3차원 형상을 생성하고 출력하기 위한 모든 과정은 2차원 평면에 투영되어 드러나게 된다. 또한 설계자는 3차원 형상에 대한 입력을 위한 마우스나 디지타이저 같은 2차원 입력 도구를 사용하게 된다.

컴퓨터 그래픽스 기술의 발전과 함께 3차원 형상을 출력하기 위한 3차원 디스플레이 장치나 가상 환경을 인식하기 위한 도구들이 개발되었으나 사용상의 불편함과 컴퓨터 시스템의 한계로 인해 정확한 형상 표현이 어려운 점에서 널리 사용되지는 못했다.

최근 컴퓨터 시스템의 성능 개선은 이러한 3차원 형상 디스플레이 기술을 보다 현실적으로 구현할 수 있는 방향으로 발전하고 있지만, 여전히 3D CAD 시스템과 같이 정밀한 형상 표현에 적용되기 까지는 상당한 시간이 소요될 것으로 보인다. 이러한 상황에서 설계자는 3D CAD 시스템의 보다 효율적 운용을 위해 컴퓨터 디스플레이에 구현된 3차원 형상에 대한 명확한 인식과 접근을 위해 3차원 공간에 대한 정확한 이해가 필요하다.

그림 4.2 3차원 이미지 전달을 위한 컴퓨터 그래픽스 구현의 예

4.2.1 3차원 좌표계와 모델링 공간

X-Y 축에 구성된 직교 좌표계의 2차원 작업 공간을 가진 2D CAD 시스템에 비교하여 3D CAD 시스템은 X-Y-Z 축의 직교 좌표계를 사용한다고 단순하게 정의할 수 있지만(직교 좌표계 외에 원통 좌표계 및 구형 좌표계 등을 사용하여 표현될 수도 있다), 앞서 언급한 바와 같이 3D CAD 시스템의 사용자 인터페이스와 입력 도구의 구성과 기능은 2D CAD 시스템에 비해 복잡하게 구현될 수밖에 없다. 그러므로 3D CAD 시스템의 사용자 인터페이스 구성과 효율적 입력 도구의 활용은 설계 생산성 개선에 크게 영향을 미칠 수 있다.

3D CAD 시스템의 3차원 모델링 공간은 이론적으로 X, Y, Z 축 방향으로 무한하다고 볼 수 있으며 공간에서 생성되는 2차원 평면 역시 제한이 없다. 하지만 설계 과정의 편의성을 기본적으로 각 축에 기준한 ±XY 평면, ±YZ, 그리고 ±ZX 평면을 기본적인 작업 평면으로 사용한다. 그리고 시각적인 2차원 평면과 달리 3D CAD 시스템의 3차원 공간에 존재하는 평면은 양 면의 수직하는 법선 방향으로서 평면의 해당 면을 선택할 수 있다. 때문에 3D CAD 시스템에서의 면의 선택은 특정 법선 방향의 면을 지정하는 것을 의미한다.

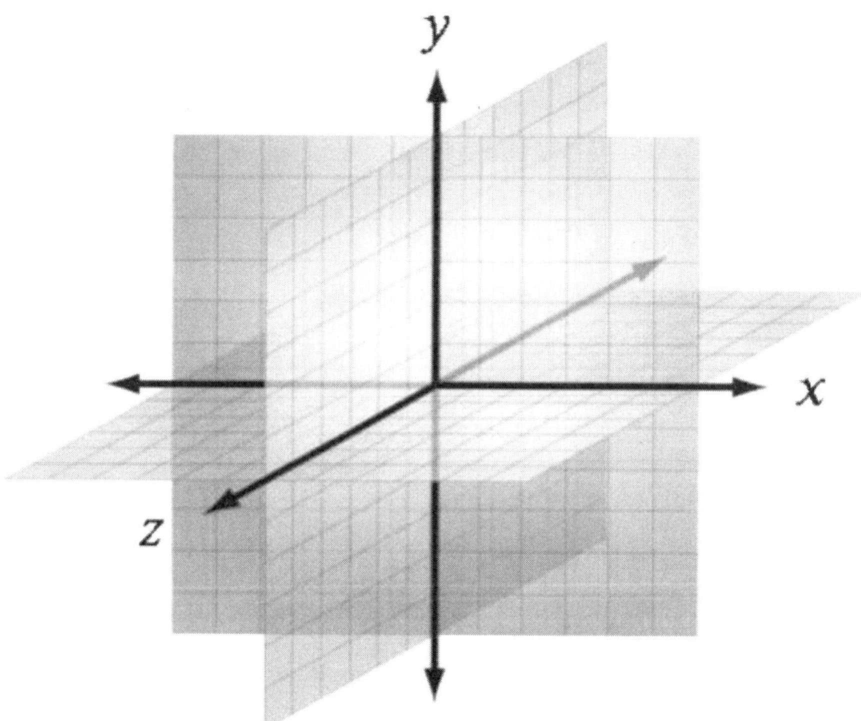

그림 4.3 X-Y-Z 3 축에 의한 3 차원 직교 좌표계

4.2.2 3차원 좌표계와 데이텀 요소의 이해

일반적으로 2D CAD 시스템과 3D CAD 시스템의 가장 기본적인 2차원 평면을 논리적인 +XY 평면이라고 지칭할 수 있다. 때문에 3D CAD 시스템의 +XY 평면은 2D CAD 시스템의 +XY 평면과 동일한 기하학적 특성을 가지고 있고, 이는 컴퓨터 디스플레이 평면과도 동일하다고 볼 수 있다. 그리고 3D CAD 시스템의 무한한 3차원 공간에는 생성될 수 있는 모든 2차원 평면은 +XY 평면으로서 컴퓨터 디스플레이 평면에 나타난다. 초기 컴퓨터 그래픽스 시스템에서는 복잡한 형상에 대한 이러한 기하학 변환 과정을 처리하기 위한 하드웨어 성능의 제약으로 반응이 느렸기 때문에 별도의 그래픽스 처리를 가속하기 위한 하드웨어 가속 장치가 개발되었다.

논리적인 +XY 평면에서의 작업은 실제 설계 형상이 위치한 평면과 다른 평면 혹은 다른 방향일 수 있기 때문에 복잡한 설계 과정에서 설계자가 정확하게 인식하지 못하는 오류가 발생할 수 있다. 그러므로 2D CAD 시스템에서 정면 투영을 기준으로 측면과 평면 투영이 배치되듯이, 3D CAD 시스템에서 생성되는 설계 형상에 대한 +XY 평면의 위치 역시 설계자의 모델링 과정을 포함한 설계 생산성을 영향을 줄 수 있다는 점에서 설계 공간, 평면 및 방향의 이해와 선정이 주요하다고 할 수 있다.

또한 3D CAD 시스템의 3차원 공간에서 평면과 좌표계 간의 관계를 정확하게 인식할 수 있어야 한다. 이러한 인식이 하나의 설계 대상에 있어 좌표계에 대한 일관성을 유지해야 하며, 또한 여러 형상 모델이 하나의 부품으로서 조립되는 과정에서도 가능한 한 동일한 좌표계를 유지할 수 있도록 하게 한다.

3D CAD 시스템 운용에서도 2차원 평면과 좌표계에 대한 이해가 필요한 것은 3차원 공간에서 3차원 정보를 이용하여 형상을 모델링한다는 것은 설계자 입장에서 매우 비효율적인 절차가 요구되기 때문이다. 설계자가 3차원 공간에서 형상을 직접 생성하기 위해서는 설계 대상의 면과 모서리의 각 점의 3차원 좌표를 순차적으로 모두 입력하는 것이다. 하지만 모든 점의 좌표를 일일이 입력하거나 지정하는 것은 절차적으로 복잡하며 입력에 상당한 시간이 소요되기도 한다. 때문에 3차원 형상의 모델링을 위해서 이미 익숙한 2차원 평면에서 3차원 형상의 임의 단면을 모델링한 후, 3차원 형상으로 확장하는 방법을 사용한다.

3D CAD 시스템에서 2차원 단면을 생성하기 위한 가상의 작업 평면을 데이텀 평면(datum plane)이라고 한다. 데이텀 평면은 직접적인 설계 대상은 아니지만 3D CAD 시스템에서의 모델링 대상과 동일한 형상 요소로서 인식되고 기능적 명령 이 적용되는 요소이기도 하다. 데이텀 평면은 일반적으로 3차원 직교 좌표계에서 ±XY, ±YZ 평면 등으로 생성되며 임의 공간의 세 점으로 이루어진(세 점이 동일 평면에 있는) 평면으로 생성될 수도 있다.

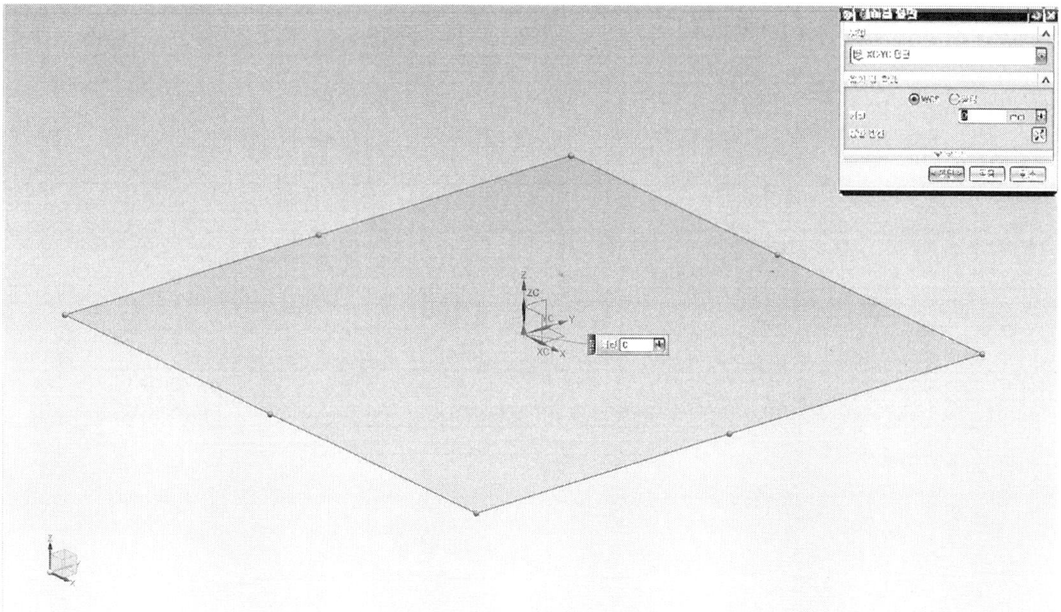

그림 4.4 3D CAD 시스템의 데이텀 평면 요소

데이텀 평면과 함께 형상 회전 기능 등을 적용하기 위한 데이텀 축(datum axis) 그리고 설계 작업을 위한 사용자 좌표계로 사용할 수 있는 데이텀 좌표계(datum coordinate)를 생성할 수 있다. 또한 3 차원 공간의 점으로서 데이텀 포인트(datum point)를 사용할 수도 있다.

3D CAD 시스템의 3차원 작업 공간에는 수많은 형상 요소들이 생성되고, 각 형상 요소 간의 조합으로 새로운 형상 요소로 확장된다. 때문에 형상 수가 증가할수록 기능 명령의 기반 및 참조가 되는 형상을 선택하거나 혹은 수식 표현 등에서 지정하는 것은 쉽지 않은 작업이 될 수도 있다. 이러한 문제를 해소하기 위한 3D CAD 시스템에서는 작업 공간에서 생성된 모든 요소에 대하여 설계자가 직접 이름을 부여하거나 기존 이름을 변경할 수 있다.

3D CAD 시스템에서 형상 요소에 대한 이름 지정은 복잡한 형상 설계 작업에서 효율적 모델링이 가능하도록 해줄 뿐 아니라, 향후 PDM 시스템에서 각 형상 요소를 설계 정보 관리의 대상으로 지정할 때 필수적인 사용되어야 한다는 점에서 설계자나 사용자가 이름으로 대상을 쉽게 파악할 수 있도록 해준다. 그러므로 실제 설계 작업에서 설계자는 필요한 경우 생성되는 형상 요소에 대한 이름 지정에 따른 효용성을 인식하기 위한 습관적 대응이 필요하다.

예로 PTC의 3D CAD 시스템인 Creo(구. Pro/Engineer)에서는 기본적으로 +XY 평면을 Front이라는 이름으로 지칭한다. 대응하여 -XY 평면은 Back으로 지칭된다. +YZ 평면은 Right, -YZ 평면은 Left 그리고 +ZX 평면은 Top, -ZX 평면은 Bottom이 된다.

데이텀 평면을 비롯한 데이텀 요소가 임의로 또한 무한히 생성될 수 있는 간접적인 형상 요소이긴 하지만 실제 많은 형상이 데이텀 요소를 참조하여 생성되기 때문에 데이텀 요소 역시 설계 형상의 일부로서 존재한다. 이러한 경우 일반적으로 데이텀 요소는 삭제 불가능하다. 물론 기능적으로는 삭제, 변경 및 대체가 가능하다.

실제로 3D CAD 시스템의 모델링 기능의 많은 부분이 데이텀 요소를 참조하여 수행된다는 점에서 3차원 형상 모델링 기능의 효율적 학습과 운용은 데이텀 요소의 활용 수준이 달려 있다고 해도 과언이 아닐 정도 그 효용성이 매우 크다. 때문에 모델링 학습 과정에서 이러한 데이텀 요소를 적극적으로 활용할 수 있도록 하는 것도 주요하다.

4.2.3 형상의 표현과 선택 요소 지정

3D CAD 시스템에서 3차원 공간 혹은 화면의 형상 지정하거나 선택하기 위해 사용자는 마우스(Mouse)등과 같은 입력 장치를 사용한다. 필요에 따라 직접적인 3차원 동작을 입력하기 위해 별도의 인터페이스 장치를 사용하기도 한다.

2D CAD 시스템에서 3D CAD 시스템으로 이전하는 과정에서 설계자들이 어려움을 겪는 되는 부분 중 하나는 형상의 선택이 자유롭지 못하다는 점이다. 2D CAD 시스템에서는 특정 명령의 수행 과정에서 사용자가 마우스 등의 입력 도구로 화면의 형상 요소를 선택할 수 있는데 반해 3D CAD 시스템에서는 특정 상황에 따라 해당되는 형상 및 형상 요소만이 선택될 수 있기 때문이다. 이러한 경우를 3D CAD 시스템에서 설계자의 자유도를 떨어뜨리는 요인이라고도 하지만 복잡한 형상 요소 가운데 필요한 요소만을 선택하기 위한 방법이라고 할 수 있다.

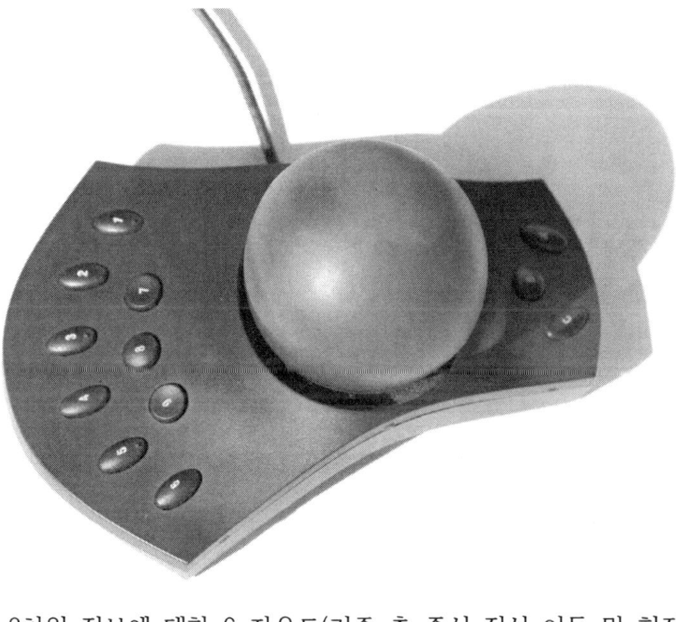

그림 4.5 3차원 정보에 대한 6-자유도(기준 축 중심 직선 이동 및 회전 이동)를 지원하는 입력 장치, 3D Connecxion의 Spaceball 4000 FLX

일반적으로 3D CAD 시스템의 특정 기능에 대한 명령의 선택 대상은 해당 사안에 적용될 수 있는 조건을 만족하는 경우만을 선택할 수 있다. 즉 3D CAD 시스템의 모든 명령은 적용 대상에 대해서는 실행이 가능하다. 때문에 명령 실행 후 선택 되지 않는 형상은 명령 수행에 적합하지 않은 대상이라는 것이며 이전 생성과정에서 오류가 발생한 경우라고 볼 수도 있다. 그러므로 3D CAD 시스템의 학습 과정에서는 특정 명령이 적용되는 형상, 조건 등에 대한 이해가 반드시 필요하다. 특히 이전 동일 명령에 의해 생성된 유사한 형상이라도 주변의 다른 형상과의 결합 관계나 속성 변경에 따라 선택 및 적용 여부가 달라질 수 있다.

하지만 이러한 상황에 보다 효율적으로 대응할 수 있도록 대부분의 3D CAD 시스템에서는 화면에 위치한 상태 창 등을 통해 선택 대상과 선택 오류에 따른 문제와 대응 방안을 설계자에게 알려주고 있기 때문에 이를 참조함으로써 설계 과정의 오류를 해결할 수 있다.

더불어 3D CAD 시스템에서는 선택 가능한 대상의 제한뿐만 아니라 반대로 경우로 정밀하고 복잡한 형상의 경우 선택 대상이 너무 많아 개별적으로 선택하기 어려운 경우가 발생할 수 있다.

특히 일반적인 영역 확대 기능으로도 진행하기 어려운 선택 부분이 있는 경우 대부분의 3D CAD 시스템에서는 선택하고자 하는 형상 요소의 특성을 지정할 수 있다. 이를 통하여 명령이 적용되는 대상을 보다 명확하게 지정할 수 있게 된다. 3D CAD 시스템의 이러한 형상 선택과 관련된 특징은 2D CAD 시스템에서의 모든 형상 요소가 동일한 특성을 가지는 것에 비해 형상 자체의 특성에 따라 기능의 대상이 구분된다는 점이다.

이와 같은 3D CAD 시스템의 형상 선택과 관련한 입력 체계는 하나의 대상이 선으로 구성된 형태, 면으로 구성된 형태 그리고 내부가 채워진 형태 등으로 구분된 형상의 표현에 더하여 외부 표면 역시 곡률 변화가 없거나 일정한 선형 형상 그리고 곡률 변화의 자유도를 측정하기 힘든 비선형 현상 등 다양하게 생성되기 때문이다.

4.3 3차원 공간에서의 기하 변환

3D CAD 시스템에 대한 일반적인 선입견의 하나는 3차원 공간에서 생성된 설계 형상을 설계자가 임의로 움직이고 여러 개의 형상이 동시에 생성되는 매우 동적인 모습에 대한 것이다. 하지만 이러한 생각은 2D CAD 시스템에 대한 경험에서 비롯된 매우 제한적 기대라고 할 수 있다. 2D CAD 시스템에서의 형상 이동은 사용자에 의한 선택 후 삭제나 새로운 위치를 지정하는 것으로 형상이 복사되거나 이동하게 된다. 2D CAD 시스템의 모든 변환 명령은 2차원의 +XY 평면에 적용되기 때문에 설계자의 입력에 대한 특별한 제약이 없다. 그리고 2D CAD 시스템에서의 기하 변환은 형상을 생성하는 기능 못지않게 사용되는 일반적인 범위의 기능이라고 할 수 있다. 반면 3D CAD 시스템에서의 형상 이동은 2D CAD 시스템 설계자의 입장에서 볼 때 복잡하고 까다로운 기능이다. 더욱이 주요 기능으로서 분류되어 있지 않다는 점에서 의아해할 수도 있다. 때문에 3차원 공간에서의 형상 이동 및 변환은 3D CAD 시스템을 처음 접하는 학습자에게 가장 혼란스러운 부분이다.

형상 이동과 같은 기하 변환에 대한 3D CAD 시스템과 2D CAD 시스템 간의 차이는 작업 공간을 이해하는 시각의 차이라고 할 수 있다. 다시 말해 형상의 이동이라는 것은 시각의 이동과 같은 수준의 결과로서, 만일 형상이 절대좌표계에서 특정 위치로 이동하는 경우가 아니라면 동일한 결과라고 할 수 있다. 이러한 측면에서 2D CAD 시스템에서와 같은 일상적인 형상의 이동이나 변환은 3D CAD 시스템에서는 상대적으로 적용 기회가 적은 부분이 된다.

4.3.1 형상 이동

3D CAD 시스템의 3차원 공간에서 생성된 형상을 이동하는 기능은 2D CAD의 이동과 같은 수준의 작업으로 생각할 수 있지만, 적용 방식은 상당한 차이가 있다. 무엇보다도 개별 부품이 생성되고 이들 부품들이 조립되어 최종 형상을 완성하는 방식의 3D CAD 시스템은 2D CAD 시스템과 달리 모든 부품을 하나의 작업 공간에 구현할 필요가 없기 때문에 형상의 이동 기능에 대한 필요성은 거의 없다.

부품 설계 과정에서 여러 기하 요소를 생성하고 조립하는 과정의 편의를 위해 형상 이동과 같은 기하 변환 기능이 제공되지만, 2D CAD 시스템에서와 같이 일상적으로 사용되는 기능이 아니다. 형상 이동과 유사한 형상 복사 기능도 3D CAD 시스템에서는 동일하게 수준으로 사용된다고 볼 수 있다.

3D CAD 시스템의 형상 이동 기능은 전체 제품 조립을 위한 각 부품을 순서대로 배치하는 과정에 적용될 수 있다. 하지만 이 과정의 형상 이동은 거리 등의 요건보다는 형상 간의 결합 등을 통한 자동 배치라는 점에 단순한 이동과는 차이가 있다. 오히려 3D CAD 시스템에서 이동 변환

의 직접적인 적용 대상이 되는 요소는 설계 형상보다는 데이텀 요소와 같은 간접적인 형상 요소인 경우가 더 일반적이라고 할 수 있다. 하지만 데이텀 요소에 일반적인 형상 변환 기능을 적용할 수도 있으나 데이텀 요소 생성 기능 자체의 변환 기능을 사용할 수 있다.

4.3.2 패턴 복사

3D CAD 시스템에서 단순한 형상의 이동이나 복사는 거의 사용되지 않는다. 만일 전체 형상의 조립 과정에서 동일한 부품이 필요한 경우는 완성된 부품 형상을 호출하여 배치할 수 있다.

3D CAD 시스템의 기하 변환 기능 가운데 가장 주요하게 사용되는 기능은 동일한 형상을 지정한 경로에 따라 복사하는 패턴 복사라고 볼 수 있다. 3D CAD 시스템에서의 복사 기능은 단순하게는 본다면 동일한 기능 형상을 추가로 생성하는 것이다. 3D CAD 시스템에서 다중 복사 기능을 수행하는 대표적인 기능 명령은 대칭 복사(미러링)과 패턴(인스턴스) 복사라고 할 수 있다. 하지만 2D CAD 시스템에서와 달리 3D CAD 시스템에서 복사된 형상은 원본의 형상뿐만 아니라 기하학적 특성과 속성이 유지될 수 있기 때문에 설계 측면에서 큰 차이가 있다. 즉 원본에 대한 수정이 복사본에 그대로 적용되어 반복적인 수정 작업을 방지할 수 있다. 물론 2D CAD 시스템에서의 블록 기능과 같이 외부 도면 정보와의 상호 연결을 통하여 이러한 효과를 기대할 수는 있지만 실제 효용성에서 비교할 수는 없다. 또한 3D CAD 시스템의 패턴 복사는 수직, 수평 혹은 원형 복사뿐만 아니라 임의 경로를 따로 복사가 가능하며, 또한 복사된 패턴의 다중 복사 역시 가능하다는 점에서 주요하게 사용될 수 있다.

단순하게 설계의 결과로서 3D CAD 시스템의 동일 형상의 다중 복사라는 기능은 2D CAD 시스템에 비해 큰 효용성을 인식하기 어려울 수 있다. 하지만 이러한 기능으로 3D CAD 시스템은 하나의 형상은 다양한 경로로 복사되고 하나의 형상 정보 수정으로 전체 복사 형상이 동일하게 수정되는 체계 기능을 설계자에게 제공함으로써 형상 설계 과정에 소요되는 시간을 크게 절감할 수 있게 된다.

4.3.3 회전 변환

3D CAD 시스템에서 형상 생성 단계에 회전 변환을 사용하는 경우는 앞서 이동 변환과 마찬가지로 일상적으로 보기는 어렵다. 형상 회전의 목적이 특정 부분의 확인이 경우가 대부분이기 때문에, 단순하게 마우스 등을 이용하여 형상을 회전하므로 써 목적한 바를 기대할 수 있기 때문에 기하학적 위치를 변경할 필요가 없다.

형상 회전의 가장 일반적인 경우는 생성하거나 호출한 형상의 좌표계를 작업 공간의 좌표계와 일치시키는 과정이라고 할 수 있다. 그리고 실질적인 회전 변환 기능의 대상도 설계 형상보다는 작업 평면 과 같은 데이텀 요소가 경우가 많다. 만일 여러 설계자가 생성한 제품의 각 부품들의 기준 좌표계가 다른 경우를 이를 일치시키는 위한 추가 작업 정도이다. 하지만 이러한 과정도 조립 기능의 형상 배치 과정에서 간단히 조절될 수 있는 사안이다.

협업 설계 구조를 구축한 기업에서는 대부분의 설계자가 이러한 환경이 미리 설정된 템플릿을 사용하여 설계를 진행하도록 하고 있다는 점에서 단순한 회전 기능의 구현은 거의 사용될 경우가 없다.

4.4 3D CAD 시스템 환경에서 제도 기능 이해

일반적으로 설계 작업의 최종 산출물은 설계 언어라고 할 수 있는 도면(가공도 및 제작도)이다. 현재 제조 환경은 도면을 기반으로 제품 생산이 이뤄지고 있다는 점에서 설계 플랫폼의 여부와 무관하게 동일한 설계 언어를 취하고 있다고 볼 수 있다. 설계자 입장에서는 설계 목표에 대한 다양한 설계 방식의 접근을 도면으로서 전달해야 한다. 하지만 3D CAD 시스템의 운용을 기대하는 많은 학습자들이 범하게 되는 일반적으로 오류의 하나가 도면 산출 과정을 무시하는 것이다. 막연하게 3D CAD 시스템에서의 도면 작업이 자동화된 절차라는 것을 알고 있거나 혹은 도면 생성 자체가 불필요한 과정으로 인식하고 있기도 하다.

2D CAD 시스템에서의 설계 작업은 기능적인 측면에서 도면을 직접 생성하는 과정이다. 반면 3D CAD 시스템에서의 설계는 목표한 제품을 생성하는 과정과 그 제품 정보를 도면으로 산출하기 위한 과정으로 구분된다. 3D CAD 시스템에서의 도면 산출이 2D CAD 시스템과 구별되는 것은 기본적으로 3차원 설계 형상에 의해 도면이 생성되는 것은 물론 설계 형상의 수정이나 변경이 도면에도 자동으로 반영된다는 점이다. 2D CAD 시스템에서는 설계 사양 변경에 따른 도면 수정이 지속적으로 반복되는 과정이지만, 3D CAD 시스템에서는 이러한 과정에 따른 도면 수정이 매우 용이하다. 때문에 2D CAD 시스템과 3D CAD 시스템은 동일한 도면을 생성하기 위해서 전혀 다른 기능적 설계 과정을 수행하게 된다. 이런 기능적 차이로 인하여 제품 설계 과정에서 2D CAD 시스템과 3D CAD 시스템의 설계 생산성 차이는 극명하게 나타난다고 볼 수 있다. 물론 이러한 기능적 차이에 기인한 성능과 기능이 설계 품질에 일방적으로 반영된다고 할 수는 없다. 개발 제품에 대한 경험과 설계 구현 능력에 따라 플랫폼의 활용도 역시 큰 차이를 보일 수 있기 때문이다. 하지만 일반적인 3D CAD 시스템의 학습 과정에서 볼 때, 대부분의 학습 내용은 3차원 형상 모델링에 집중되고 있다. 그리고 기능적 학습의 대상 역시 실제 제품이라기보다는 단순한 기하 형상의 조합으로서의 예제가 대부분이다. 물론 실제 제품의 경우도 치구 등과 같은 단순한 용도의 제품이 대부분을 차지하고 있다.

한편으로 이러한 구분은 2D CAD 시스템과 3D CAD 시스템의 기능적 차이를 의도적으로 강조하기 위한 목적이라고 볼 수도 있다. 그러나 두 플랫폼 간의 기능적 차이를 강조하게 되면서 학습자에게 동일한 설계 대상에 대한 동일한 도면을 산출하는 설계 과정이라는 사실을 간과하는 오류를 범하게 할 수 있다. 때문에 이러한 기능적 학습이 강조된 환경에서는 3차원 형상 모델링과 2차원 도면 제도에 동일한 비중을 두기가 쉽지 않다. 결과적으로 이러한 사실을 제대로 인식하지 못한 학습자는 새로운 설계 플랫폼에서의 도면을 산출하는 작업, 제도 과정을 수행하는데 어려움을 겪게 될 수 있다. 하지만 현재 2D CAD 시스템 그리고 3D CAD 시스템에 대한 일반적 학습 과정은 예제로서 도면이 제시되고 학습자는 주어진 설계 플랫폼을 활용하여 도면을 생성하거나 3차원 형상을 생성하는 방식이 정형화 되어 있다. 하지만 앞서 언급한 바와 같이 도면이란 일반적인 설계 절차에서의 최종 단계이며, 도면을 생성하는 절차를 설계라고 볼 수 있다. 그러므로 학습자는 실제 설계 과정에서는 결과로서의 도면을 직접적으로 참고할 수 없다는 사실을 인식해야 한다.

퍼스널 워크스테이션의 성능 향상과 3D CAD 시스템의 기능 확장에도 불구하고 현재까지-매체의 형태를 불구하고-도면의 요구가 절대적인 것은 아직 수많은 제품 제조 시설과 공정이 인력과 도면을 기반으로 운용되는 경우가 상당수를 차지하고 있기 때문이다. 3D CAD 시스템의 발전과 함께 CAM 시스템의 성능도 크게 개선되어 왔지만 아직도 많은 생산 설비는 숙련 기술자의 손에 의해 구동되고 있다는 사실에서 도면의 중요성은 지속되고 있다.

최근의 급속한 발전과 확산을 보이는 3D 프린팅 기술의 보급에 따라 현재와 같은 도면의 수요도 영향을 받을 것이 분명하지만 주변 제조 환경이라는 충분하게 성숙될 때까지 제품 개발을 위한 설계 관리 및 검증의 필요성으로 인해 이러한 상황은 상당 기간 지속될 것으로 예상된다.

20세기 후반 컴퓨터의 등장과 함께 CAD 시스템의 도입으로 설계 환경의 발전과 혁신은 비약적으로 발전해오고 있지만 상대적으로 제품의 가공 및 생산을 위한 환경의 변화는 더디게 진행되어 오고 있다. 특히 규모가 작은 가공 분야에서 3D CAD/CAM 시스템의 도입은 더욱 지체되고 있다. 또한 3D CAD 시스템의 도입 비용에 비해 생산 설비는 도입 비용은 물론 설치 및 운용 기간도 수십 년에 이를 수 있다는 점도 생산 체계를 변경하거나 새롭게 도입하게 어렵게 만드는 요인의 하나이다. 특히 국내 기계가공 분야의 중소규모의 제조 현장에서 3D CAD 시스템에서 생성된 설계 정보를 직접적으로 처리할 수 있는 자동화된 공작 기계의 도입과 운용은 매우 저조한 실정이다. 일반적인 기계가공 분야의 공작 기기들은 도입 비용은 회수 기간과 함께 기능적 오류나 한계에 따른 문제없이 정상적 운용이 보장되는 이상 교체나 변경을 고려하기 힘들다.

3D CAD 시스템에서의 제도 기능을 이해하기 위한 또 다른 관점은, 3D CAD 시스템이 자동화된 도입 출력 체계를 제공하고 있기는 하지만, 이러한 편의성은 도면 요소의 세부적인 배치나 수정 작업이 즉각적으로 그리고 유연하게 이뤄지기 위해서는 3D CAD 시스템의 도면 생성 기능에 대한 운용 능력이 일정 수준 이상이라는 점이 전제되어야 한다. 반면 간단한 형상의 설계 구현 또는 가공 도면 요소의 신속 구현에는 2D CAD 시스템이 오히려 쉽고 빠르게 실행할 수 있다. 때문에 도면 생성 기능으로 한정하여 비교할 때 3D CAD 시스템의 도면 생성 과정에 의문을 제기하는 2D CAD 시스템 사용자도 적지 않다. 이러한 문제로 인하여 3D CAD 시스템의 도입 이후에도 2D CAD 시스템에서의 도면 생성의 편의성과 기존 업무 처리 절차를 변경에 대응하지 못하는 경우가 많다. 3D CAD 시스템의 도면 산출 기능의 정상적 운용은 3D CAD 시스템 도입에 따른 설계 생산성을 보장하고 유지할 수 있는 사안의 하나라고도 할 수 있다는 점에서, 단일 플랫폼에서의 제품 개발 과정이 유지될 수 있도록 지속적인 관리 및 업무지원을 필요로 한다.

3D CAD 시스템의 도입 생성 작업은 크게 기본적인 단면 투상 작업과 상세 제도 작업으로 구분할 수 있다. 3D CAD 시스템에서는 일차적으로 생성된 3차원 형상으로부터 자동 생성된 형상 단면을 도면 템플릿 내의 기본 단면 투상으로 배치하고 치수 및 주석 등과 같인 추가적인 도면 요소를 기입한다. 도면 산출 과정이 표준화된 기업이라면 템플릿을 활용하여 미리 단면 배치와 적용 치수 포맷 등을 설정한 후 도면 생성과 수정에 대한 자동화 비율을 강화할 수 있다.

3D CAD 시스템의 학습자 입장에서는 이러한 도면 산출 기능에 보다 빨리 적응하기 위함은 물론 효율적 도면 생성 기능에 따른 설계 생산성을 높이기 위한 방안으로 설계 과정의 초기 단계에

서부터 도면을 생성하여 형상 모델링 작업과 병행하여 운용할 수도 있다.

이상과 같은 3D CAD 시스템과 2D CAD 시스템 그리고 3차원 형상 모델과 2차원 도면 간의 기능적 차이를 이해하므로 써 설계자는 각각의 시스템 간의 효율적 협업이나 최적 용도에 맞는 구성으로 설계 플랫폼을 최적화할 수 있다.

3D CAD 시스템의 자동 도면 산출 기능은 새로운 설계 플랫폼으로서 제공하는 연관 설계 기능의 대표적인 예라고 볼 수 있다. 즉, 개별 부품에 대한 형상 모델링 후 각 부품으로 조립된 완성품을 생성되고, 전체 제품과 각 개별 부품 그리고 금형에 대한 도면을 생성하는 과정이 단순한 절차적인 단계가 아닌 동시 작업으로 이해할 필요가 있다.

3D CAD 시스템에서의 부품 형상, 조립 제품 그리고 도면은 별도의 기능이 아닌 서로 연관된 흐름으로서 설계 작업을 동시에 진행할 수 있도록 해주는 핵심 사안이다. 이러한 연관성 기반의 설계 환경은 3D CAD 시스템의 CAM이나 CAE 기능으로 연결되므로 써 통합된 설계 환경의 운용을 가능하게 한다.

5 3차원 피처 모델링

3D CAD 시스템에서의 3 차원 형상 모델링은 설계 대상의 형상을 3 차원 가상 공간에서 설계 사양을 기준으로 형상을 구현하는 과정이다. 그리고 그 구현 과정은 기능적 표준화가 이루어진 2D CAD 시스템에서의 제도 작업과 달리 세부적인 구현 기능 및 절차는 운용하는 3D CAD 시스템에 따라 차이가 남은 물론 설계자의 접근 방식과 순서에 따라서도 달라질 수 있다. 또한 설계자의 입장에서는 동일한 문제 해결 사안이 항상 동일한 방식으로 구현된다고 할 수 없을 정도로 3D CAD 시스템에서의 형상 모델링은 다양한 기능과 넓은 범위에서 진행되기 때문에 특정 대상에 대한 표준적인 모델링 방법을 규정할 수 없다.

그리고 2D CAD 시스템과 비교에 있어서도 설계 플랫폼으로서 3D CAD 시스템의 운용 능력을 기능 명령의 학습 수준으로 정량화할 수 없다. 그러므로 3D CAD 시스템의 학습자가 해당 설계 플랫폼의 전체적 기능 명령 학습에 집중하는 것은 비효율적인 접근 방법이라 할 수 있다.

그럼에도 설계 도구로서 3D CAD 시스템이 제공하는 기능과 그 구현 명령에 대한 이해와 운용이 가장 기본적인 학습 사항이라는 점은 분명하다.

본 장에서는 3D CAD 시스템의 설계 기능 중 핵심 사항이라고 할 수 있는 피처 모델링에 대한 이론적 이해와 적용에 대하여 다룬다. 현재 여러 3D CAD 시스템이 공급되고 있기 때문에 모든 기능에 대한 사항을 다루기 어렵기 때문에 대부분의 3D CAD 시스템에서 제공하는 공통적인 기능으로 구성하였지만, 기능 분류의 기준을 위해 Siemens NX 3D CAD 시스템의 모델링 기능과 구조에 우선 하였다.

3D CAD 시스템을 이용한 설계 작업 가운데 주요한 부분을 차지하는 것이 3차원 형상 모델링 과정이다. 일반적으로 3D CAD 시스템에서 설계 요소로서 의미를 가질 수 있는 형상을 특징 형상, 피처(feature)라며 3차원 형상 모델링은 피처 모델링(feature)이라 할 수 있다.

피처 모델링은 단순히 3차원 형상을 만드는 절차나 과정이 아닌 특징 형상에 기반한 모델링이라는 점을 인식해야 한다. 예로 일반적인 형상 모델링 관점에서 임의 형상의 가운데가 원형으로 관통된 형상에 있어, 단순한 원통 형상이 아닌 홀(Hole), 구멍이라는 특징 형상, 피처로 생성되는 것은 향후 형상의 실제 가공 단계에서 지정된 가공법이 지정되도록 할 수 있다. 이와 같이 형상의 외형뿐만 아니라 가공 등 실제 제품에서의 기능적인 역할을 함께 규정함으로써 설계 의도가 지속되도록 하는 것이 피처 모델링의 효용이라고 할 수 있다.

유의해야 할 사항은 형상 생성의 결과로서 뿐만 아니라 과정으로서의 기능 역시 피처라는 점이다. 즉, 홀 피처에 의해 구멍이 난 형상은 원래 피처 형상과 홀 피처 형상 간의 결합으로 생성된 과정의 피처라는 것이다. 때문에 모델링 과정의 모든 명령은 전체 피처 형상 생성에 관련한 피처 구성체이다.

설계자는 3D CAD 시스템이 제공하는 피처를 사용하여 개념 설계 이후 초기 설계 단계부터 모델링 시간, 수정 및 변경에 대응하면서 최적의 개발 절차에 대한 의도를 구현하게 된다.

3D CAD 시스템의 피처 모델링 기능 명령의 효용성을 참고하기 위한 예로서 소비재 제품 설계 및 개발 환경에서의 사용 빈도와 중요도를 표시하였다. 3D CAD 시스템의 학습자의 경우도 시스템이 제공하는 모든 기능을 학습한다는 것은 상당히 비효율적이며 지루한 과정이 될 수 있다는 점에서 특정 분야에서 주요하게 사용되는 기능을 먼저 선정한 후 이를 중심으로 학습을 진행하는 것이 효율적일 수 있다.

5.1 곡선 모델링

3차원 공간에서 형상을 직접 모델링하기 위해 형상을 구성하는 각 점의 3차원 좌표 값을 입력하는 방식은 설계자 입장에서 단순하다고 볼 수 있지만 상당히 비효율적인 절차이다. 때문에 일반적으로 설계 대상의 임의 단면을 데이텀 면에 생성한 후 수직 방향의 높이 값을 입력하여 3차원으로 변환하는 방법을 사용한다. 3차원 형상을 생성하기 위해 2차원 요소를 활용하는 방식이라고도 할 수 있다.

3D CAD 시스템을 처음 접하는 경우 2차원 정보의 활용에 대한 의구심을 가질 수도 있지만, 기본적으로 3차원 형상을 보다 효율적으로 구성하는 기능적인 방법으로서의 2차원 단면 요소의 활용이라는 측면에서 이해할 필요가 있다.

3D CAD 시스템에서의 일반적인 3차원 모델링 과정을 위한 2차원 곡선 형상 요소를 스케치(sketch) 혹은 단면 곡선이라고 한다. 물론 스케치 자체도 특정 설계 목적에 따라 하나의 피처가 될 수 있다. 반면 3차원 공간에 존재하는 점의 연결체로 생성되는 3차원 곡선은 스케치 곡선과는 구별된다.

스케치 곡선은 임의 2차원 평면, 데이텀 평면 혹은 3차원 형상의 표면에서 생성된다. 이러한 2차원 스케치 곡선에 의한 3차원 형상 모델링은 파라메트릭 모델링 방식을 현대적 3D CAD 시스템의 핵심 모델링 기법으로 자리 잡도록 하는데 크게 공헌하게 되었다.

2차원 곡선 기반 3차원 모델링의 효용성에 대한 인식 변화는 애초 3차원 형상을 3차원 정보를 기반으로 생성하는 것이 당연하다는 초기 3D CAD 시스템의 설계 방식에 비춰 단순하면서도 혁신적인 형상 모델링 방식으로 자리 잡게 되는 파라메트릭 모델링의 기반이 된다.

스케치 곡선에 기반한 3차원 형상 모델링 방식이 도입되면서 3D CAD 시스템의 형상 모델링 기능 명령은 유사한 기능을 필요로 하는 모델링 방식 간의 분류가 가능해졌고 이를 통하여 3D CAD 시스템의 사용자 인터페이스 역시 이전에 비해 보다 직관적이며 효과적으로 정리되었다고 볼 수 있다.

예로 개별적인 3차원 형상을 직접 모델링하는 경우 설계자 마다 절차나 조건 등에 상당한 차이를 보이지만, 스케치를 이용하는 경우 사용하는 3D CAD 시스템의 차이에도 모델링 절차에서 유사하게 구현이 가능하게 된다. 이런 점은 3D CAD 시스템 사용자의 편의성이나 설계 생산성 향상에 크게 기여한다. 실제 현재 대부분의 3D CAD 시스템에서의 피처 모델링 과정은 거의 유사하다. 또한 이전 사용자에 대한 배려로서 전통적인 3차원 형상 모델링 방식을 지원하더라도 내부적으로 피처 모델링과 동일한 결과로 처리된다

5.1.1 데이텀 피처 생성

2D CAD 시스템에 익숙한 설계자라면 3D CAD 시스템에서 곡선을 직접 생성하는 작업은 2D CAD 시스템에서 제공되는 기능에 비해 부족하면서도 복잡하다고 평가할 수 있다. 하지만 2D CAD 시스템의 곡선 생성 기능을 3D CAD 시스템과 직접 비교할 수는 없다. 3D CAD 시스템의 스케치, 2차원 곡선은 2D CAD 시스템의 도면 제도를 위한 기능이 아닌 3차원 형상을 위한 단면 곡선 정보를 생성하기 위해 사용된다.

현대적인 3D CAD 시스템에서의 2차원 스케치 곡선을 이용하여 3차원 형상 모델링은 설계의 기능적 측면에서 직접 3차원 형상 정보를 입력하는 방식에 비해 매우 효과적이다. 그리고 기본적으로 데이텀 요소를 스케치를 위한 모델링 참조 요소로 운용함으로 써 스케치 작업과 3차원 형상 모델링 작업을 보다 효율적으로 진행할 수 있다.

3D CAD 시스템의 학습을 시작한 경우, 데이텀 피처의 사용 비율이 현저히 떨어진다고 볼 수 있다. 특히 데이텀 평면의 경우는 다소 사용 빈도가 높지만 데이텀 축이나 좌표의 경우 상대적으로 거의 사용하지 않는다고 볼 수 있다. 물론 3D CAD 시스템의 경우 이미 존재하는 피처의 면이나 모서리를 데이텀 평면이나 데이텀 축을 사용할 수 있기 때문이기도 하지만, 형상 복잡해지는 경우 피처와 관련된 별도의 데이텀 평면이나 데이텀 축을 사용함으로 써 개별 피처의 관리 효율을 높일 수 있다.

* 데이텀 평면(Datum plane)

2차원 단면 곡선이나 스케치 생성 및 참조 평면으로서 설계자가 직접 평면을 구성하거나 기존 형상의 면을 참조하여 데이텀 평면을 생성할 수 있다.

* 데이텀 축(Datum axis)

    3차원 회전 형상을 생성하기 위한 기축 축으로 사용하거나 벡터 방향을 지정하기 위한 용도로 직접 방향을 지정하여 생성하거나 기존 형상의 모서리나 면을 이용하여 생성할 수 있다.

* 데이텀 좌표(Datum CSYS)

    절대좌표가 아닌 설계자가 필요에 의해 3차원 좌표축을 생성한다.

* 점(Point)과 점 세트(Point set)

    일반적으로 참조 목적의 점으로 지정하거나 스플라인 곡선 및 곡면 생성을 위한 3차원 공간의 좌표로서 지정하거나 기존 형상의 정점을 사용하여 점을 지정할 수 있다.

데이텀 평면은 3D CAD 시스템의 데이텀 요소 가운데 사용 빈도는 가장 높은 기능이다. 특히 파라메트릭 모델링 기능을 사용하는 3D CAD 시스템에서는 반드시 사용해야 하는 필수 요소라는 점에서, 데이텀 평면의 활용도에 따라 피처 모델링의 품질과 설계 유연성에 큰 영향을 미친다. 또한 하나의 형상 생성에 여러 개의 데이텀 평면을 사용하여 형상 모델링과 핸들링에 효과적으로 대응할 수 있다.

5.1.2 곡선 요소 생성

3D CAD 시스템의 곡선 모델은 2차원 CAD 시스템의 곡선과 동일하지만 일반적인 사용 목적으로 볼 때 기본적으로 3차원 형상 생성을 위한 참조 요소로서의 사용이 주목적이라는 점에서 활용성에 차이가 있다. 하지만 현대적인 3D CAD 시스템에서는 별도의 곡선 요소 생성 기능의 활용도가 상대적으로 낮아짐에 따라 거의 지원이 되지 않거나 스케치 요소로 다루는 경우가 일반적이다.

언급한 바와 같이 3D CAD 시스템이 제공하는 곡선은 현대적인 파라메트릭 모델링을 위한 스케치 피처로서의 곡선과 전통적인 형상 개체로의 곡선으로 구분할 수 있다. 기능적으로 각 곡선의 생성 방식은 다르지 않다고 볼 수 있지만 스케치 피처 곡선은 개별 피처로서는 물론 스케치 피처 및 파라메트릭 모델을 생성 및 관리하기 위한 여러 기하학적 매개변수를 가지는 반면, 형상 개체로서의 곡선은 단순 기하 형상 요소로서 관리된다.

사용자 입장에서 스케치 피처 곡선의 경우 생성 과정에서 작업 화면에 길이, 각도 등과 같은 곡선 형상의 매개변수를 제어할 수 있는 파라메트릭 모델링으로 진행되는 반면, 형상 곡선의 경우에는 별도의 명령 입력 창을 이용하여 관련 변수를 입력 및 수정하게 된다. 또한 스케치 피처 곡선의 경우 대부분의 3D CAD 시스템에서 유사한 방식을 제공하는 것에 비해 형상 곡선은 상대적으로 구성 방식에서 차이를 보인다고도 할 수 있다.

일반적인 3D CAD 시스템에 따라 과거 사용자를 위해 명령 형식으로만 두 가지 경우를 구분하고 내부적으로는 동일하게 관리하기도 한다. 즉 3차원 형상을 생성하기 위한 참조 요소로서 곡선 피처와 곡선 형상을 구분하지 않는다.

피처로서의 스케치 곡선이든 일반 형상 곡선이든 형태와 생성 방식은 거의 동일하다. 또한 3차원 형상 모델을 위한 참조요소로서 기본적인 곡선 모델링 기능의 활용은 동일하다고 할 수 있다.

* 기본 곡선(Basic curve)

  파라메트릭 모델링이 본격적으로 적용되기 이전 3D CAD 시스템의 가장 일반적이며 전통적인 곡선 생성 기능을 지칭한다. 일반적으로 임의 곡선의 생성은 원호 혹은 평면의 점을 연결하는 스플라인 곡선으로 구성할 수 있지만, 선형적 형상의 단면 곡선은 2D CAD 시스템에서와 같이 직선, 호 그리고 원으로 생성된 형상에 대한 필렛(모깍기)과 트림 등의 수정 기능으로 선형 직선 간의 연결 내에 접하는 호로 변환하여 생성하는 것이 가장 효과적이라고 할 수 있다.

  3D CAD 시스템에 따라 다양한 곡선과 다각형 형상을 생성할 수 있는 기능 명령을 제공하지만, 직사각형이나 원과 같은 선형 형상을 제외한 다각형 형상의 기능적 수요는 거의 없다고 볼 수 있다. 만일 정밀한 다각형 형상의 단면 모델링이 필요한 경우에는 3D CAD 시스템의 곡선 생성(혹은 스케치 곡선) 기능보다는 2D CAD 시스템에서 모델링된 단면 형상을 불러 사용하는 것이 더 효율적이라고 할 수 있다.

* 직사각형(Rectangle), 다각형(Polygon)

* 타원(Ellipse), 포물선(Parabola), 쌍곡선(Hyperbola)

* 원뿔(Generic conic)

  선형 원, 타원, 포물선 및 쌍곡선 등의 직접 구현하기 위해 사용하는 기능이다.

* 나선(Helix)

  3차원 공간에서 스프링 형식의 곡선을 생성하기 위해 사용하는 기능이다.

* 텍스트(Text)

  2차원 곡선이나 3차원 곡면에서의 문자 입력을 위한 기능이다.

곡선은 직접적인 생성 기능을 통하여 구현될 수도 있지만 기존 형상의 정보를 기반으로 추출할 수 있다. 형상과 형상의 결합 혹은 곡선과 곡선의 접촉 부분에 생성되는 경로를 추출할 수 있다.

* 연관 곡선(Associative curve)

일반적으로 파라메트릭 모델링을 위한 스케치 곡선이 아닌 경우 모델링 과정에서 사용되는 치수 및 조건 등이 별도로 기록되지 않지만, 이를 정보로 관리하기 위한 용도로 사용되는 기능이다.

* 곡면 위 곡선(Curve on surface)

일반적인 데이텀 평면이나 피처 평면이 아닌 Face 곡면 위에 곡선을 생성하기 위해 사용하는 기능이다.

3D CAD 시스템에서의 전통적인 곡선 모델링 기능은 활용도에 비해 일반적인 적응도가 낮은 기능이라고 할 수 있다. 대부분의 사용자는 기본 곡선 중 사각형이나 원 등의 일부 제한된 기능만을 사용하는 경향이 크다.

5.1.3 곡선 편집

3D CAD 시스템의 곡선 모델링 과정이 2D CAD 시스템의 경우와 가장 차이를 보이는 부분은 3차원 형상 모델링을 위한 참조 기반이 되기 때문에 삭제나 수정에 따라 전체 형상에 영향을 미친다는 것이다. 또한 3D CAD 시스템에서 3차원 형상을 구성하는 매개변수로 작용하게 될 수 있는데 이러한 기능을 수행하는 곡선으로 사용되는 것이 스케치 피처 곡선이다.

그러므로 곡선의 수정이나 변경 사항이 3차원 형상에 반영되었을 때 변경된 결과를 미리 확인하여 오류 발생이 최소화할 수 있도록 확인하는 절차가 필요하고, 대부분의 3D CAD 시스템에서는 미리보기 기능을 이용하여 수정이나 변경 결과가 반영된 상황을 확인할 수 있다. 하지만 피처 모델링 기능에 적용되는 기하하적 특성에 의해 항상 동일한, 정상적인 결과로 드러나지 않을 수 있다.

곡선의 편집은 2D CAD 시스템에서와 마찬가지로 원하는 2차원 형상, 단면 형상을 생성하기 위한 2차원 평면에서 생성된 곡선과 이에 기반한 수정 작업이라고 할 수 있다. 이 과정을 통하여 사용자는 3차원 형상으로 변환되는 참고 형상의 생성을 완료하게 된다.

* 곡선 편집(Edit curve) 및 매개변수 편집(Edit curve parameters)

곡선 생성 과정에서 선택한 매개변수를 수정하는 기능으로 스플라인 곡선에 대한 수정을 지원한다.

* 자르기(Trim) 및 코너 자르기(Trim corner)

* 곡선 분할(Divide curve)

  하나의 곡선을 동일한 임의 구간으로 분할하거나 스플라인 곡선의 노드 포인트나 코너를 기준으로 분할할 수 있는 기능이다.

* 필렛 편집(Edit fillet)

* 곡선 늘이기(Stretch curve) 및 곡선 길이(Curve length)

  곡선 형상의 연장 및 이동 그리고 길이 조절을 위한 기능이다.

3D CAD 시스템의 2차원 곡선 편집 기능은 AutoCAD와 같은 2D CAD 시스템의 경우와 마찬가지로 곡선의 생성은 물론 다양한 참조 곡선을 정리하기 위한 명령으로서 활용도가 높다. 하지만 2D CAD 시스템에서 형상의 외형적 마무리를 위한 필렛, 챔퍼 등의 사용 빈도가 높은 반면에 3D CAD 시스템에서는 이러한 조치를 3차원 형상에 대하여 적용한다는 점에서 직접적 형상 수정을 위한 곡선 편집 기능의 사용 빈도는 상대적으로 낮다.

5.1.4 스플라인 곡선 모델링

스플라인은 전통적인 종이 위의 제도 작업에서 복잡한 곡선을 생성하기 위해 사용하는 도구의 이름에서 기인했다. 스플라인 기능을 사용함으로 써 복잡하고 곡률 변화가 심한 곡선과 곡면을 자유롭게 생성할 수 있다. 하지만 스플라인 모델링은 CAD 시스템의 제공하는 형상 모델링 기능 가운데 가장 수준 높은 기하학적 이론에 기반하고 있다. 때문에 한때 스플라인 곡선(Spline curve)은 엔지니어링 워크스테이션과 하이-엔드 3D CAD 시스템의 전유물이기도 했다는 점에서 구현에 일반적인 선형 곡선에 비해 많은 자원과 시간이 소요된다고 할 수 있다.

3D CAD 시스템에서의 일반적인 곡선과 곡면은 설계사가 지정한 점을 하나의 곡선 혹은 두 개의 곡선이 지나면서 생성된다. 이 과정에서 하나의 점을 지나는 곡선과 혹은 곡면의 기울기와 곡률은 기하학적으로 연속되어야 한다. 물론 단순하게 형상의 결합이라는 측면에서는 기울기과 곡률이 별개로 존재할 수도 있다. 하지만 연속된 형상을 생성하기 위해서는 지정한 모든 점을 지나는 곡선과 곡면의 방정식을 사용하게 되면, 지나는 점의 수가 증가함에 따라 방정식의 차수도 함께 증가하게 된다. 만일 일정 수준이상으로 계속 점의 수가 증가하게 되면 일반적인 곡선의 방정식으로는 계산에 많은 시간이 소요됨에 따라 설계 과정의 부하를 증가시키게 된다.

이러한 문제의 가장 기본적인 해결 방법으로 점을 지나는 곡선과 곡면을 여러 개의 3차 방정식을 분할하여 구성할 수 있다. 하지만 각 방정식이 연결되는 부분에서 연속성을 유지하기 위해 다른 기법들이 적용되어야 하고 또한 형상 수정의 자유도 역시 한계가 있었다. 때문에 보다 자유로운 형상 생선을 위한 목적으로 스플라인 모델링 기법이 개발되어 왔다.

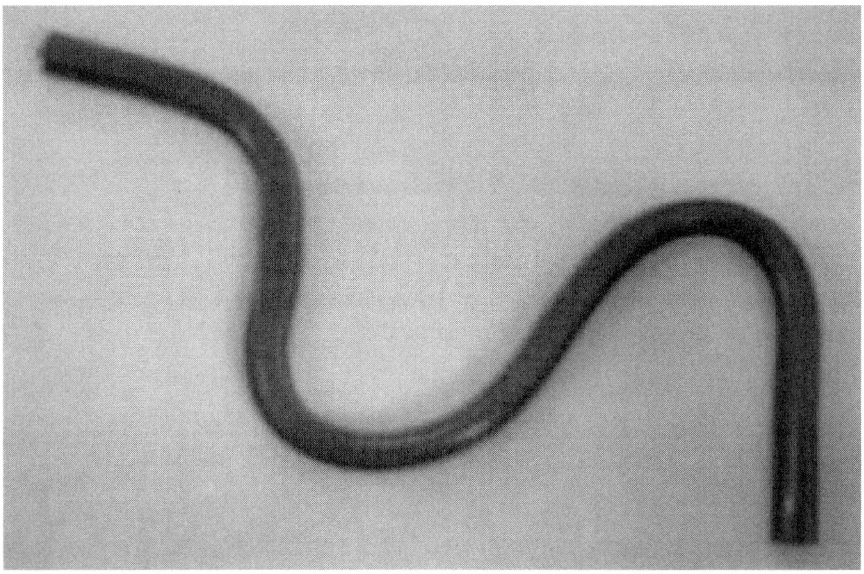

그림 5.1 제도 작업에서의 임의 곡선을 그리기 위해 사용된 변형 스플라인

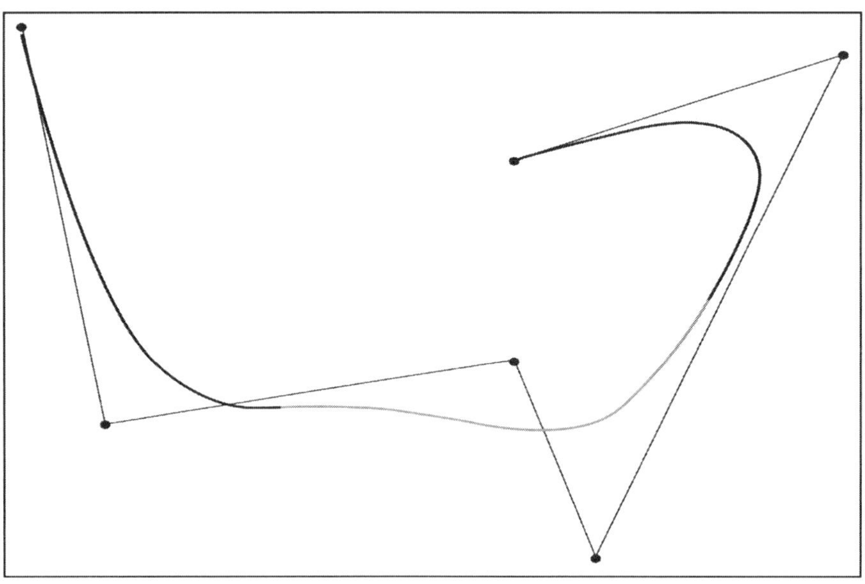

그림 5.2 B-Spline 기법에 의한 스플라인 곡선 모델링의 예

제품 설계 및 개발 과정에서 상대적으로 곡률 변화가 심한 형상 모델링의 경우라도 반드시 스플라인 기능을 사용해야만 하는 경우는 상대적으로 많지 않다. 이것은 설계자 측면에서 형상 생성 및 가공에 많은 시간과 자원이 소요되는 스플라인 기반의 형상 설계보다는 보다 단순한 선형 곡면 형상을 이용한 결합과 분리 과정을 통하여 생성된 형상 모델링이 더 선호되기 때문이다. 또한 3D CAD 시스템에 따라 스플라인 모델링에 대한 자유도가 제한된 경우도 많아 설계자가 입장에서 적극적으로 사용하지 않은 기능이라고 할 수 있다.

하지만 3D CAD 시스템의 모델링 기능이 개선됨과 함께 새로운 스플라인 모델링 기법이 지속적으로 개발되면서 스플라인 모델링을 위한 기능적 편의성은 크게 개선되고 있다. 또한 최근 제품의 경쟁력 강화를 위해 외형의 디자인은 물론 기능적 편의성을 위해 보다 부드러운 자유 곡면에 기반한 형상 설계의 빈도가 증가한다는 점에서도 향후 스플라인 모델링에 기반한 형상 설계는 확대될 수 있다고 본다.

그럼에도 언급한 스플라인 모델링의 기능적 어려움과 선형 곡면 모델링 기능의 활용도에 대한 여러 기법들이 소개되면서 설계자 입장에서 형상 모델링에 적용하는 위한 선택의 문제가 될 때, 많은 경우 선형 곡면 모델링을 선호하는 것이 사실이라는 점에서 스플라인 모델링의 원활한 활용을 위해서는 적용 대상에 대한 설계 범위와 향후 수정 범위 등에 대한 명확한 기준을 통하여 선택하는 판단 능력이 필요하다.

- 스플라인(Spline)

  베지에(Bézier) 곡선에 비해 NURBS 기반의 스플라인 곡선이 가지는 장점은 다양한 제어 항목을 가진다는 점이다. 곡선을 제어다각형을 구성하는 컨트롤 포인트와 곡선 상의 노드 그리고 각 노드의 기울기와 곡률 등을 제어함으로써 복잡한 곡선을 자유롭게 구현할 수 있도록 해 준다.

- 스튜디오 스플라인(Studio spline)

  NURBS 기반 스플라인 곡선 모델링 기능이 다양한 제어 항목을 가지는 반면 일반 설계자가 각 항목을 개별적으로 제어하기 위한 인터페이스 구현이 복잡하다는 단점이 있다. 때문에 3D CAD 시스템에서는 이러한 제어 기능을 보다 설계자가 쉽게 운용할 수 있는 기능적 인터페이스를 제공한다.

- 스플라인 피팅(Fit spline)

  지정한 노드를 지나는 스플라인 곡선을 사용자가 지정한 조건을 다시 재구성하여 보다 부드러운 곡선 생성하는 기능이다.

- 스플라인 다듬기(Smooth spline)

  스플라인 곡선을 보다 부드럽게 구현하기 위한 곡률과 구속조건을 변경할 수 있도록 하는 기능이다.

3D CAD 시스템에서 자유곡선 및 자유곡면을 생성하기 위한 스플라인 모델링 기능은 매우 수준 높은 기능이라는 점에서 고급 과정의 학습 대상이라고 할 수 있다. 하지만 현대적인 제품 형상 모델링 과정에서 자유 곡면으로 표현되어야만 하는 대상은 상대적으로 드물다는 점에서 높은 학습 과정에 소요되는 노력에 비해 그 활용성은 상대적으로 낮다고 볼 수 있다.

5.1.5 참조 기반 곡선 생성

3D CAD 시스템에서의 형상 표현을 위한 기초로서 곡선 요소는 3차원 공간이나 2차원 평면에서 직접 구현된다. 하지만 실제 설계에서는 필요한 모든 곡선을 직접 생성할 뿐만 아니라 3차원 작업 공간에 이미 존재하는 형상에서 추가적인 곡선을 추출할 수 있다. 즉 피처와 피처, 곡면과 곡면 그리고 피처와 데이텀 요소 간의 결합이나 중첩으로 생성되는 모서리를 비롯한 연결된 곡선 요소로 부터 새로운 곡선을 생성할 수 있다.

또한 생성된 3차원 형상을 곡면을 비롯한 다른 3차원 형상의 표면에 투영하여 생성되는 단면 곡선을 추출함으로 써 형상 표현에 요구되는 수치 정보가 부족한 경우에 효과적으로 대응할 수 있다.

참조 곡선의 생성은 평면에 새로운 곡선을 생성하는 기능과 피처 위에 새로운 곡선을 생성하는 기능으로 분류될 수 있다.

1) 평면 참조 기반 곡선

- 옵셋 곡선(Offset curve), 면 옵셋 곡선(Offset curves in face)

  일반적인 옵셋 곡선이 평면 위의 곡선에 적용되는 것에 반해 면 옵셋 곡선은 곡면 위의 곡선을 곡률 방향으로 옵셋된 곡선을 생성한다.

- 원형 블렌드 곡선(Circular blend curve), 브릿지 곡선(Bridge curve), 결합(Join), 곡선 단순화(Simplify curve)

  블렌드 곡선은 필렛 기능과 동일하게 두 곡선 요소를 원호로 연결한다. 반면 브릿지는 떨어진 두 개의 곡선 요소를 원호가 아닌 임의 곡선으로 연결하며, 결합 기능은 여러 개의 곡선은 하나의 스플라인 곡선으로 연결한다. 곡선 단순화가 선택한 곡선을 호와 선으로 구분하여 나누는 기능을 수행한다.

- 투영(Project), 결합 투영(Combined projection)

  곡선 형상을 임의 평면이나 곡면에 투영하여 곡면 위의 곡선으로 생성한다. 결합 투영은 두 곡선에 대한 교차 벡터를 교차선을 새로운 곡선을 생성한다.

- 대칭 곡선(Mirror curve)

  곡선 혹은 형상의 모서리를 데이텀 평면이나 기준 면을 사용하여 대칭 곡선을 생성하는 기능이다.

- 곡선 감기/펴기(Wrap/Unwrap curve)

  임의 곡선이 원통 피처를 감싸는 형식으로 원통 피처 위에 곡선을 생성하거나 해제하는 기능이다.

2) 피처 참조 기반 곡선

- 교차 곡선(Intersect curve)

  두 개의 평행하지 않은 곡면의 교차로 생성되는 교차선을 새로운 곡선으로 생성한다.

- 단면 곡선(Section curve)

  3차원 형상을 지나는 데이텀 평면이나 평면 요소에 의해 구분되는 단면을 곡선으로 생성한다.

- 곡선 추출(Extract)

  3차원 형상의 모서리나 윤곽 및 단면 등으로부터 새로운 곡선을 생성한다.

- 가상 곡선 추출(Extract virtual curve)

  형상 생성 절차와 반대로 회전 형상의 회전 축이나 블렌드 면의 중심선을 새로운 곡선으로 생성한다.

3D CAD 시스템의 3차원 형상은 2차원 기반 곡선의 생성 및 수정 효율에 좌우된다고 볼 수 있다. 하지만 설계자가 필요로 하는 모든 단면 형상을 직접 구현할 수 없는 경우가 적지 않다는 점에서, 기존 형상으로부터 새로운 곡선을 추출하여 새로운 형상을 구현하는 기능은 실제 모델링 과정에서 효용성이 높은 기능이라고 할 수 있다.

5.2 스케치 모델링

앞선 언급한 곡선 요소로서 스케치는 현대적인 3D CAD 시스템에서 3차원 형상 모델링을 보다 빠르게 그리고 보다 정밀하게 제어할 수 있는 기반 요소로 활용되고 있다. 즉 곡선 형상과 구분되는 스케치 혹은 스케치 곡선은 기본적으로 단면 형상을 이루는 기하 요소간의 관계를 매개변수로 지정하고 또한 기하구속조건을 부여하므로 써 설계 의도가 형상에 반영되고 향후 이 의도가 지속될 수 있도록 계속 사용된다. 스케치는 2차원 형태로 구현되기 때문에 데이텀 평면이나 기존 형상 면에서 생성될 수 있다.

일반적으로 스케치는 3D CAD 시스템에서 3차원 모델을 생성하는 기반 정보이기 때문에 설계 작업 중 스케치 모드로 전환하므로 써 매우 편리하게 설계수정을 가능하게 한다.

스케치는 2차원 기하 요소이기 때문에 3차원 공간의 2차원 평면에서 생성된다. 스케치가 생성되는 평면은 스케치 면이라고 하며 일반적으로 데이텀 평면이나 3차원 형상의 표면에서 정의된다고 할 수 있다. 또한 새로운 스케치 면을 생성하기 위해 3차원 공간의 특정 점이나 경로를 지나는 평면으로 정의될 수도 있다.

일반적으로 3D CAD 시스템의 학습 과정에서 스케치 면이 적극적으로 활용되지 않는다고 볼 수 있다. 하지만 기존 형상이나 데이텀 평면에서 새로운 스케치를 생성하는 각 스케치를 기반으로 한 피처 모델의 수정이나 삭제 등에 의해 변경되는 스케치 면에서 다른 스케치 요소가 영향을 받을 수 있기 때문에 개별 스케치 형상은 별도의 스케치 면을 활용하는 것이 설계의 안정성을 유지함에 효과적이라고 할 수 있다.

3D CAD 시스템에서의 스케치 피처 생성은 별도의 피처 생성 기능으로 분리되어 있다. 때문에 3차원 피처 모델링에 앞서 필요한 스케치 요소를 생성하기 위한 스케치 기능을 통하여 모델링을 진행해야 한다. 하지만 사용자의 편의를 위한 특정 피처 생성 기능에서 스케치 피처 생성을 위해 스케치 기능을 직접 호출하지 않고 해당 기능 내부에서 스케치 기능을 사용하여 대상을 생성할 수 있도록 하는 경우도 많다.

5.2.1 스케치 곡선

스케치 기능에 의해 생성되는 스케치 피처를 스케치 곡선이라고 한다. 스케치 곡선은 앞서 언급한 형상 곡선과 다르게 곡선이 생성되는 과정에서 길이, 각도 및 다른 스케치 요소와의 상대적 정렬 등에 대한 정보를 매개변수로 다룰 수 있게 된다.

형상 곡선에서와 마찬가지로 스케치 곡선은 2D CAD 시스템에서의 곡선 형상 모델링과 유사한 기능을 제공하기 때문에 3D CAD 시스템의 학습 과정에서 수월하게 적응이 가능한 부분이라고

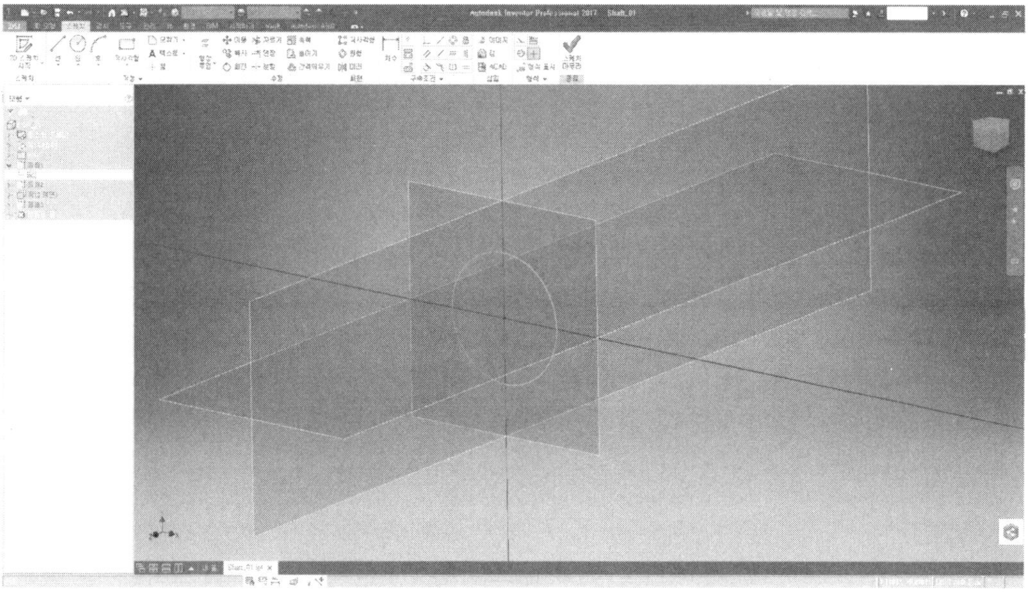

그림 5.3 원형 스케치 프로파일 모델링(Autodesk Inventor)

할 수 있다. 반면 스케치 형상 생성 과정에서 매개변수의 지정이나 수정 등의 관리 요소에 대한 이해 역시 필요한 기능이라고 할 수 있다.

스케치 피처를 이용한 파라메트릭 모델링의 효용성은 2D CAD 시스템에서와 같이 모델링 과정을 단계별로 정확하게 구현할 필요 없이 전체적이고 대략적인 곡선 윤곽으로서 형상을 생성한 후 3D CAD 시스템이 제공하는 다양한 피처 모델링 기능을 활용하여 설계 형상을 마무리함으로써 설계 효율을 크게 개선할 수 있도록 해준다.

스케치 모델링 과정에서 치수, 각도 및 기하 요소에 대한 정렬 등의 과정을 매개변수에 의한 스케치 구속이라 한다. 스케치 구속은 3차원 형상 모델링에서 임의 수정 과정에서 설계된 형상이 변형되지 않도록 하며 또한 관련한 형상 간의 기하정보가 유지되도록 하게 한다. 예를 형상의 임의 부분에 대한 특정 길이가 연장됨에 따라 수직하는 모서리에 접하는 임의 부분도 함께 연장되게 된다.

대부분의 3D CAD 시스템에서 스케치 기능은 설계자가 구현하는 스케치 곡선에 대하여 기본적인 임의 매개변수를 설정하고 구속 조건을 지정한다. 그리고 설계자는 필요에 따라 각 매개변수와 구속조건을 수정할 수 있다.

- 치수 구속

  길이, 지름 및 각도 등의 치수로 스케치 요소의 형상 변화를 직접적으로 제한한다. 치수 입력에 대한 스케치는 기본적으로 다른 요소 변경에 대하여 자동 구속이 유지되며, 지정한 요소와 동일한 기준에 있는 요소에 대해 자동 치수가 추정되어 입력될 수 있다.

- 기하 구속

  스케치 요소에 위치 기반의 구속 조건을 지정한다. 수직, 수평, 대칭 등과 같은 조건으로 주변 치수나 형상 변경에 대하여 지정된 형상을 유지시킨다.

- 구속 제거

  스케치의 구속 요건은 해당 구속 조건을 직접 삭제할 수 있다.

스케치 곡선의 활용도는 3D CAD 시스템의 기본 형상 모델링 기능인 돌출 및 회전 피처의 생성, 수정 및 재사용성에 직접적으로 영향을 미친다는 점에서 학습의 최우선 대상이라고 할 수 있다. 그리고 학습 과정에서 스케치 형상의 변수 및 구속 조건에 대한 적극적 이해와 활용이 요구된다고 할 수 있다.

5.2.2 스케치 참조 곡선 생성

스케치 참조 곡선은 형상 곡선에서의 참조 곡선과 동일한 기능을 수행하여 기존 형상 및 스케치 곡선을 기준으로 새로운 스케치 곡선을 추출하게 된다. 2D CAD 시스템에서와 같이 곡선의 형상의 복사 및 이동 관련한 기능으로 생성되기 때문에 효과적으로 활용할 수 있는 기능이다.

- 옵셋(오프셋) 곡선(Offset curve)
- 패턴 곡선(Pattern curve)
- 대칭 곡선(Mirror curve)
- 교차 점(Intersection point)
- 기존 곡선 추가(Add existing curve)
- 교차 곡선(Intersection curve)
- 곡선 투영(Project curve)
- 정의 단면 편집(Edit defining string)

형상 곡선의 참조 생성과 마찬가지로 스케치 곡선의 참조 생성은 피처 모델링을 위한 효과적인 설계 도구라고 할 수 있다. 반면 상대적으로 스케치 곡선의 직접적 사용 빈도가 높은 점에서 참조 기반 스케치 곡선의 활용도는 상대적으로 낮은 편이라고 할 수 있다.

5.3 스케치 기반 피처 모델링

3D CAD 시스템의 3차원 모델링 기능은 3차원 공간에서 설계 대상을 구현하는 것이지만 실제 3차원 좌표 정보나 기하 정보를 입력하는 방법은 효율적이지 못한 경우가 많다. 3D CAD 시스템의 3차원 형상은 2차원의 디스플레이를 통한 드러나기 때문에 x, y, 그리고 z 좌표 축 정보를 동시에 입력한다는 것은 쉽지 않을 수 있다. 때문에 앞선 언급한 바와 같이 3차원 형상 모델링의 방법의 하나로 설계 대상의 형상의 단면, 즉 2차원 평면 정보인 스케치 요소를 구성한 후 이를 기반으로 3차원으로 변환하는 방법을 사용한다.

물론 스케치 형상이 모두 3차원 형상 모델 생성을 위한 기반 요소로 사용되는 것은 아니며, 설계를 위한 참고나 기준 정보 등 여러 보조 도구로서 사용되는 경우도 많다.

3D CAD 시스템에서의 스케치는 어떤 공간에 위치하는 임의 평면에 정의되기 때문에 2D CAD 시스템과 동일한 작업 환경을 제공한다고 볼 수 있다. 그렇더라도 2D CAD 시스템이 제공하는 수준의 2차원 형상 생성 기능에 비해 사용자의 편의성은 떨어 질 수밖에 없다. 이런 이유로 3D CAD 시스템을 학습하는 과정에서 스케치 기능과 2D CAD 시스템의 모델링 기능 간의 직접적 비교로 인해 3차원 형상 모델링에 대한 이해가 더디게 진행되는 경우도 많다.

3D CAD 시스템에 피처 모델링이 도입된 여러 이유 중의 하나는, 설계 대상의 기능적 역할을 염두에 두고 설계하기 위한 것과 함께 설계 대상을 가공하는 공정까지 연속되게 설계자의 설계 의도가 전달하기 위한 목적이기도 하다. 이런 점에서 활용하여 설계자는 여러 피처 모델링 방법 가운데 설계 작업의 효율성은 물론 이후 공정을 염두에 두고 피처 모델링의 방법을 선택할 필요도 있다.

3D CAD 시스템이 제공하는 피처에는 직선이나 호 등의 선형 형상으로 구성된 스케치에 의해 생성된 피처가 가장 일반적으로 사용되지만 곡선을 기준으로 생성된 곡면 피처의 활용은 상대적으로 특정 영역에 국한된 경우가 많다고 볼 수 있다.

5.3.1 돌출(밀어내기) 모델링

돌출(혹은 밀어내기) 피처는 스케치 면에서 생성된 2차원 단면 스케치를 수직하는 방향으로 지정된 길이(높이 혹은 깊이)만큼 연장하므로 써 완전한 3차원 형상으로 생성되게 된다. 3D CAD 시스템의 기능에 따라 연장되는 가운데 스케치 곡선의 두께나 피처에 대한 경사도를 지정하므로 써 여러 번의 피처 작업을 한 번에 완료할 수는 기능을 제공하기도 있다.

돌출 피처 모델링에서 필요한 스케치 요소는 스케치 기능에 의해 생성되거나 기존 기하 요소를 참조하여 생성할 수도 있으며 또한 이미 생성된 스케치 요소도 이용할 수도 있다. 이러한 이유로

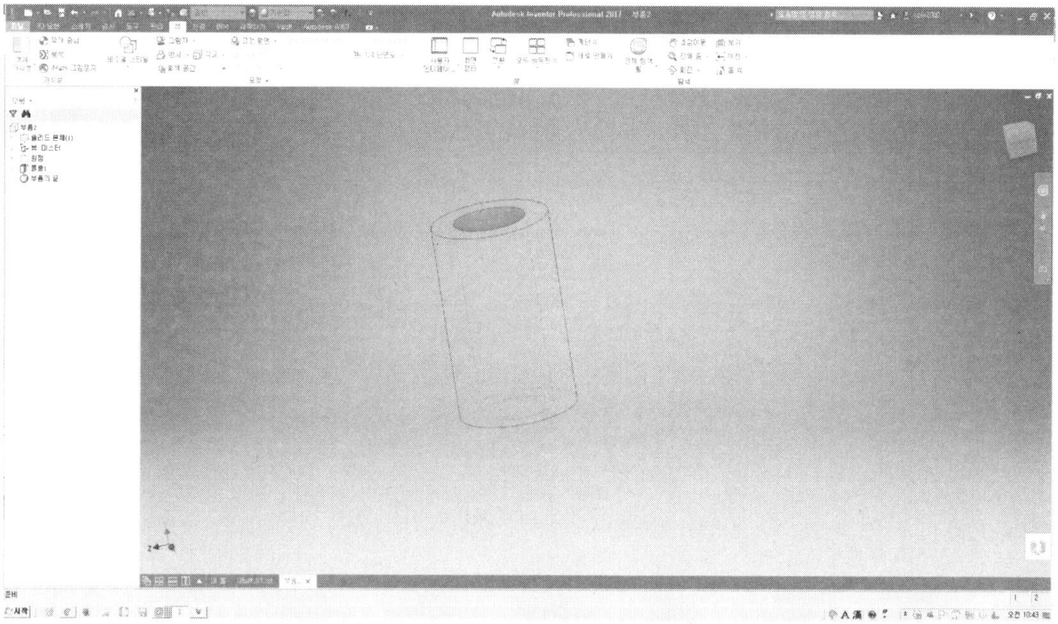

그림 5.4 2D 스케치 기반 3차원 돌출(밀어내기) 피처 모델링(Autodesk Inventor)

2D CAD 시스템에서 생성된 2차원 곡선 요소를 3D CAD 시스템에서 호출하여 스케치 요소로 사용할 수도 있으며, 단면 곡선 형상이 복잡하거나 이미 생성된 도면 요소로 존재하는 경우에 이를 활용하므로 써 효과적인 피처 모델링을 진행할 수 있다.

돌출 피처를 단순하게 보자면 여러 개의 기하 블록을 쌓아가거나 빼는 방식이라는 점에서 대부분의 3차원 형상 모델링에 가장 많이 사용되는 방법이다. 특히 외부 가공이 주를 이루는 절삭 가공을 위한 형상 모델링에 적합하다고 볼 수 있다.

돌출 피처는 3D CAD 시스템에서 3차원 피처 모델을 생성하는 가장 일상적인 방법으로서 사용 빈도가 매우 높다. 때문에 별도의 학습 중요도에 대해 높은 비중을 가지지 않더라도 충분히 활용성을 갖출 수 있는 기능이라고 할 수 있다.

5.3.2 회전 모델링

회전 피처는 임의 축을 중심으로 2차원 스케치 곡선을 회전하므로 써 생성되는 방식이다. 스케치 면에 설계하고자 하는 형상의 단면을 전체적으로 스케치로 구성한 후 생성하기 때문에 돌출 피처에 비해 상대적으로 빠른 피처 생성이 가능하며 단면이 복잡한 경우 매우 효율적인 피처 생성에 효과적이다. 반면 생성된 회전 피처에 대한 부분 수정이나 변경 등이 자주 발생하는 경우에는 스케치 변경이 지속적으로 소요될 수 있다. 이러한 경우 매개변수에 따라 구속된 스케치 곡선의 각 요소가 설계자의 의도에 따라 기능적으로 제대로 대응하지 못할 경우 오히려 형상 수정에 더 많은 어려움이 발생할 수도 있다.

회전 방식에 의해 생성되는 피처이므로 선삭 등의 절삭 공정이 필요한 설계 대상의 생성에 효과적이다.

돌출 피처에 비해 사용 빈도가 다소 낮지만 3D CAD 시스템에서 피처 모델링을 위한 핵심 기능이라고 할 수 있다. 돌출 피처와 마찬가지로 일반적인 기능으로 학습에 따른 부담은 거의 없다고 할 수 있다.

5.3.3 정의 기반 피처 모델링

파라메트릭 피처 모델링 기반의 현대적 3D CAD 시스템에서의 형상 생성은 대부분 돌출 및 회전 모델링에 의해 구현된다고 볼 수 있다. 반면 전통적인 3차원 형상 모델링에서는 일반적인 3차원 형상을 미리 정의하고 설계자는 형상의 변수를 입력하므로 써 형상을 구현하게 된다. 이러한 기능은 필요에 따라 효과적으로 사용될 수 있기 때문에 일부 3D CAD 시스템에서는 임의 기하 피처를 생성할 수 있다.

일반적인 3D CAD 시스템에서 제공하는 정의된 피처는 대략 원과 다각형 기반의 형상으로 사각 기둥, 원 기둥 그리고 이에 기반한 패드, 포켓, 슬롯, 보스, 홀(구멍) 등 다양하게 정의되어 있다. 이러한 형상들은 대부분 돌출로서 구현이 가능하다.

1) 블록 타입

블록 타입의 피처 대부분은 돌출(밀어내기) 및 회전 형식의 피처로 구현될 수 있다는 점에서 기능적으로 주요한 사항이 아니라고 할 수 있다. 오히려 명령어 구성을 복잡하게 만들 수 있다는 점에서 최근 3D CAD 시스템에서는 필요한 일부 요소만을 제공하기도 한다.

- 블록(Block), 구(Sphere)
- 리브(Rib), 포켓(Pocket), 패드(Pad), 다트(Dart

  리브는 임의 공간에 측면 지지 형상을 모델링하는 기능인 반면 포켓은 기존 피처 내부에 빈 공간을 모델링한다. 반대로 패드는 피처 면에서 새로운 형상을 돌출 형식으로 생성한다. 다트는 리브와 같은 임의 방향에서의 측면 지지 형상을 모델링하기 위한 기능이다.

- 슬롯(Slot), 그루브(Groove)

  슬롯은 피처 평면을 기준으로 돌출 형식의 홈을 생성하며, 그루브는 실린더 타입 원통의 면에 사각 혹은 원형 홈을 생성한다.

2) 실린더 타입

실린더 타입, 원통 형상은 돌출 피처 모델링의 가장 기본적인 형태라고 할 수 있다.

- 실린더(Cylinder), 원뿔(Cone)

- 보스(Boss)

  평면 위의 원통, 실린더를 생성하는 기능이다.

3) 홀(구멍)-타입

- 홀 혹은 구멍(Hole)

  일반적인 드릴 가공에 의한 형상으로 단순한 원통(실린더) 형상이 아닌 다양한 형태의 볼트 구멍을 모델링하기 위해 사용된다. 때문에 홀 피처 모델링을 직접 수행할 수도 있지만 표준 볼트 구멍에 의한 정보를 지정할 수도 있다.

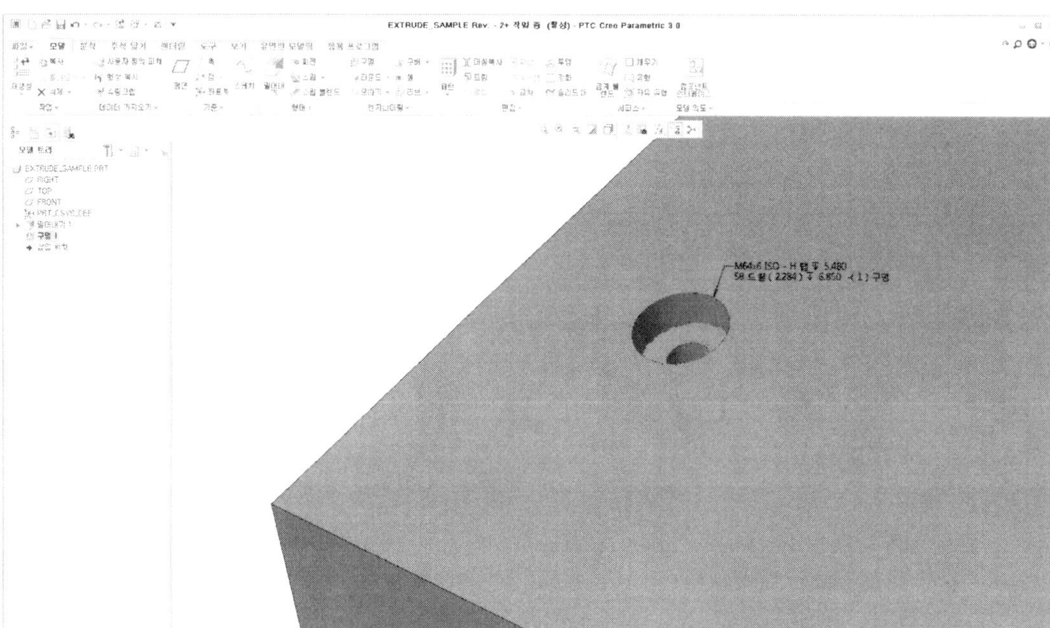

그림 5.6 홀(구멍) 피처에서의 표준 볼트 형상 지정 모델링(PTC Creo)

- 쓰레드(Thread)

  실린더 형식 원통 내부 면에 별도의 나사산을 생성하는 기능이다.

4) 투영 타입

- 엠보스(Emboss), 옵셋(오프셋), 엠보스(Offset emboss)

  시트나 피처 그리고 곡면 위에 스케치 단면 피처를 투영하여 새로운 형상 피처를 생성한다. 옵셋 엠보스는 솔리드 피처가 아닌 시트 형상에 대하여 옵셋 거리만큼 투영하여 시트를 변형 시킨다.

정의 기반 피처를 사용하여 3차원 형상을 모델링 하는 방식으로 제공되는 다양한 기능에 비해 전체적인 활용도나 학습의 비중이 낮은 편이라고 할 수 있다. 이러한 이유는 대부분의 정의 피처가 돌출 및 회전 피처에 의해 생성이 가능한 대상이라고 할 수 있기 때문이다. 때문에 예로 리브, 포켓 등 업무에 따라 자주 사용되는 대상의 활용도는 충분히 높을 수 있다.
홀 피처는 정의 피처 가운데 가장 일반적으로 널리 사용되는 기능이지만 볼트 홀 구성의 현실적 운용에 적극적으로 적용하지 않는 경향이 많다는 점에서 설계자마다 사용성에 큰 차이가 있다고 할 수 있다.

5.4 피처 변환

형상 곡선이나 스케치 곡선을 직접 생성하지 않고 기존 형상으로부터 추출하여 생성할 수 있는 것과 같이 3차원 피처 모델 역시 같은 방식으로 새로운 피처를 생성할 수 있다.

이러한 기능은 2D CAD 시스템에서와 같은 형상 복사 및 이동과 같은 기하학적 변환의 결과로서 추출 복사 이외 대칭 복사, 다중 복사, 배열 복사 등의 모든 피처 대상에 적용할 수 있다.

5.4.1 피처 복사

피처 복사는 동일한 피처를 새로 생성하지 않고 생성된 피처의 전체 혹은 일부분을 단일 혹은 복수 피처로 추가 생성하기 위해 사용할 수 있다.

- 추출(Extract)
- 복합 곡선(Composite curve)

5.4.2 대칭 복사

특정 평면이나 데이텀 면을 이용하여 대칭 복사하여 새로운 피처를 생성한다.

- 대칭 특징형상(Mirror feature)
- 대칭 바디(Mirror body)

5.4.3 패턴 복사

피처를 비롯한 모든 기하 요소에 대한 다중 복사를 수행하여 새로운 피처 그룹을 생성한다. 2D CAD 시스템의 배열 복사 기능과 동일하지만 수직, 수평 복사나 원형 복사뿐만 아니라 임의 경로에 따른 복사는 물론 패턴 복사된 대상에 중복하여 패턴 복사를 적용할 수도 있다.

- 패턴 / 인스턴스(Pattern/Instance)

실제로 3D CAD 시스템에서 하나의 형상을 복사 혹은 다중 복사하는 빈도는 일반적인 피처 모델링 기능에 비해 많지 않다. 하지만 주어진 조건에 부합되는 경우 설계 효율 측면에서 매우 효과적이라는 점에서 정확한 사용 방법과 적용 대상에 대한 학습을 요구되는 기능이라고 할 수 있다.

5.5 피처 조합

도면 출력이 목적이라고 할 수 있는 2D CAD 시스템에서는 형상 간의 중복에 따른 기하하적 요소 간에 문제가 발생하지 않지만 3D CAD 시스템에서는 형상 간의 중복 혹은 결합을 엄격히 구분하며, 그 결과에 따란 기능 명령의 적용 범위도 달라진다.

일반적으로 단일 부품 설계 과정이 하나의 피처로 완성되기는 쉽지 않다. 복잡한 단면 형상을 스케치 곡선을 생성한 후 돌출 및 회전 피처를 사용하여 최종 형상을 생성할 수 있으나 형상 수정 등에 효율적으로 대응하기 힘들 수 있다. 때문에 형상 각 부분을 개별적인 피처로서 생성한 후 후속 형상과 결합하여 전체 형상을 생성하는 방법이 상대적으로 효과적일 수 있다.

그 결과 단일 부품 형상이라도 여러 개의 피처로서 구성된다. 이때 한 피처를 기준으로 인접하여 생성되는 피처는 시스템에 의해 결합 조건이 추정되어 생성되기도 하지만 필요에 따라 결합 조건을 설계자가 지정해야 할 수도 있다.

5.5.1 피처 결합

가장 일반적인 결합의 조건은 결합, 빼기 교차 영역 생성 등이라고 할 수 있다. 결합은 두 피처가 하나의 피처로 통합되는 것이며, 빼기는 목표한 피처에서 적용한 피처가 겹치는 부분을 제거하므로 써 남겨진 부분이 새로운 피처가 돈다. 또한 두 피처 간의 공유된 교차 부분을 새로운 피처로서 남기고 교차하지 않는 부분은 삭제할 수 있다.

- 결합(Unite)
- 빼기(Subtract)
- 교차(Intersect)

3D CAD 시스템에서의 피처 결합은 2D CAD 시스템의 형상 간 배치와 마찬가지로 설계 대상을 생성과 정렬하는 기본적인 기능이라고 할 수 있다. 대부분의 피처 모델링에서 피처 결합은 시스템에 의해 추정되어 자동으로 처리되지만, 필요한 형상을 직접 모델링하는 과정에서 기반이 되는 기능이다.

5.5.2 피처 연결

3D CAD 시스템에서 피처 조합은 새로운 피처 간의 결합과 관련된 기능이라고 하 수 있지만, 이미 생성된 피처간의 임의 영역을 기준으로 연결하거나 다시 절단할 수 있다.

일반적으로 모델링 기능이 결합 기능과 어셈블리 기능은 형상적으로 동일하게 보일 수 있으나 적용되는 기하 요소가 다르기 때문에 어셈블리 형상에 대한 직접적인 절단이 필요한 경우 모델링 과정에서 수정하거나 어셈블리 단계에서 절단이 가능한 고급 기능을 사용해야 한다.

그리고 결합이 아닌 각 면이 연결된 경우 이를 하나의 곡면을 결합하여 새로운 피처면으로 생성하거나 분리된 각 면을 새로운 곡면에 투영하여 새로운 곡면으로 생성할 수도 있다.

- 어셈블리 절단(Assembly cut)
- 잇기(Sew)
- 패치

곡면이나 시트를 사용하여 피처의 면을 수정한다.

- 면 결합(Join)
- 퀼트(Quilt)

3D CAD 시스템에서의 피처 모델링, 특히 평면 및 곡면 생성에서 다른 곡면 피처를 연결하거나 결합하는 과정을 통하여 새로운 피처를 생성할 수 있기 효과적인 기능이다. 하지만 상대적으로 사용 빈도는 낮은 편이다.

5.5.3 피처 제거

2D CAD 시스템에서 빠른 형상 생성을 위해 임의의 참조 직선과 곡선의 연결된 형상을 마무리 하기 위해 사용하는 기능이 제거, 트리밍 기능이다. 3D CAD 시스템에서도 모델링된 피처 형상의 임의 영역을 제거하기 위해 동일한 방법을 적용할 수 있다.

피처 제거 기능은 3차원 형상을 임의 곡면이나 데이텀 평면을 기준으로 형상을 제거할 수 있다. 피처 제거에 사용되는 곡면과 데이텀 평면은 논리적으로 무한 영역이라고 하더라도 가시적으로 제거 대상을 포함하는 크기 이상이어야 한다. 만일 제거 대상을 삭제하지 않고 그래도 남겨두게 되면 절단 기능으로 적용할 수 있다.

하지만 동일한 기능을 이용하여 제거할 대상이 아닌 부분을 지정하게 되면 선택한 영역이 지정한 영역까지 확장될 수 있다. 이러한 기능은 일정 기울기나 곡률을 유지한 채로 특정 영역까지 피처 형상을 확장시키는 목적으로 유용하게 적용될 수 있다.

- 바디 트리밍(Trim body)
- 바디 분할(Split body)
- 트림된 시트(Trimmed sheet)
- 트림 및 연장(Trim and extend)
- 면 분할(Divide face)

3차원 형상의 제거 기능은 생성된 형상의 수정이나 재활용성을 높이기 방법으로 매우 효과적이다. 형상 내부의 다양한 구조를 설계함에 있어 효율적으로 적응할 수 있다. 특히 면을 분할해야 하는 경우 주요한 기능으로 사용된다.

5.5.4 피처 스케일링

생성된 피처를 동일한 형상으로 유지하여 복사하거나 이동하는 기능과 함께 다양한 형상 변형에 적용할 수 있는 기능이 스케일링, 확대 및 축소 기능이다. 2D CAD 시스템에서와 같인 형상의 내외부 방향으로 일정 두께를 지정하여 확대하거나 출소할 수 있으며, 임의 깊이로 내부를 파낼 수도 있다.

더불어 곡면으로 이루어진 피처의 내부를 채움으로 솔리드 형태로 변화시킬 수도 있다. 반대로 솔리드의 면에서 새로운 곡면체를 추출할 수도 있다.

- 곡면 옵셋(Offset surface)
- 가변 옵셋(Variable offset)
- 황삭 옵셋(Rough offset)
- 옵셋 면(Offset face)
- 쉘(shell)
- 두께(Thicken)

- 배율(Scale)
- 시트에서 솔리드 생성(Sheets to solid)
- 지오메트리 싸기(Warp geometry)

일반적으로 많은 3차원 설계 대상의 내부와 외부 대상으로 구분되어 있다는 점에서 단일 형상에 두께를 주거나 형상을 유지하면서 확대 및 축소를 필요로 할 때 사용되는 기능이다.

5.5.5 블랜드(라운드)와 구배

3D CAD 시스템의 라운딩(혹은 라운드) 피처는 기능적으로 2D CAD 시스템의 필렛(모깍기) 기능과 동일하다고 볼 수 있다. 곡선(모서리)과 곡면 그리고 곡면과 곡면 피처 간의 결합으로 다양한 곡면을 생성할 수 있는 기능이라는 측면에서 3D CAD 시스템의 매우 주요한 기능이라고 할 수 있다. 블렌드 기능은 3차원 곡면이 요구되는 형상에서 피처 곡면이나 자유 곡면 기능을 사용하지 않고 설계자가 원하는 곡률을 가진 곡면을 생성할 수 있는 방안으로 활용할 수 있기 때문에 3차원 곡면이 필요한 요소에 효과적으로 적용할 수도 있다.

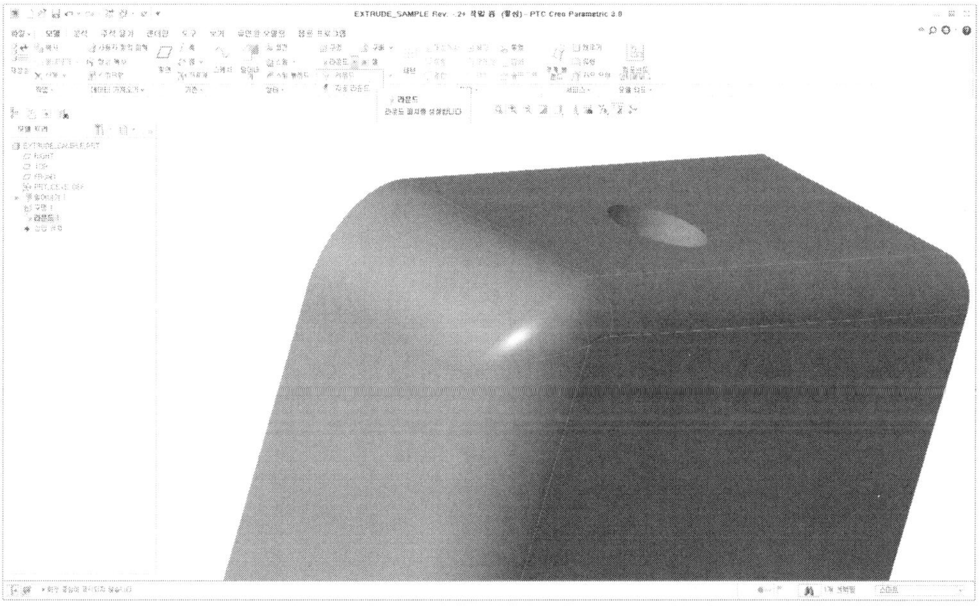

그림 5.7 피서 모서리에 서로 다른 모서리 반경을 가진 블렌드(라운드) 지정 모델링(PTC Creo)

- 모서리 블렌드(Edge blend), 면 블렌드(Face blend)
- 브리지(Bridge)
- 구형 코너(Spherical corner)
- 모따기(Chamfer)

블렌드 기능과 같은 기하 수준의 피처 모델링 기능으로 모따기 및 구배 기능을 적용할 수도 있다. 대부분의 3D CAD 시스템에서 전체적인 형상의 구배는 돌출 피처 기능에서도 적용할 수 있다.

- 구배(Draft)
- 구배 바디(Draft body)

3차원 형상의 부드럽게 만들거나 기울기를 주는 기능으로서 활용도나 정확한 형상 구현을 위한 중요도에서 중요한 학습의 대상이라고 할 수 있다. 특히 해당 기능이 적용되는 정확한 범위의 파악이 요구되는 경우가 많다는 점에서 주의할 필요가 있다.

6 곡면 피처 모델링

3차원 곡면 모델링 기능은 2D CAD 시스템에 대한 3D CAD 시스템의 절대적인 기능 우위를 대표하는 예라고 할 수 있다. 특히 선형 곡선을 기반으로 구성된 선형 곡면뿐만 아니라 임의의 점들의 연결로 생성된 다각형에 의해 구성되는 자유 곡면 기능은 3D CAD 시스템에서만 가능한 모델링 기능이라고 할 수 있다.

곡면은 직선이나 호 등의 2차원 스케치 피처에 의해 생성된 3차원 피처 모델에 비하여 구성요소와 적용 절차에서 크게 차이가 난다. 그리고 곡면 기능의 적용 대상에 대해서도 명확하게 규정되어 있다고 할 수 없기 때문에 3D CAD 시스템의 학습자 입장에서도 상대적으로 어려운 부분이라고 할 수 있다.

하지만 3D CAD 시스템의 일반적인 3차원 곡면 생성이 2차원 곡선과 경로 곡선을 사용하여 생성된다는 점에서 일반적인 절차적 생성으로 접근이 가능하다. 그러므로 유연한 곡면 모델링을 위해서는 개별 곡면 생성 기능의 조건과 환경을 이해함으로써 보다 효율적인 기능의 운용이 가능하다고 할 수 있다.

3D CAD 시스템의 일반적인 곡면 생성 기능에 더하여 설계자가 임의로-최소한의 기하 정보 요소로-곡면을 생성한 후 이를 설계 목적에 적합하도록 수정할 수 있는 자유 곡면 모델링 기능이 있다. 3D CAD 시스템의 자유 곡면 기능은 매우 복잡한 곡면을 자유롭게 생성하고 수정하지만 높은 자유도에 비해 높은 비용을 요구한다.

하지만 3D CAD 시스템에서 곡률 변화가 급격한 경우도 일반적인 곡면 기능으로 생성이 가능하며 블렌드 기능을 다양하게 적용하므로 써 원하는 곡면을 생성할 수 있을 정도로 피처 모델링 성능이 개선되었다는 점에서, 학습의 어려움이나 높은 도입 비용에 비해 자유 곡면의 효용성은 크지 않다고 볼 수도 있다. 특히 기계 설계 중심의 3D CAD 시스템 운용 범위에서 자유 곡면의 활용도를 일부 영역을 제외하고는 거의 사용되지 않는다고도 할 수 있다.

6.1 3차원 점 기반 곡면 생성

CAD를 포함한 컴퓨터 그래픽스 분야에서 기하학적 곡면은 복수의 3차원 점을 연결하는 곡선에 의해 만들어진 메시로 구현된다. 즉, 한 점을 지나는 하나 이상의 교차 곡선으로 4 개의 점이 연결되어 생성된 각 메시 면에 의해 개별 곡면으로 생성된다. 또한 각 메시의 연결 면에서 곡률을 변화시켜 곡면의 부드러움을 표현할 수 있다.

하지만 3D CAD 시스템에서 이러한 방식으로 사용자가 곡면을 생성하는 임의의 점을 마우스 등과 같은 입력도구로서 개별 조정하는 것은 번거로우면서도 오류가 발생 위험도 높다. 이러한 경우에 대응하여 점들의 위치 좌표를 별도 파일 정보로 호출하여 생성할 수도 있으며 이미 존재하는 피처들의 기하 요소를 이용하므로 써 생성할 수도 있다. 하지만 어느 경우든 형상 모델링 측면에서는 일반적인 피처 모델링에 비해 구현이 쉽지 않다고 할 수 있다.

하지만 기하학적으로 개별 점의 좌표를 입력하는 방식은 특별한 계산에 의해 지정된 곡률을 유지해야 하는 곡면 생성에서 가장 효과적인 방법이라고도 할 수 있다. 생성된 곡면의 수정은 개별 점의 제어를 통하여 이뤄질 수 있다.

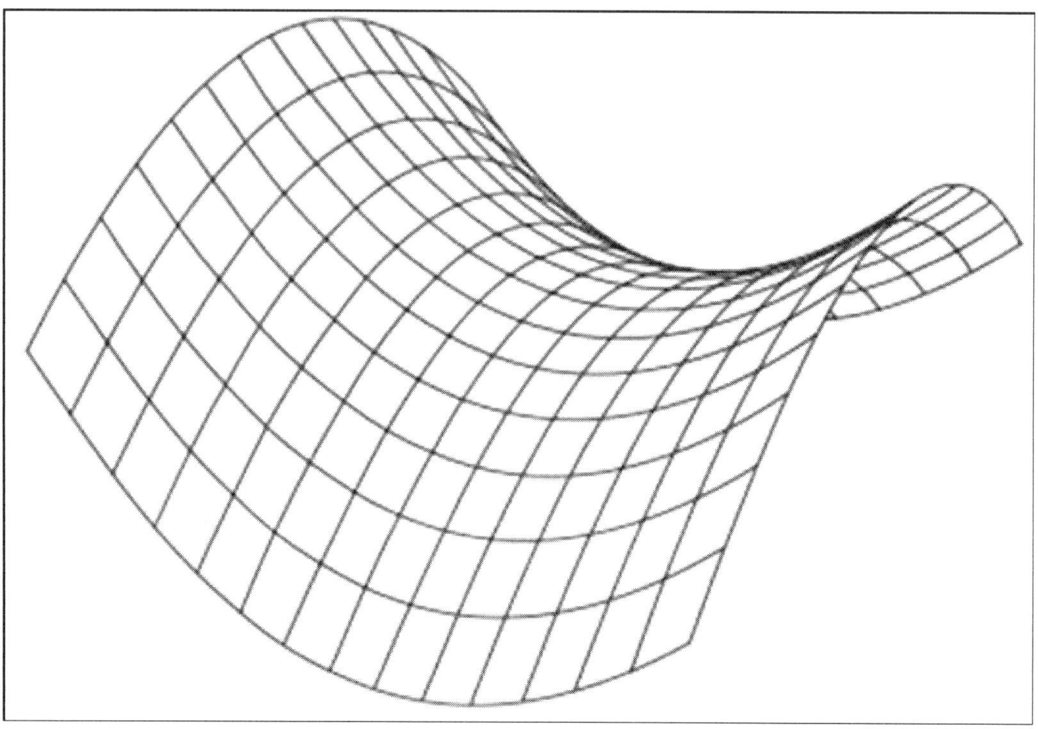

그림 6.1 3차원 메시 곡면 모델링 이미지

이러한 특징으로 엔지니어링 설계에서 특정 곡면을 생성하기 위한 기하 정보가 제공되고 이를 각 점의 좌표로서 확보할 수 있다면 곡면 생성에 효과적으로 적용할 수 있다. 제품 설계에서 복잡한 곡면 설계에 대한 요구가 지속적으로 증가하는 경우라면 설계 사양에 대한 곡면 정보를 확보하여 3D CAD 시스템에서 이를 구현하는 방식도 활용할 수 있다.

곡면 생성을 위한 기본 모델로서 직접 3 차원 정보를 확보하기 위한 방안으로서 운용할 수 있지만, 해당되는 정보의 확보가 가능한 경우에만 적용할 수 있는 기능이다.

6.2 가이드 기반 곡면

3D CAD 시스템에서 임의 곡면 형상을 생성할 때 가장 일반적으로 사용하는 방법은, 하나의 기반 곡선 형상이 가이드(경로)가 되는 하나 혹은 둘 이상의 곡선을 따라 이어지면서 생성되는 가이드 곡면 모델링 기능이다. 현재의 3D CAD 시스템에서 제공되는 가이드 곡면은 설계에 요구되는 대부분의 곡면 형상 구현할 수 있으며 자유곡면의 품질에 비견할 만한 한다.

하지만 기반 곡선의 방향성에 따라 생성할 수 있는 곡면의 종류가 구분되기 때문에 특정 곡면을 생성하기 위해서는 조건에 부합되는 기반 곡선이 존재하거나 생성해야 한다. 그러므로 3D CAD 시스템에서의 곡선 기반의 곡면 생성에서는 모델링 환경과 주어진 형상 정보에 가장 적합한 곡면 생성 방식을 선택하는 것이 주요하다.

일반적인 가이드 기반 곡면은 3차원 공간에서 생성된 두 개 이상 곡선을 기준으로 곡선 간 거리, 곡선 간 연결 점의 기울기 그리고 곡선의 형상 정보에 의해 생성된다. 기본적으로 각 곡선 간 연결 점의 수는 동일해야 하지만 생성 과정에서 임의 점으로 연결 된다. 생성된 곡면에 두께를 지정하여 솔리드 형태로 생성할 수도 있다.

6.2.1 곡선 통과 곡면

가이드 곡선 기반 곡면 생성에서 설계자가 별도의 가이드 곡선의 지정하지 않고 형상 곡선 간의 연결 가이드가 자체적으로 설정되어 곡면을 구현하는 기능이다. 일반적으로 두 개의 곡선을 연결하는 룰드(Ruled) 곡면과 두 개 이상의 단면 곡선을 연결하는 곡선 통과(Through curves) 곡면으로 구분할 수 있다.

1) 룰드 곡면(Ruled surface)

룰드 곡면은 설계자가 지정한 두 개의 곡선을 연결하여 생성되는 곡면으로 가이드 곡선은 두 개의 곡선을 연결하는 면을 유일하게 때문에 별도로 지정할 필요가 없다.

또한 두 곡선이 반드시 떨어진 별도의 평면이나 공간이 존재하지 않고 임의 영역에서 만나는 경우도 동일하게 적용된다.

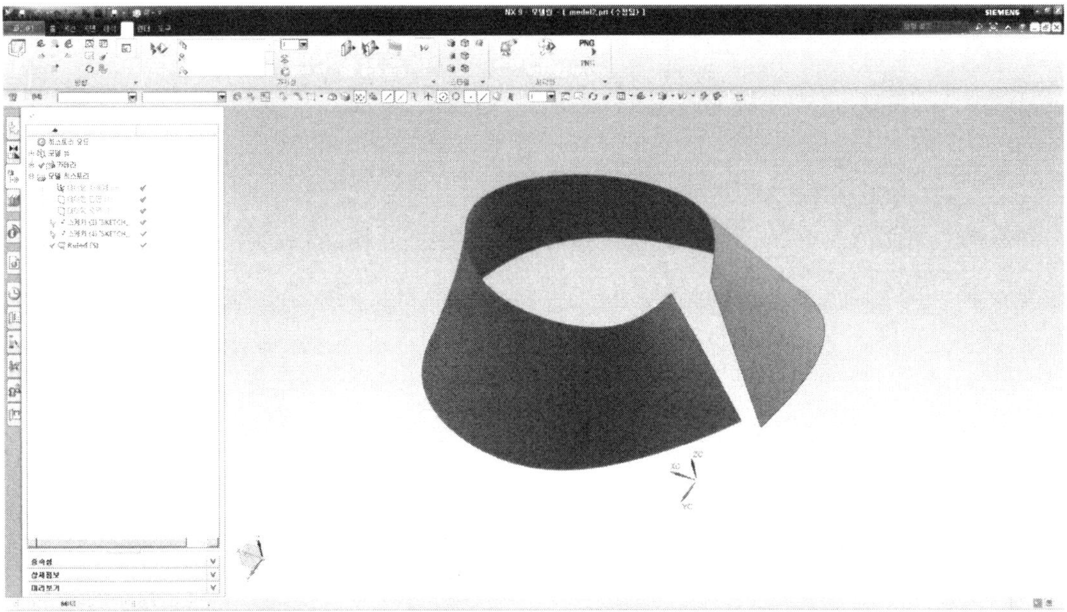

그림 6.2 룰드(Ruled) 곡면의 예. 상부와 하부 두 개의 곡선을 연결하여 하나의 곡면을 생성한다(Siemens NX).

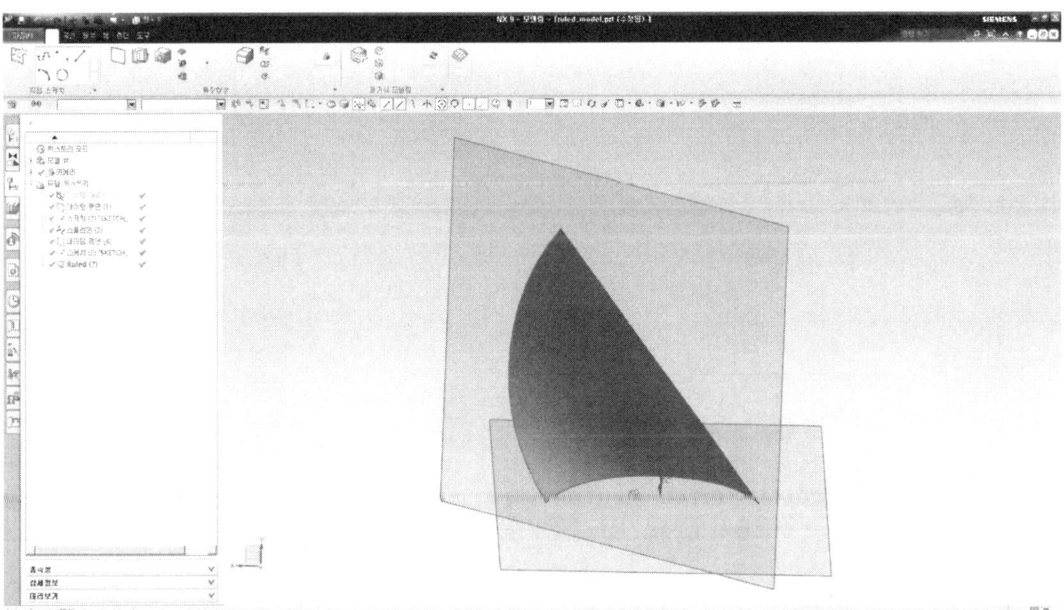

그림 6.3 룰드(Ruled) 곡면의 예. 단순한 두 곡선 형상의 연결로서도 하나의 곡면을 생성한다(Siemens NX).

2) 곡선 통과 곡면(Through curves surface)

곡선 통과 곡면의 설계자가 지정한 모든 단면에 생성된 스케치 곡선을 같은 수준으로 연결하여 곡면을 생성하는 기능이다.

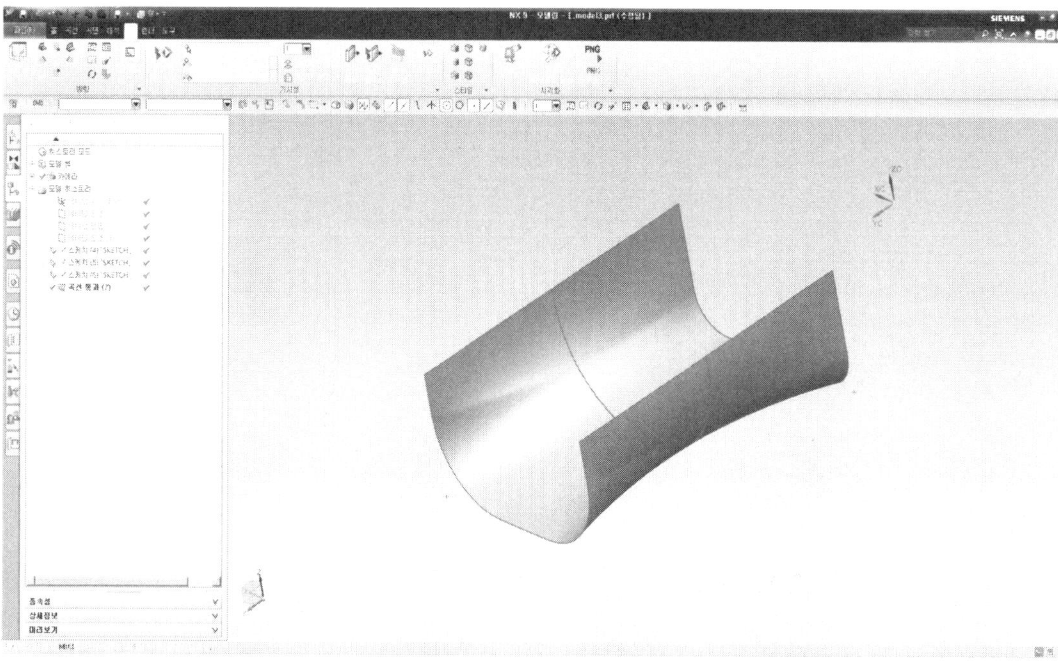

그림 6.4 곡선 통과(Through curves) 곡면. 지정된 임의 곡선들을 연결하여 하나의 곡면을 생성한다(Siemens NX).

6.2.2 스윕 곡면

가이드 기반 곡면 가운데 효용성이 가장 높은 모델링 기능을 제공하는 것인 스윕 곡면(sweep surface)이라고 할 수 있다. 일반적인 단순 가이드 곡선과 달리 동일한 방향이 아닌 서로 다른 방향을 지향하는 곡선 통과 곡면을 이용하면 보다 자유도가 높은 곡면의 생성이 가능하다.

스윕 곡면의 가이드는 단일 곡선은 물론 연속된 곡선으로 구성될 수 있다. 예로 긴 배관 등의 생성을 위한 배관 단면이 배관 경로를 따라 배관 라인이 생성되게 할 수 있다. 3D CAD 시스템에 따라 이러한 특별한 목적의 스윕 곡면을 별도 기능으로 분리하여 제공하기도 한다.

1) 가이드 기반 스윕 곡면(Sweep along guide surface)

표준적인 스윕 곡면의 기능으로 사용자가 지정한 곡선, 단면 곡선이 별도로 지정한 가이드 곡선을 경로로서 곡면을 생성한다. 가이드 곡선은 단면 곡선의 움직임에 대한 경로로서만 사용되기 때문에 단면 곡선과의 위치적 제한을 없다. 즉, 가이드 곡선이 단면 곡선과 끝점 등에서 만나야 할 필요가 없다.

가이드 곡선에서 개별적인 곡선의 자유로운 변형을 요구되는 경우라면 스플라인 단면 곡면을 생성할 수 있다. 스플라인 곡선으로 구성된 단면 곡선의 연결체로 일반적인 가이드 곡선으로 생성된 곡면에 비해 높은 자유도를 제공한다. 가이드 곡선의 선택 이후, 개별 단면 곡선의 기울기와 노드 점 그리고 경로를 지정할 수 있다.

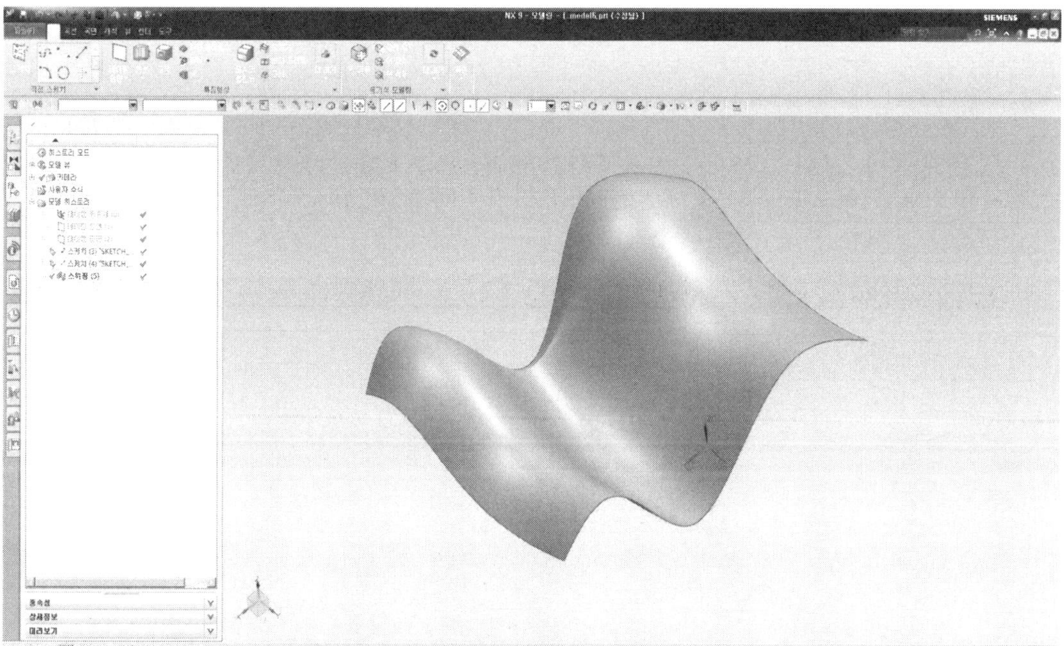

그림 6.5 가이드 기반 스윕(Sweep along guide) 곡면의 예 1. 임의 곡선이 임의 경로 곡선을 따라 지나면서 곡면을 생성한다(Siemens NX).

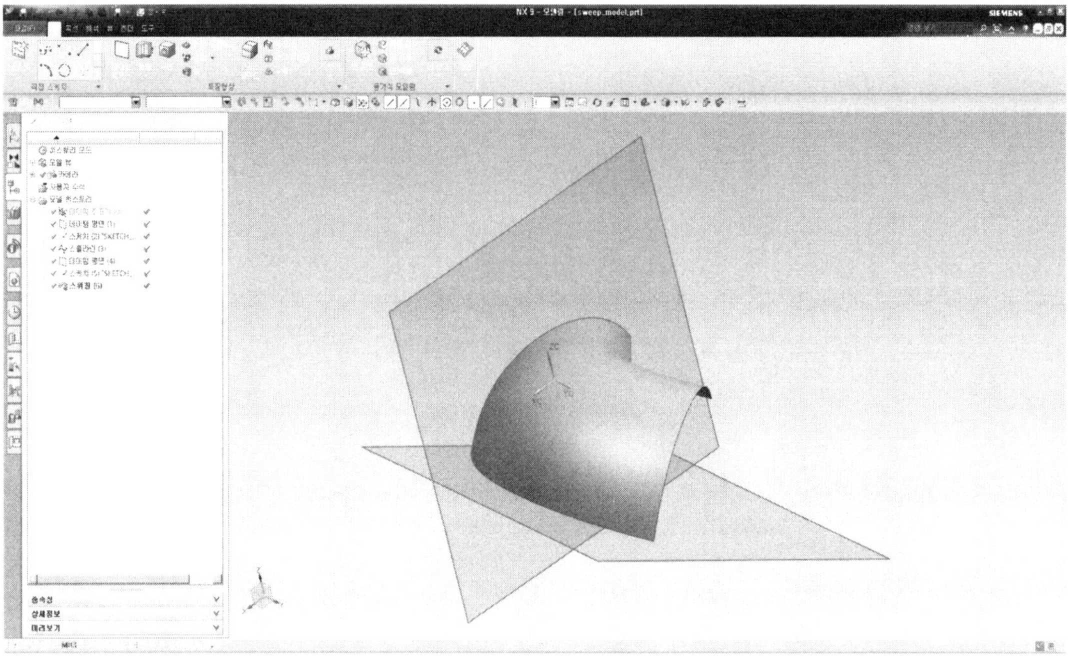

그림 6.6 가이드 기반 스웝(Sweep along guide) 곡면의 예 2. 두 개의 가이드 곡선으로 통하여 곡면이 생성도 생성한다(Siemens NX).

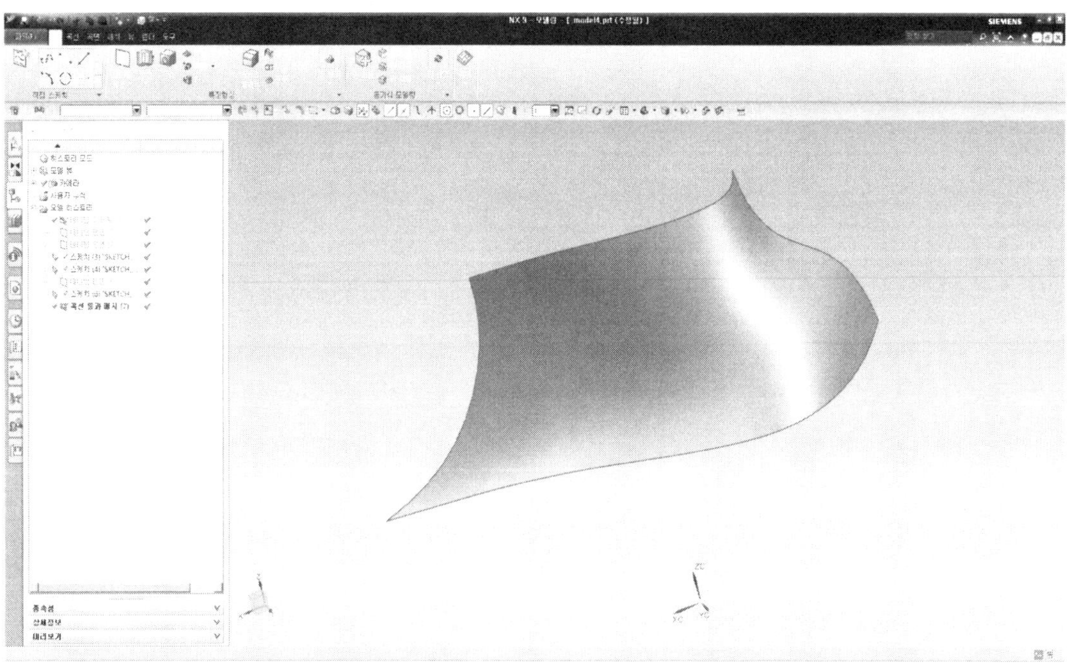

그림 6.7 가이드 기반 스웝(Sweep along guide) 곡면의 예 3. 두 개의 자유곡선 기반으로 곡률 변화가 다양한 생성도 생성한다(Siemens NX).

2) 튜브 곡면(Tube)

3D CAD 시스템에 따라 가이드 곡면의 기능을 이용한 예의 기능으로 튜브와 같은 형상을 생성할 수 있도록 별도의 분리된 기능을 제공하기도 한다. 기능적으로는 스윕 곡면과 동일하지만, 단면 형상이 원형으로 제한되어 있기 때문에 원형 배관 모델링 용도 이외에는 적용 범위가 제한적이다.

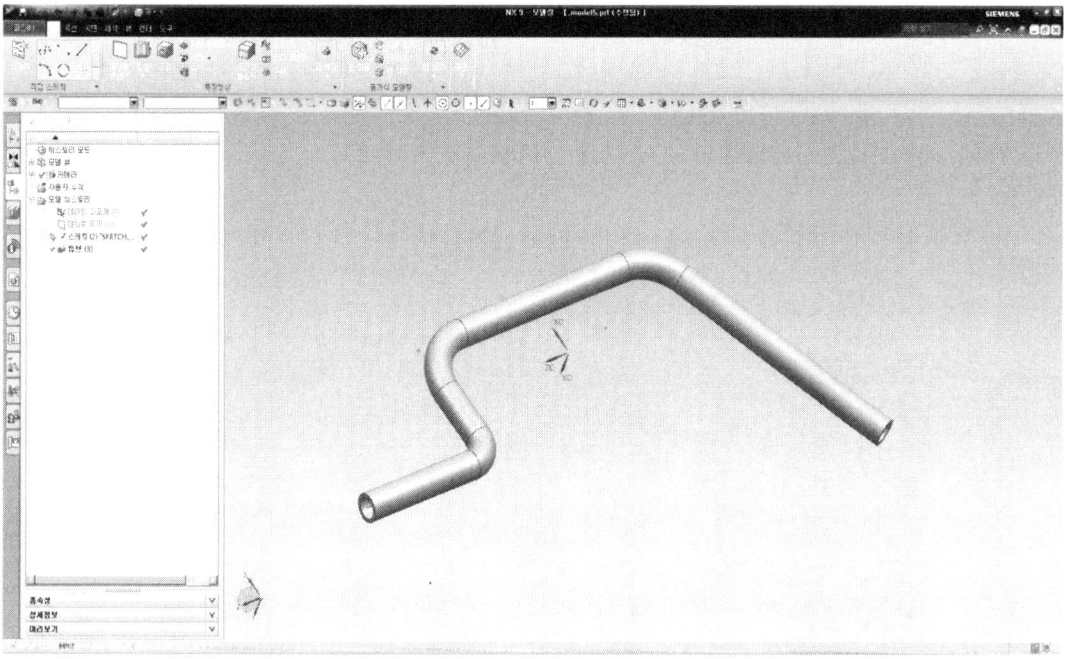

그림 6.8 튜브(Tube) 곡면. 원형 단면 곡선이 지정된 경로를 따라 튜브 형태의 곡면을 생성한다(Siemens NX).

3) 스웹 곡면(Swept surface)

스윕 곡면에서는 또한 하나 이상의 자유로운 경로를 선택할 수 있다는 점에서 보다 곡률의 변화가 다양한 곡면을 생성할 수 있다.

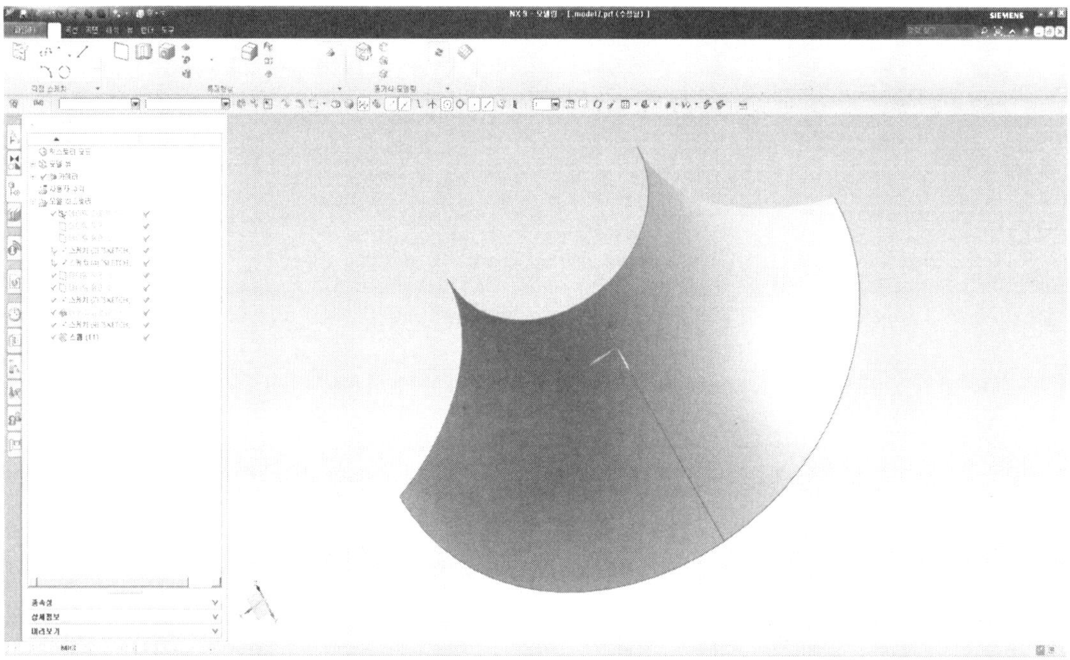

그림 6.9 스웹(Swept) 곡면의 예. 임의 곡선을 세 개의 경로 곡선을 따라 하나의 곡면을 생성한다(Siemens NX).

곡면 모델링인 일반적인 피처 모델링 과정에서 상대적으로 일부 과정이라고 볼 수 있지만 특정 곡면체의 효율적 생성에는 필요성이 매우 높다. 반면 곡면 생성에 요구되는 단면 곡선과 가이드 곡선의 지정 여부에 따라 적용할 수 있는 기능에 제약이 있다는 점에서 각 곡면 생성 기능별 중요도를 구분할 수는 없다.

6.3 참조 곡면

피처 모델링에서와 마찬가지로 곡면 형상 역시 모델링에 필요한 곡선을 기존에 생성된 피처나 곡면으로부터 추출할 수 있으며 또한 임의 곡면의 면을 이용하여 새로운 곡면을 재생성할 수도 있다.

평면 위에 있는 폐곡선 경계나 피처의 모서리 혹은 면을 이용하여 새로운 면을 생성한다. 또한 평면 위의 폐곡선 경계를 선택하여 경계를 통과하는 곡면을 생성할 수 있다. 반면 곡면을 면에 수직하는 법선 방향으로 옵셋된 새로운 곡면을 생성한다.

6.3.1 경계 곡면

3D CAD 시스템에서 사용되는 경계 곡면은 생성된 곡면의 모서리나 내부의 경계 영역을 이용하여 새로운 곡면을 생성하는 용도로 사용하는 기능이다.

- 연장 곡면(Extension)

  곡면의 끝단에서 새로운 곡면을 생성하는 기능이다.

- 변환 곡면(Transition)

  두 개 이상의 곡선과 기존 형상의 모서리를 연결하는 새로운 곡면을 생성하는 기능이다.

- 경계 평면(Bounded plane)

  기존의 면이나 모서리를 경계로 하여 새로운 평면을 생성하는 기능이다.

- 구멍 패치(Patch openings)

  열린 부위를 막는 시트 바디를 생성하는 기능이다.

- 중간면(Midsurface)

  3차원 형상의 대응하는 면의 중간지점에 새로운 평면을 생성하는 기능이다.

6.3.2 플랜지 곡면

플랜지 곡면은 생성된 곡면의 모서리를 이용하여 면을 연장하여 새로운 곡면을 생성하는 용도로 사용한다.

- 법칙 연장(Law extension)
- 윤곽 플랜지(Silhouette flange)

형상을 직접적으로 선형 곡면 모델링 기능에 비해 참조 곡면의 사용 빈도는 상대적으로 낮다. 하지만 곡면 모델링 과정에서 생성된 패치 등의 처리 등을 효율적으로 수행할 수 있다는 점에서 기능 적용 여부를 파악할 필요가 있다.

7 어셈블리 기반 설계

설계 대상이 단일 가공 공정을 거쳐 생성되는 부품인 경우도 있지만 일반적으로 제품 혹은 상품이라는 관점에서는 여러 개의 부품이 결합되어 최종 완성품이 된다. 이러한 측면에서 3D CAD 시스템에서는 제품을 위한 각 부품의 조립 과정을 피처 모델링과는 구분된 별도의 어셈블리 기능으로 제공하고 있으며, 일반적인 모델링 중심의 설계 과정의 최종 단계로 평가하기도 한다.

하지만 어셈블리는 3D CAD 시스템의 화려함을 보여주는 단순한 부품의 결합을 위한 기능이 아닌 실질적인 엔지니어링 어플리케이션으로서의 역할을 수행하기 위한 완전한 설계 기능의 기초를 제공한다. 또한 실제 제품 개발 과정의 프로젝트는 물론 제품 기획이나 기능 검증 등의 사전 설계에도 적용이 가능하며, 전체적인 제품 개발 과정의 관리 기능으로서 플랫폼 역할을 하게 된다.

이를 위해 3D CAD 시스템을 이용한 설계 과정에서의 부품 생성을 위한 파트 모델링, 부품을 결합하는 어셈블리 그리고 결합된 제품의 도면 산출은 개별적 단계이면서도 통합적 관계를 가지기 때문에 동시에 운용 된다.

그러므로 3D CAD 시스템의 어셈블리 기능은 각 부품의 결합이라는 용도로서는 설계의 최종 단계로 생각될 수도 있지만 제품의 구동이나 평가 등을 위한 전체적인 설계 관리의 시작 단계라고도 할 수 있다. 실제로 설계 업무에서는 제품 개발을 위해 디자인-모델링-도면 추출과 설계 검증(조립 간섭, 가공성, 강도 및 구조적 신뢰성 등)을 동시에 진행하게 된다.

반면 많은 3D CAD 시스템의 학습자 입장에서 어셈블리 기능은 복잡하고 수준 높은 기능적 과정으로 보일 수 있지만, 설계자 입장에서 어셈블리 모듈이 제공하는 절차적 기능은 3차원 피처 형상 모델링 과정의 기능에 비해 매우 단순하다고 볼 수 있다.

7.1 어셈블리의 이해

3D CAD 시스템의 어셈블리가 제공하는 조립 기능이 단순하다고 했지만, 이러한 판단은 단순한 명령, 특히 절차적 조립 과정의 측면이다. 하지만 3D CAD 시스템의 조립 기능은 여러 부품을 합쳐 하나의 제품으로 완성한다는 사실 이상의 역할과 의미를 제공한다.

일반적인 기업에서의 제품 개발은 시장 조사나 기술 개발 과정을 통한 기획 단계에서부터 시작된다. 이 단계에서 이미 제품의 설계 사양이 개발의 목표로서 정해진다고 볼 수 있다(물론 이후 과정에서 끊임없이 수정 및 변경된다).

제품의 형사, 기능, 기술 사양 그리고 가격 등의 검토 사안들이 설계 과정 이전 혹은 설계와 함께 수립된다는 점에서 현대의 제품 개발 과정은 순차적이기 보다는 동시적이라고 할 수 있다. 제품 개발 사양과 함께 설계 목표가 제안되고 제품 생산과 관련된 개발 비용이 책정되면서 설계는 최적의 개발 조건을 도출해야 한다.

3D CAD 시스템의 사용 목적으로서 개별 부품을 설계하는 입장에서 본다면, 이러한 사전 설계 사양에 대한 상세한 인식은 필요가 없다고 할 수도 있다. 반면 제품 개발을 담당하는 설계자 및 관리자는 관련된 모든 사항과 제한된 자원으로 최적의 결과를 이끌기 위해 개발 계획을 명확하게 이해하고 이를 설계 과정에서 반영할 수 있어야 한다.

3D CAD 시스템의 어셈블리 기능은 아직 실체화되지 않은 제품을 가상 공간에서 미리 구현한 후 제품의 기능을 점검할 수 있다는 점에서 설계 플랫폼의 핵심 기능이라 할 수 있다. 그러나 3D CAD 시스템의 어셈블리 기능을 설계 생산성 향상을 위한 도구로서 인식하지 못하고 형상 모델링 시스템의 연장선으로 본다면 그 활용성은 현저히 낮아지게 된다.

그리고 대부분의 3D CAD 시스템의 학습 과정에서도 어셈블리 기능을 부품의 조립이라는 한정된 범위로만 강조하고 있고, 3차원 형상 모델링 과정에 비해 단순하고 간단한 기능 명령의 수행 정도로 마무리하는 경향이 적지 않다.

3D CAD 시스템의 어셈블리 기능은 제품 설계 과정에서 설계 대상을 개별 부품의 결합체가 아닌 기술적, 기능적 그리고 생산 공정의 대상으로 평가될 수 있도록 함으로써 제품 경쟁력 강화, 신제품 개발 등과 같은 전체적인 개발 과정의 관리 체계로 운용될 수 있다는 점을 인식하는 것이 매우 주요하다. 이미 많은 기업에서 설계 그리고 가공 및 생산에 이르는 전 과정에서 어셈블리 모델을 기반으로 진행하고 있고 또한 제품 개발 초기 단계의 관리 중요성이 높아짐에 따라 어셈블리의 역할이 더욱 강조되고 있다.

그러므로 3D CAD 시스템의 설계자는 어셈블리 과정을 기능적으로 처리하는 수준을 넘어 제품 개발의 관리적 시각으로 볼 수 있어야 한다. 이를 통하여 전체 개발 과정에서의 오류나 수정 사안을 전체 일정과 자원의 관리 측면에서 효율적으로 대응할 수 있게 된다.

7.2 하향식 설계 접근

3D CAD 시스템이나 2D CAD 시스템 모두 설계자의 제품 개발에 관련한 의도를 표현하고 전달하기 위한 수단을 생성하는 도구로서 사용되어 왔다. 제품 개발과 관련된 모든 정보는 설계자에 의해 관리되었기 때문에 CAD 시스템의 기능이나 효율적 운용 여부와 상관없이 설계자의 오류 역시 그대로 표현된다.

CAD 시스템의 활용이 개별 부품이 아닌 전체 제품 개발 과정으로 확대되고, 설계 대상이 복잡해지고 여러 부품 간 결합체로서의 제품 설계가 일반화됨에 따라 설계는 설계자 혼자가 아닌 여러 설계자에 의한 협업 체계로 확장될 수밖에 없다. 3D CAD 시스템은 협업 체계의 제품 개발 환경에서 단순한 도면 생성이나 3차원 모델을 컴퓨터 디스플레이 위에 구현하는 모델링 도구가 아닌 제품 개발의 전체적 의도가 왜곡 없이 전달되고 또한 유지되도록 하는 관리 플랫폼으로 변화되기 시작했다.

일반적으로 3D CAD 시스템의 어셈블리에 기반한 제품 설계 방식은 전체 제품에 대한 상세 설계 계획이 수립된 이후 개별 기능 구현에 필요한 각 부품을 모델링한다. 그리고 각 부품이 조립된 제품에 대한 가공 검증 및 공학 해석 등과 같은 후속 설계 작업을 통하여 제품 설계의 적절성과 타당성을 검증하고 수정 혹은 완료 순으로 진행된다. 이러한 과정을 Bottom-Up 혹은 상향식 설계라고 할 수 있다.

Bottom-Up 설계는 개별 부품을 빠르게 모델링할 수 있지만 설계자의 의도 가 전달되어야 하거나 다른 과정의 설계자가 참고해야 할 정보가 포함되어 있는 경우, 항상 기대한 바와 같이 정보 전달이 되지 않을 수도 있다. 다시 말해 개별 설계자들은 제품 전체의 사양이나 설계 변경에 따른 정보를 일일이 확인하여 설계 작업에 반영하기 힘들다.

반면 Top-Down 혹은 하향식 설계는 전체 제품 설계에 대한 지속적인 구조적 접근을 통하여 설계 정보의 공유와 재사용 그리고 관리 효율을 개선하기 위한 방안이라 할 수 있다.

최근 제품 개발 과정의 효율성이 주요한 관리 대상이 됨에 따라 3D CAD 시스템의 어셈블리 기능을 기반으로 Top-Down 설계가 현대적 설계 접근 방식으로 자리 잡아가고 있다. 물론 Bottom-Up 설계와 달리 부품을 모델링하는 설계자는 전체 설계 의도에 따라 작업 유연성이 제약받을 수도 있다. 하지만 이러한 제약은 설계자가 항상 전체 제품 설계 의도를 의식하게 함으로써 일관성 없는 모델링이나 외부 참조를 적절하게 제어할 수 있도록 해주기도 한다.

Top-Down 설계 방식의 확산은 제품 개발 과정 중 설계 단계에서 발생할 수 있는 모든 기능적 문제나 성능 한계를 재고하고 이를 전체 설계 공정에 지속적으로 반영하므로 써 개발 초기 단계의 설계 완성도를 높일 수 있다. 그리고 기능적으로 이러한 Top-Down 설계 환경이 구현될 수 있도록 3D CAD 시스템의 어셈블리 기능에서 지원되어야 한다.

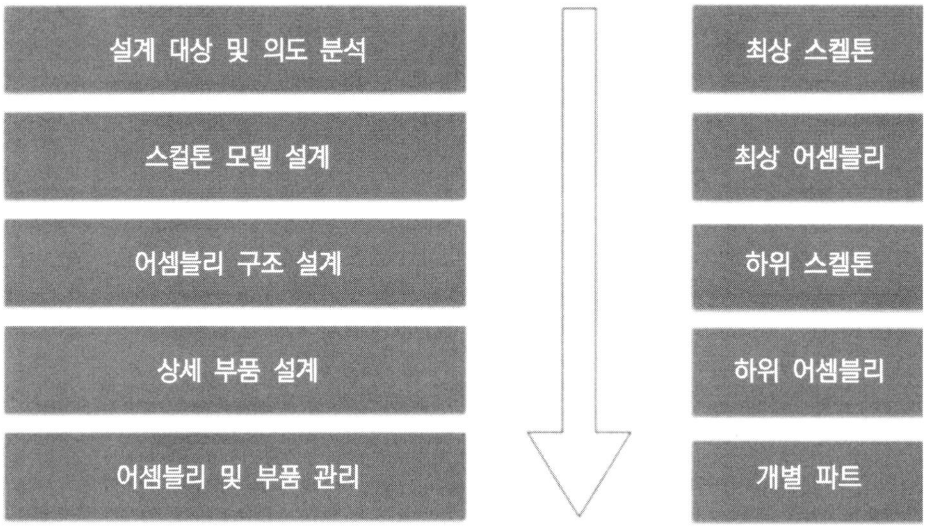

그림 7.1 하향식 어셈블리 작업의 진행 구조와 단계별 설계 사항

또한 제품 설계 과정을 여러 설계자가 협업 체계로 진행할 때 Top-Down 설계 방식은 개별 설계에 대한 검증 및 단계별 확인을 동시에 진행할 수 있다. 협업 체계를 통한 설계 업무가 보다 일상화되면서 Top-Down 설계 방식은 제품 개발 기간 단축을 위한 필요한 방식으로도 인식되고 있다.

상위의 설계 의도가 담겨진 스케치 파일이 수정됨에 따라 하위의 모델도 함께 수정될 수 있도록 함으로써 개별적인 수정에 비해 훨씬 효과적으로 대응할 수 있게 된다.

Top-Down 설계 방식이 제품 기획 및 개발의 전체적 의도가 3D CAD 시스템을 운용하는 모든 설계자가 전달되어야 한다는 측면에서 그 정보 전달의 대상은 다음과 같이 구분할 수 있다.

1) 개념 설계의 의도

개념 설계는 세부 설계 업무에 앞서 제품 개발을 의뢰받거나 기획안을 받은 상황에서 제품 개발의 목적과 생산 계획을 명확하게 분석한 후 수립된다. 이 과정에서 설계 과정에서 필요한 검증 및 환경에 대한 참고 정보를 함께 수집, 분석 및 검토하여 설계 과정이 지연되거나 보류되는 경우가 발생하지 않도록 해야 한다.

개념 설계의 의도는 기능적으로 3D CAD 시스템이 제공하는 다양한 형태로 전달될 수 있다. 또한 제품 개발 프로젝트 과정에서 Top-Down 설계의 구조를 정의하고 필요한 파트 및 라이브러리 구성 계획을 수립 한다.

2) 제품 형상과 구조

3D CAD 시스템의 기본 운용 환경은 개별 부품과 개별 부품의 결합체인 조립품, 그리고-구동 부분이 있는 경우-최종 제품의 기능적 구성이라고 할 수 있다. 때문에 제품 개발 프로젝트의 관리자는 설계자 수와 팀 구성에 적합하도록 Top-Down 단계를 설정해야 한다.

Top-Down 설계에서 제품 구조를 설정하기 위해서 먼저 3차원 설계의 기본 구조를 생성한다. 기본 구조는 특정 제품의 설계 과정을 위한 스켈톤(뼈대)로서 각 제품의 특징에 맞도록 최적화 되어야 한다. 일반적으로 스켈톤 구성에는 데이텀 축, 데이텀 평면, 데이텀 좌표 그리고 스케치 곡선 등을 사용한다.

제품의 각 파트 간의 연결이 용이하도록 용도 및 기능에 따라 레이어(layer) 및 속성을 별도로 구성하여 동일한 설계 대상의 동일한 참조 정보를 가질 수 있도록 한다.

3) 개별 부품 간의 연결 및 구동 기능

제품 구조의 스켈톤에 기초하여 개별 부품, 파트를 조립하는 어셈블리를 과정에서, 개별 부품을 연결하기 위한 결합(링크) 요소 그리고 구동(조인트) 요소를 명확하게 설정해야 한다.

물론 일반적인 제품 개발 프로젝트의 진행에 있어 Top-Down과 Bottom-Up 방식 간의 효용성을 일방적으로 비교할 수는 없다. 예로 독립 부품의 설계가 중심이 되는 경우라면 Bottom-Up 방식을, 설계 변경 요소가 많은 동시 설계 및 설계 검증이 요구되는 제품 개발에서는 Top-Down 방식을 적용하는 것이 효과적일 수 있다. 그리고 Top-Down 설계의 효용성을 확보하기 위해 일반적인 3D CAD 시스템의 학습 과정에 대한 시각을 새롭게 할 필요가 있다. 3D CAD 시스템에서의 개별 부품, 파트 파일을 생성한 후 이를 조립하는 어셈블리 과정으로 진행하는 방식은 3차원 모델링 기능에 집중한 결과로 볼 수 있다. 때문에 설계 형상의 특징이나 기능 그리고 가공 방식 등을 고려해야 하는 실질적 설계와는 상당한 차이가 날 수 있다.

특히 설계 인력이 제한적인 경우 설계 과정에서 개별 부품의 완성에 집중하게 되면 전체 제품의 사양과 범위에 어긋나는 설계가 발생할 수 있으며, 특히 설계 변경이 잦은 상황에서 상위 설계 사양이 변경될 때 개별 부품의 설계 수정이 유연하게 대응되지 못할 수 있다.

Top-Down 설계에서는 일반적인 3D CAD 시스템의 학습 방식과 달리, 제품 개발 과정의 전체적인 기획 후 설계 범위와 사양을 결정하고 이를 기준으로 세부적인 개별 부품을 생성하는 절차로 진행한다. 또한 정해진 부품이나 구조를 유지할 뿐만 아니라 개별 부품 파일의 신규 혹은 추가 생성에 대응하기 위한 방안도 함께 고려할 수 있어야 한다.

효과적인 Top-Down 설계 진행을 위해서는 제품 개발의 총괄 설계자가 설계 구조의 기본 구성이나 스켈톤을 먼저 생성한 후 이를 관련된 모든 설계자들이 공유할 수 있도록 한 후 이를 기준으로 설계 과정을 관리할 필요가 있다.

이러한 과정에서 Top-Down 설계는 기존 제품의 개선이나 부품의 활용성을 높이는 설계이면서 새로운 제품 등의 개발 과정에 보다 효율적으로 적용할 수 있는 관리 체계가 될 수 있다. 하지만 관리 체계의 효율을 높이고 유지하기 위해서는 Top-Down 설계 정보를 공유하는 설계자 간의 기능적 설계 수준, 관련 분야의 경험 등에 대한 파악 후 개발 일정에 문제가 생기지 않도록 업무 배치가 되어야만 한다.

어셈블리의 기능적인 측면에서 볼 때, Top-Down 설계는 설계자가 사전에 설계의 사양과 범위를 이해하고 설계를 진행할 필요가 있다는 점에서 상대적으로 설계의 유연성이 제약을 받을 수 있는 반면 정해진 범위 내에서는 다양한 설계 사양이 적용될 수 있다는 점에서는 상반되는 유연성을 제공한다고도 볼 수 있다. 또한 Top-Down 설계의 효과적 운용을 위해 전체 설계자가 공유할 수 있는 구조에 적합한 공용 라이브러리를 사용함으로써 교체 및 변경 될 수 있는 파트의 수를 최소화할 수 있다.

7.3 상향식 설계 접근

상향식 설계는 3D CAD 시스템에서 사용되는 가장 널리 그리고 일반적으로 사용되는 일상의 어셈블리 및 제품 개발 방식이라고 할 수 있다. 또한 3D CAD 시스템의 학습 과정에서 있어서도 이러한 상향식 설계가 보편적으로 적용되고 있다. 때문에 상대적으로 3D CAD 시스템의 개별 부품 설계, 특히 기능적인 형상 모델링 기법을 집중 사용하는 설계 기술이다.

이러한 이유로 상향식 설계는 개별 부품의 설계가 완료된 후 이를 제품 구성 순서나 운용 절차에 따라 조립하기 때문에 상대적으로 어셈블리, 조립 과정은 단순한 기능적 학습 절차로 평가되기도 한다.

상향식 설계는 제품 개발 과정에서 기존 부품의 활용이나 새로운 개별 파트 설계의 적용성이 상대적으로 높다는 점에서 일반적인 설계 환경에서 효과적으로 운용할 수 있다. 특히 제품 외형 변화의 중요도가 상대적으로 떨어지거나 크기나 부피 등의 제약도 적은 기구류의 설계에 접근성이 우수하다. 이러한 측면에서 설계자 역시 가능한 기존 부품 및 설계 정보의 활용을 극대화하는 경향으로 이어질 수 있다.

하지만 상향식 설계에서는 개별적으로 설계된 파트 간의 결합이 주요하기 때문에 상대적으로 어셈블리 기능 역시 이러한 측면에서 단순한 절차적 진행이 될 수 있다. 때문에 여러 설계자가 업무를 공유하는 협업 체계에서는 개별 설계 결과의 정보가 서로 연결되지 못해 조립 및 구동 과정에서 문제가 발생하지 않도록 사전에 각 설계자는 설계 과정 중에 자신의 설계자 전체 제품과의 조립 수준을 지속적으로 파악해야 한다.

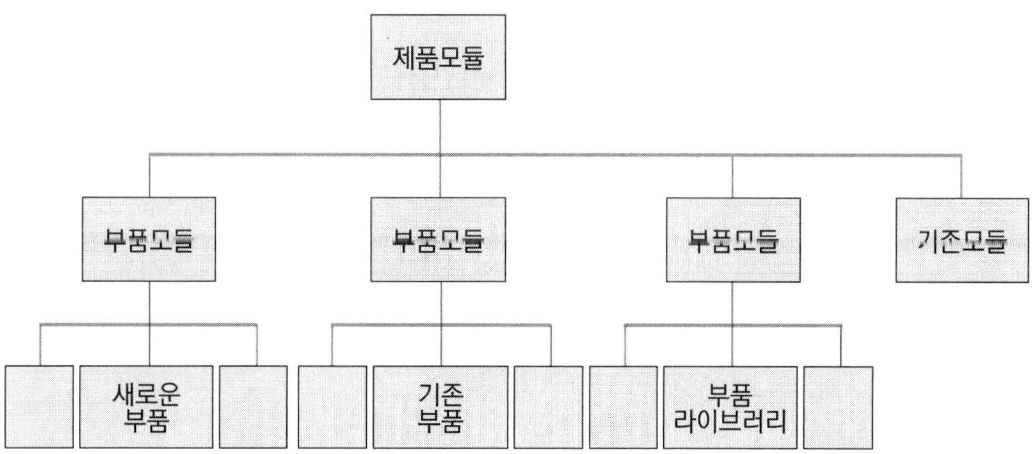

그림 7.2 설계 자산의 활용성을 증진시킬 수 있는 상향식 어셈블리의 구조

그러나 제품 설계 방식에서 상향식 설계가 경우에 따라 비효율적인 접근 방식이 될 수 있는 것은 어셈블리 과정이 상대적으로 거의 후반에 위치하기 때문이다. 즉 개별 파트의 문제가 어셈블리 과정에서 드러나고 이에 대한 수정이 진행되기 때문에 전체 개발 일정 영향을 미칠 위험이 있다는 점이다.

물론 이러한 요소가 문제점으로 평가되기 시작한 것은 3D CAD 시스템이 대규모 제품 개발 과정에 널리 확산되기 시작한 이후라는 점에서 일반적인 대부분의 제품 설계에 심각한 문제를 초래한다고 볼 수 없다.

그럼에도 제품 개발 시간과 비용을 절감해야 하는 상황이 일반화되면서 제품 개발 과정의 전체 관리에 따른 이익 개선이 주요하게 다뤄지고 있다는 점에서 전체적인 제품 개발 체계에 대한 검토 역시 설계의 핵심 사전 평가 사안이라고 할 수 있다.

7.4 컴포넌트 운용

3D CAD 시스템에서 조립을 위한 대상, 어셈블리의 기능 요소를 컴포넌트라고 한다. 컴포넌트는 일반적으로 파트, 즉 개별 형상 모델링이지만 어셈블리 자체 역시 하나의 컴포넌트로 관리될 수 있다. 어셈블리를 컴포넌트로 호출될 경우에는 전체 혹은 어셈블리의 일부 파트를 선택할 수도 있다. 또한 호출된 컴포넌트 어셈블리의 일부 영역만을 사용할 수도 있다.

3D CAD 시스템의 모듈 구성에 따라 컴포넌트가 기본적인 형상 모델링 기능의 적용 대상이 되기도 하지만, 일반적으로 컴포넌트로서의 파트, 형상 모델은 형상의 수정이나 변경 등은 어셈블리 환경에서 직접적으로 구현되지 않는다.

7.4.1 컴포넌트 관리

3D CAD 시스템의 어셈블리 모듈에서 가장 기본적인 기능은 조립을 위한 대상, 즉 컴포넌트를 어셈블리 환경으로 호출하여 지정된 위치에 배치하는 과정이다.

3D CAD 시스템에 따라 모델링 환경과 어셈블리 환경이 구분되어 있거나 혹은 같은 환경을 공유하기도 한다. 이러한 측면에서 3D CAD 시스템의 어셈블리 기능이 일반적인 형상 모델링과는 완전히 구분된 영역이라고 할 수 있다.

어셈블리는 하나 이상의 컴포넌트가 조립된 형태이기 때문에 각 컴푸넌트를 직접 수정하거나 변경하기 위해서는 지정한 대상을 작업 파트로 선택할 수 있다. 하나의 컴포넌트가 작업 파트로 활성화되면 다른 컴포넌트는 흐려지거나 화면에서 사라지게 된다.

작업 파트에 수정된 컴포넌트는 그 수정 여부가 어셈블리에 직접적으로 반영된다. 마찬가지로 기존 컴포넌트의 파트를 새로운 파트로 대체할 수도 있다. 그리고 어셈블리 환경에서 새로운 컴포넌트로서 파트를 생성하여 추가할 수도 있다. 동일하게 어셈블리 환경에서 새로운 어셈블리 구조를 생성하기 위해서는 새로운 상위 어셈블리를 부모 어셈블리로 생성함으로써 현재 어셈블리를 포함시킬 수 있다.

전체적으로 어셈블리 환경에서 제공되는 컴포넌트 관리 기능은 3D CAD 시스템이 제공하는 어셈블리 모듈의 구성에 따라 상이할 수 있다.

7.4.2 컴포넌트 구성 및 복사/배열

어셈블리 모듈에서 호출된 각 컴포넌트는 어셈블리 환경의 좌표계를 기준으로 절대좌표나 컴포넌트 이동 및 기타 컴포넌트 정렬 조건으로 배치된다. 일반적으로 기존 호출된 컴포넌트 간의 연관 정렬 배치를 통하여 새로운 위치로 이동할 수 있다.

1) 좌표계 위치

제품의 각 부품을 설계하는 개별 설계자들이 제품을 기준으로 각 부품의 절대좌표에서 모델링이 진행되었다고 가정하면 어셈블리, 조립 작업은 개별 부품으로 컴포넌트로 호출하는 것만으로 배치가 완료될 수 있다.

하지만 설계 과정에서 각 부품의 형상이나 구동 조건이 달라질 수 있기 때문에 모든 설계 상황에서 동일한 좌표계를 유지하기는 쉽지 않다. 때문에 어셈블리 학습 과정에서 절대좌표계를 기준으로 부품 조립 등을 진행하는 것은 매우 비효율적인 기능적 학습이 될 수 있다.

2) 이동

호출한 컴포넌트를 어셈블리 환경에서 지정된 위치로 직접 이동시키는 기능을 사용할 수 있다. 절대좌표 혹은 기존 부품간의 상대적 거리를 알고 있다면 마우스 등을 이용하여 이동 거리나 각도를 입력하여 정확한 위치로 이동할 수 있다.

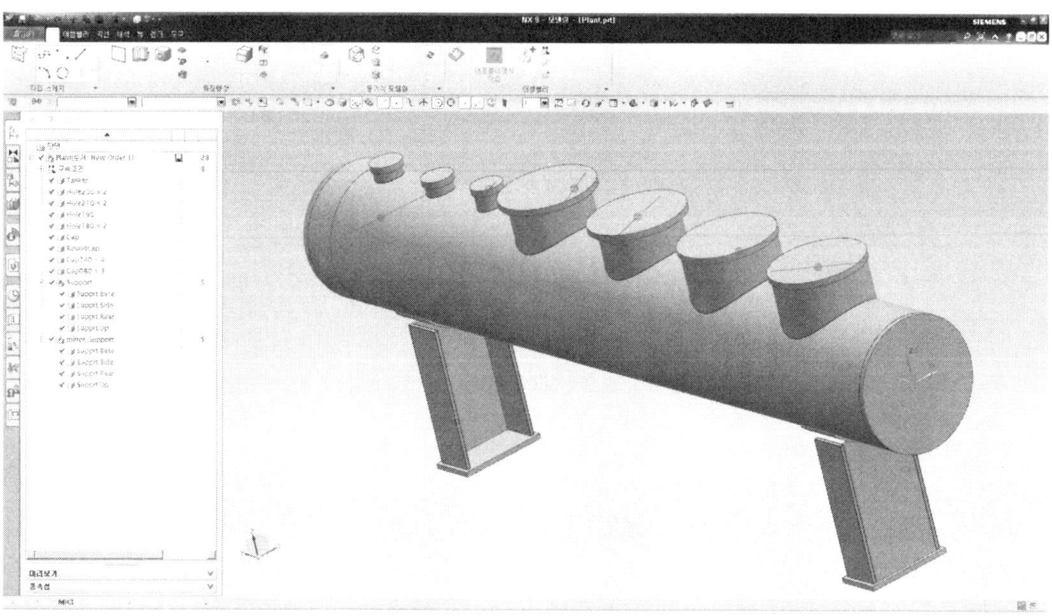

그림 7.3 탱커 제품 설계 과정의 어셈블리 네비게이터 기반 조립 작업 수행(Siemens NX)

하지만 절대좌표계 조건과 마찬가지로 필요한 모든 기하 정보를 확보 및 입력하기 어려운 경우가 많기 때문에 모든 조립 환경에서 적용하기 쉽지 않다. 반면 부품이 위치한 임의 위치나 각도를 지정하므로 써 후속 정렬 배치 작업이 단순해 질 수 있다는 점에 유용하게 사용할 수 있다.

3) 정렬 배치

어셈블리 환경에서 개별 파트를 컴포넌트로 호출하여 배치할 때 기존 호출된 파트나 어셈블리 혹은 스켈톤 파일을 기준으로 한 기하 정렬 및 수치 정보에 의해 정확하게 조립 과정이 수행될 수 있도록 한다. 기능적으로나 시간적으로 어셈블리 기능의 대부분을 차지하는 과정이기도 하다. 3D CAD 시스템의 어셈블리 모듈에서 제공되는 일반적인 정렬 조건은 다음과 같다.

- 접촉(Mate)
- 정렬(Align)
- 거리(Distance)
- 각도(Angle)
- 평행(Parallel)
- 직교(Perpendicular)
- 중심(Center)
- 접합(Tangent)

정렬 조건과 기존 배치 조건과 모순되지 않는다면 반복적으로 사용해도 무관하다. 정렬 조건이 수정이나 삭제되더라도 위치한 컴포넌트 상태는 그대로 유지되기 때문이다.

4) 복사

어셈블리 환경에서는 필요한 부품을 지속적으로 호출하여 사용하는 것이 일반적이지만 호출된 컴포넌트를 이용하여 새로운 컴포넌트를 복사할 수도 있다.

같은 방식으로 각 컴포넌트를 대칭 복사하는 방식으로 배치할 수도 있다. 이러한 방식은 개별적으로 호출한 후 수정하거나 그룹으로 지정하는 것과 유사한 방식으로 진행할 수 있다.

- 복제(Cloning)
- 어셈블리 대칭(Mirror assembly)
- 컴포넌트 배열 생성(Create component array)

7.4.3 컴포넌트 간섭 체크

3D CAD 시스템의 어셈블리 모듈은 제품의 조립 과정은 실제 조립 상황에서 발생하는 충돌, 간섭 상황을 확인할 수 있다. 만일 실제 상황에서라면 제품 생산에 큰 장애가 발생할 수 있게 된다. 간섭의 경우는 일반적으로 다음과 같이 구분된다.

- Touch: 간섭이 아닌 접속 상태
- Soft interference: 컴포넌트 간의 최소 거리가 주어진 간격 오차보다 작거나 같으나 실제 접촉이 발생하지는 않은 상태
- Hard interference: 컴포넌트 간섭 발생 상태
- Containment: 하나의 컴포넌트가 다른 컴포넌트에 완전히 포함된 상태

어셈블리 모듈의 컴포넌트 간섭 확인 기능은 구동 상태에서의 검증 기능과는 구분된다.

만일 조립된 형상의 내부에 간섭이 발생하는 경우를 확인하기 위해서는 3D CAD 시스템이 제공하는 내부 단면 보기나 개별 파트 및 조립 제품을 투명하게 보이도록 설정하여 확인할 수도 있다.

7.5 조립 분해 및 정렬 조정

어셈블리 모듈의 기본 기능과 반대되는 용도로 수행되는 기능이 제품의 각 부품의 분해 및 정렬 기능이다. 일반적으로 분해 및 정렬 기능의 사용 목적은 3D CAD 시스템이 제공하는 조립 기능과 달리 조립 순서를 도식화하기 위함이라고 할 수 있다.

3D CAD 시스템에서 조립된 제품에 대한 기능적 분해를 수행하기 위해서는 단순하게 조립의 역순으로 진행하거나 별도의 순서를 지정하여 정렬할 수 있다.

하지만 실제 제품 운용 단계에서 제품의 기능적 문제를 해결하기 위한 부품 해체 및 교제 등과 같은 상황에서 발생할 수 있는 조치를 실제적으로 확인하기 위해 적용할 수 있다. 예롤 자동차의 엔진 및 관련 부품들은 제한되고 공간에서 다양한 제품이 연결되어 있기 때문에 특정 제품을 분리하거나 분해하는 과정이 매우 복잡할 수 있다.

이러한 이유로 실제 분해 과정을 검증하고 또한 이러한 절차적 정보를 설치 및 관리 매뉴얼 등에 통합하기 위한 정보를 확보하기 용도로 주요하게 활용된다. 물론 매뉴얼이나 기타 설명서에 포함되는 제품의 분해는 3D CAD 시스템의 화면을 직접적으로 이용하기는 제한이 있기 때문에 별도의 유틸리티를 사용하여 사용자가 쉽게 이해할 수 있는 형식으로 전환해야 한다.

최근 제품의 운용은 물론 오류 발생에 대한 대응 혹은 수리 등을 원활하게 수행할 수 있는 정보를 제공하는 것 역시 제품의 경쟁력 확보에 큰 역할을 한다는 점에서 제품의 분해 등에 대한 도식화된 정보 역시 3D CAD 시스템이 제공하는 효용성 높은 기능이라고 할 수 있다.

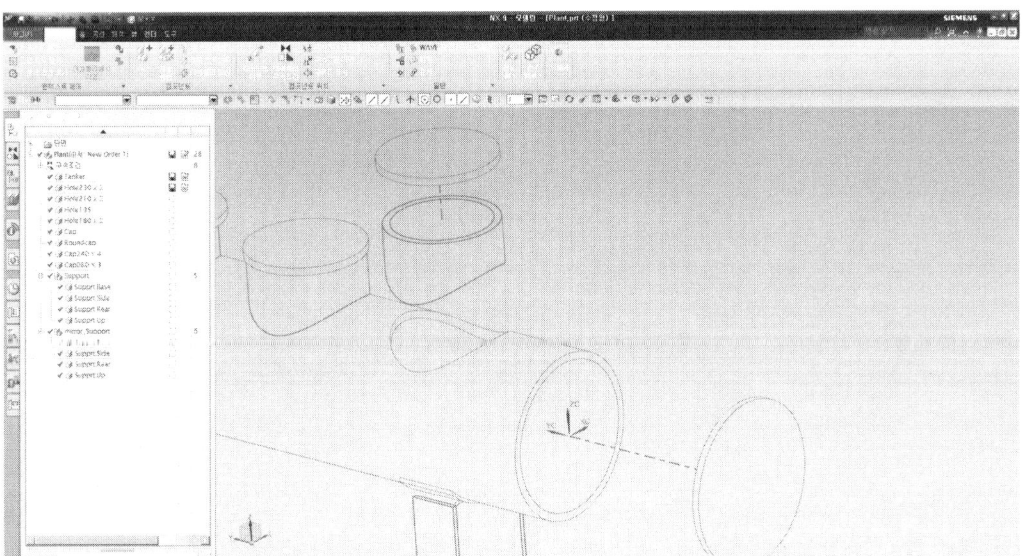

그림 7.4 조립된 각 부품의 분해 경로를 표시하는 Explode View 기능 수행(Siemens NX)

7.6 어셈블리 기반 조립도 및 BOM 생성

제품과 부품의 가장 일반적인 차이는 제품의 경우, 조립되는 부품과 함께 구동 등에 대한 여러 정보를 포함해야 하는 점이다. 때문에 도면의 제도에 있어서도 제품의 경우는 부품에 비해 수량과 범위 그리고 훨씬 복잡하다.

무엇보다도 제품의 경우는 단일 제품에 대한 도면과 함께 제품을 구성하는 각 부품의 정도가 함께 포함된 도면, 조립도를 생성하게 된다. 조립도에는 제품에 사용되는 각 부품의 목록표가 함께 포함되어야 한다. 부품 목록표에는 조립도에 명기되었거나 언급된 각 부품의 이름, 수량 그리고 사양 등이 명기되어야 한다.

조립도의 부품 목록표는 제품 설계 과정에서 가장 주요한 자재명세서, BOM(Bill of Material) 구성의 핵심 정보가 된다. 3D CAD 시스템에서의 어셈블리 과정에서 사용된 각 부품과 라이브러리 부품이 자동적으로 부품 목록표와 BOM으로 구성되게 된다.

만약 2D CAD 시스템을 이용하여 조립도와 BOM을 작성하기 위해서는 제품의 투상과 함께 부품 목록표를 설계자가 개별적으로 작성해야 되기 때문에 매우 주의를 필요하고, 제품에 사용되는 부품의 변경이나 사양 변경 정보를 반드시 갱신할 수 있도록 관리해야만 한다.

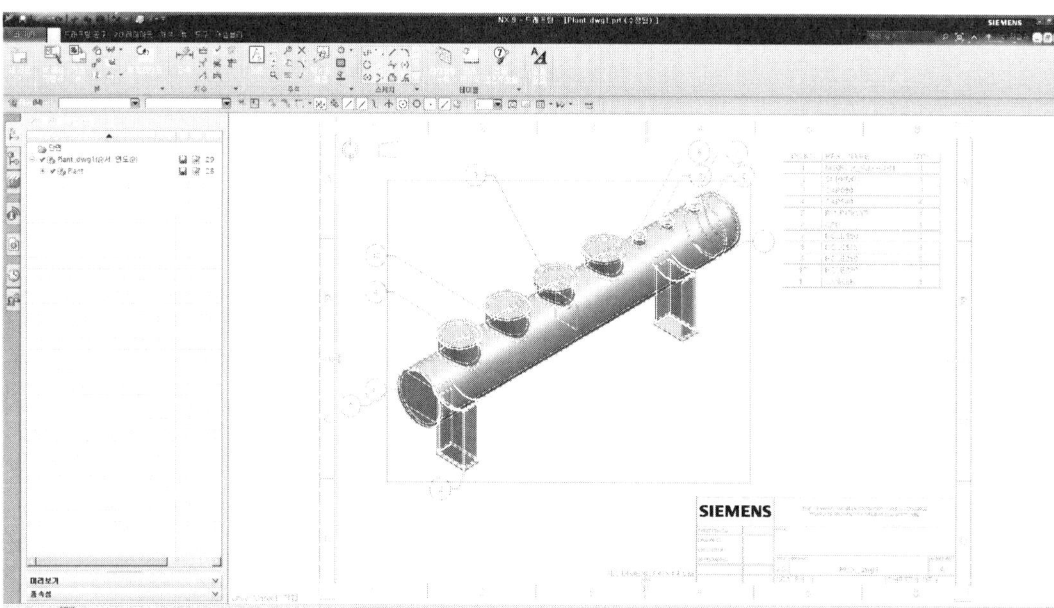

그림 7.5 조립 형상으로부터 자재 명세서용 부품 목록표 자동 추출 기능 수행(Siemens NX)

제품 개발을 위한 설계자 입장에서의 3D CAD 시스템 운용의 최대 효용성은 제품의 조립도와 BOM의 자동 생성이라고 할 수 있다. 개별 부품의 수정 혹은 어셈블리 환경에서 제품 수정에 대한 정보가 상호적으로 적용되고 또한 개별 부품도 및 조립도에 자동적으로 반영됨으로써 설계자의 기능적 업무 부담을 현저하게 낮춤으로써 설계 및 제품 개발 생산성 향상에 크게 기여할 수 있다.

8 3D CAD 시스템의 상세 제도 구성

33D CAD 시스템을 운용하더라도 제품 설계 및 개발 절차라는 전통적인 설계 방식의 시각에서 보자면 현실적인 설계 과정의 최종 결과물은 도면 특히-최종적으로 출력될 수 있는-종이 도면이라고 볼 수 있다. 이러한 이유에서 현재까지 2D CAD 시스템의 운용은 여전히 효과적인 도면 출력 체계로서 경쟁력을 유지하고 있다.

때문에 3D CAD 시스템을 도입하여 운용하는 상황을 평가할 때, 투자 성과에 대한 활용성과 효용성의 기준으로 3D CAD 시스템에 의해 기존 설계 및 도면 출력 용도를 운용되고 있던 2D CAD 시스템의 대체 비율을 고려할 수 있다.

실제로 많은 기업에서 3D CAD 시스템의 도입 이후 3차원 형상 모델링, 제품 조립, 가공 정보 생성 및 엔지니어링 시뮬레이션까지 확대되어 운용되는 비율이 점차 증가하고 있지만, 제품 개발 과정의 최종 단계라고 볼 수 있는 도면 출력 작업에서는 3D CAD 시스템의 일부 기능만을 사용하거나 여전히 2D CAD 시스템에서 도면 작업을 마무리하는 경우도 적지 않다. 물론 도면 출력의 효용성을 생각할 때 이러한 설계 방식과 절차가 잘못된 선택이라고 할 수는 없다. 그럼에도 신규 시스템의 도입으로 기존 시스템의 대체 내지는 기능 제한이 기대 이하인 경우, 단순히 서로 다른 설계 플랫폼의 공존이라고 표현하기에는 매우 비효율적이라고 할 수 있다.

3D CAD 시스템에서의 도면 산출 기능 활용이 상대적으로 저조한 요인은, 3D CAD 시스템에 익숙하지 않은 설계자가 2차원 평면에서 구현되었던 여러 단면 형상을 비롯한 치수나 기호 등의 도면 요소를 직접적으로 제어하지 못하고 3차원 형상의 수정만을 통하여 가능하다는 절차적 차이에 기인하기 할 수 있다.

이러한 차이는 설계의 결과물로서 도면에서 대한 직접적이면서도 즉각적 제어 여부, 즉 설계자 접근성의 차이라고 볼 수 있지만 근본적으로 3D CAD 시스템과 2D CAD 시스템에서의 설계 절차의 개념과 적용 방식이 완전히 다르기 때문이다.

때문에 이에 대응하는 해결 방안 역시 새로운 3D CAD 시스템에 대한 학습과 지속적 운용을 통하여 설계자의 완성 적응도를 높이는 것이다. 하지만 3D CAD 시스템을 처음 접하는 설계자의 경우 도면 생성 기능에 익숙해지기 전에 도면 출력에 대한 편의성과 적응 시간 부족으로 다시 2D CAD 시스템에서의 도면 생성 기능을 지속하는 경향이 매우 크다. 그 결과 2D CAD 시스템의 도면 산출 기능에 의존하는 방식이 반복되게 된다.

그러므로 3D CAD 시스템을 이용한 원활한 도면 산출을 통한 제품 개발 및 설계 생산성을 확보하기 위해서는 2D CAD 시스템의 도면 산출 절차 및 효용 성과와의 직접적 비교가 아닌 새로운 도면 산출 방식 학습에 집중해야할 필요가 있다.

3D CAD 시스템의 도입과 함께 3 차원 형상에 기반한 새로운 도면 생성 방식이 표준화되면 설계 수정에 따른 도면 수정에 요구되는 많은 작업이 자동화됨으로써 빠르고 정확한 수정된 도면의 생성이 가능할 수 있다. 그리고 이러한 과정을 표준 제도 작업으로 정립함으로 써 설계 정보의 기술적 자산화에 보다 효율적으로 대응할 수 있다.

8.1 3D CAD 시스템의 도면 기능 이해

33D CAD 시스템에서의 도면 생성 기능을 적극적으로 운용하기 위해서는 무엇보다도 설계 플랫폼으로서 도면 생성 절차를 이해해야 한다.

기능적 측면으로 볼 때 3D CAD 시스템의 도면 구성, 제도 기능은 설계 대상의 단면을 표현하는 기능과 제도 규격 및 표준에 의해 설계 정보를 상세히 표현하는 기능으로 구분할 수 있다. 때문에 3D CAD 시스템의 도면 생성 기능은 제도판 위의 수작업이나 2D CAD 시스템에서의 직접적 제도 작업이 아닌 시스템이 제공하는 기능의 활용 내지는 적용이라고 할 수 있다.

3D CAD 시스템은 비롯한 CAD 시스템의 도면은 무한 평면의 제한된 영역에 표준화된 규정대로 설계 정보를 표현하고 배치함으로써 완성된다. 하지만 3D CAD 시스템에서는 2D CAD 시스템에서의 단면 형상 생성, 제도 과정이 단면 배치라는 단순한 기능으로 대체된다.

3D CAD 시스템에서는 도면 평면에 설계된 3 차원 제품 형상의 단면을 투상 규정에 따라 자동 배치되기 때문에 형상 제도 작업이 필요치 않다. 그리고 이러한 절차적 기능은 3D CAD 시스템을 운용하는 설계자에 있어 심화된 학습 과정 없이 간단하게 수행될 수 있다. 물론 3D CAD 시스템에서는 3 차원 형상 모델링이나 어셈블리 작업이 요구되지만 3차원 제품을 3차원 공간에서 구현하는 것은 2차원 단면으로 표현하는 것은 생산성에 큰 차이를 나타낸다.

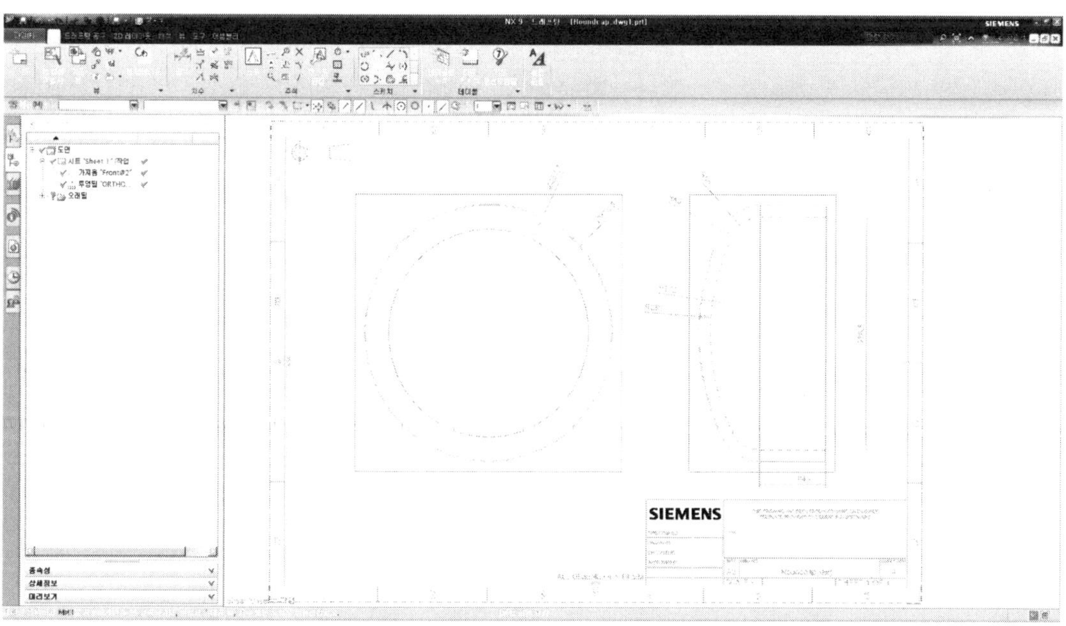

그림 8.1 3차원 형상 모델 기반 자동 도면 추출(Siemens NX)

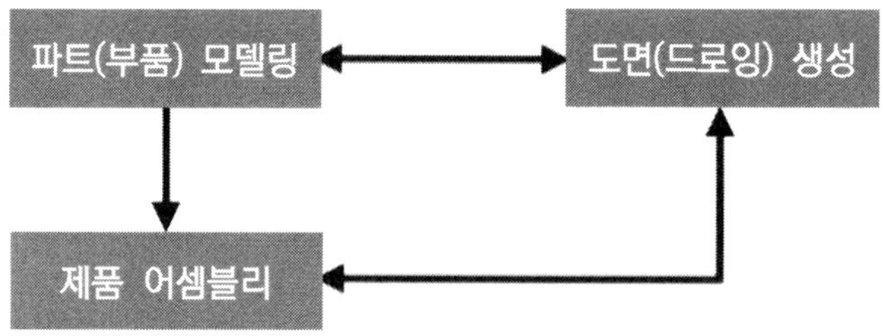

그림 8.2 3D CAD 시스템의 도면 생성 절차 및 모델링 기능 관련성

도면에 배치된 단면 형상에 대하여 치수 및 관련 주석 정보를 기입하는 과정 역시 단순한 기능으로 제공된다. 특히 3D CAD 시스템이 제공하는 자동 치수 기입 기능 등은 2D CAD 시스템에서의 치수 배치 관련 기능에 비해 설계자의 수고를 크게 줄일 수 있다. 반면 이미 2D CAD 시스템에 익숙한 설계자 입장에서는 이러한 자동화된 제도 관리 기능이 설계자의 도면 생성과 관련된 자유도를 제약하는 것으로 이해될 수도 있다.

그러므로 3D CAD 시스템을 도입한 수많은 기업에서 여전히 도면 출력을 위해 2D CAD 시스템이 유지되고 있는 상황은 제품 개발의 생산성 향상을 위해 시급히 해결해야 할 주요한 문제라고 할 수 있다.

하지만 앞서 언급한 3D CAD 시스템을 이용한 도면 생성 기능의 활용도 저하를 단순히 CAD 시스템 간의 기능적 차이만으로 국한시킬 수는 없다. 때문에 우선 실무 설계자의 입장과 설계 플랫폼의 환경적인 측면 차이에 대해 검토할 필요가 있다.

첫 번째 검토 사안으로 지금까지 3D CAD 시스템의 도입이 빠르게 증가하고 있지만 또한 2D CAD 시스템의 사용 역시 지속적으로 증가하고 있다. 이것은 절대적 보급 및 운용 수량에서 3D CAD 시스템에 비해 2D CAD 시스템이 우위에 있다는 것으로, 설계 정보의 상당 부분은 2D CAD 시스템의 설계 결과물, 즉 도면으로서 공유되고 있다는 것을 의미한다.

이러한 상황은 현재도 많은 가공이나 생산 환경에서 2D CAD 시스템과 도면에 의해 설계 정보가 전달되고 있기 때문이다. 또한 현실적 그와 같은 환경에서도 모든 제품 개발은 원활하게 진행되고 있다. 그러므로 3D CAD 시스템을 운용하고 있음에도 제품 개발 및 생산 과정의 일부 영역에서 2D CAD 시스템이 유지된다는 것은 도면에 의한 정보 전달의 역할이 주요하다는 것을 의미한다. 이는 또한 설계 플랫폼으로서의 2D CAD 시스템의 가치 역시 유지되고 있음을 증명한다.

때문에 설계자에서 동일한 수준의 제품 개발 정보를 확보하기 위해 3D CAD 시스템의 도입과 운용을 위해 높은 도입 비용과 시간을 요구하는 새로운 설계 플랫폼으로의 이전 필요성을 찾기란 쉽지 않다.

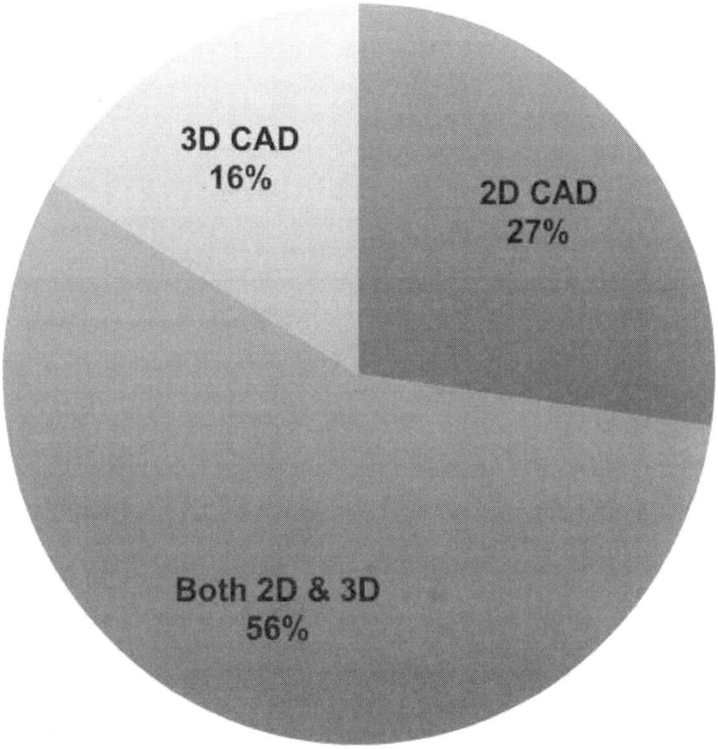

그림 8.3 기계 분야의 2D CAD 시스템과 3D CAD 시스템의 도입 및 현황
[Just how 3D we are?, Cadalyst February 2011]

이러한 환경적인 차이에 대한 적응의 문제는 3D CAD 시스템뿐만 아니라 CAM 시스템 등 수많은 엔지니어링 어플리케이션에서도 유사하다.

두 번째 검토 사안은 2D CAD 시스템을 기준으로 보더라도 설계 플랫폼으로 3D CAD 시스템의 전체적 기능 활용성이 보장되지 않는 다는 점이다. 현재 2D CAD 시스템을 대표하는 Autodesk의 AutoCAD의 경우, 단순히 도면을 생성하고 출력하기 위한 기본적인 제도 기능 외에 도면 관리나 제도 작업의 편의성 및 생산성 개선을 위해 제공되는 기능의 활용성은 상대적으로 저조하다. 그럼에도 도면 출력이라는 용도로서 AutoCAD의 운용 가치에는 변함이 없다.

AutoCAD와 같은 2D CAD 시스템에서는 설계 형상을 작도하고 치수와 기호를 기입한 후 도면 크기에 맞춰 출력하는 일련의 기본적이고 단순한 과정으로서 필요한 도면을 생성하게 된다.

하지만 기본적인 단면 형상 생성에 더하여 공차 및 기하 치수 그리고 제품 가공과 관련된 주석 등 여러 정보를 추가 생성하고자 할 경우 상당한 시간과 비용이 소요된다. 3D CAD 시스템의 도면 출력 기능에서는 상대적으로 이러한 작업들이 단순화될 수 있지만 설계자 입장에서는 그러한 차이가 2D CAD 시스템의 절차적 접근에 비해 더 복잡하고 어렵게 느껴질 수도 있다.

결과적으로 2D CAD 시스템의 기능 활용도가 높지 않은 일반적 상황에 비춰 3D CAD 시스템이 제공하는 다양하고 높은 수준의 도면 생성 기능을 활용하기를 기대하기란 어렵다는 점에서, 결과적으로 동일한 도면 출력을 위해 기존 설계 환경과 다른 기능적인 학습이 요구되는 사실과 그에 투자한 시간과 비용에 대한 부담 역시 증가할 수 있다.

수작업을 포함한 2D CAD 시스템에 의해 생성된 도면은 설계자가 설계 플랫폼을 통하여 수행한 기능적 성과는 물론 설계 의도가 명확하게 드러나지 않는 문제가 있는 반면 기능적 표현에 있어 설계자의 자유도가 매우 높다. 이에 반해 3D CAD 시스템에 의해 생성된 도면 생성에는 복잡한 절차적 접근과 기능성 수행에 대한 학습과 관리가 동반된다는 점에서 새로운 설계 플랫폼으로의 이전에는 많은 어려움이 있다. 하지만 3D CAD 시스템의 도면 생성 기능의 복잡함이 학습과 활용을 저해하는 요소라는 것은 분명 오해라고 할 수 있다.

추가적으로 검토할 수 있는 사안은 3D CAD 시스템을 운용하는 설계자의 시각에서도 AutoCAD와 같은 2D CAD 시스템의 제도 및 도면 관리 기능이 이전에 비해 크게 개선되었다는 사실이다. 때문에 설계 형상의 단면 생성이나 자동 투영 배치 및 정렬 등을 제외한 제도의 기능적인 측면에서 3D CAD 시스템과 2D CAD 시스템의 차이는 줄어들었다고 볼 수 있다. 물론 형상이 복잡해지고 부품의 수가 증가할수록 3D CAD 시스템의 제도 및 관리 기능은 2D CAD 시스템에 비교할 수 없는 생산성을 제공한다는 점도 분명한 사실이다.

수많은 설계자 및 학습자에게 있어서도 2차원 평면의 제도 작업은 익숙한 기능적 작업이라는 점에서, 현재 3D CAD 시스템이 제공하는 도면 생성 기능이 단순하고 간편하다고 하더라도 3 차원 형상 정보를 기반으로 생성되는 도면은 기존의 익숙함에 비해 분명한 접근성의 차이를 보인다는 점을 인정하지 않을 수 없다.

하지만 전술한 모든 내용에도 불구하고 3D CAD 시스템의 도면 생성 기능을 적극적으로 활용하고 이를 통하여 설계 및 제품 개발의 생산성 개선을 기대할 수 있는 것은 3차원 모델링과 2차원 도면 요소 간의 상호연관성에 근거한다. 기술적으로 도면의 수정 및 변경 과정의 효율성이나 설계 정보의 재활용성이라는 측면에서 3D CAD 시스템의 기능은 2D CAD 시스템이 비교할 수 없는 생산성을 제공한다.

완성된 최종 도면이 아닌 제품 개발 과정에서 2D CAD 시스템에 의해 생성되는 수많은 도면은 설계 오류나 사양 변경에 따른 도면 수정에 있어 형상 단면뿐만 아니라 관련된 모든 치수를 포함한 주변 제도 요소에 의한 대응 조치가 요구된다. 그리고 이 과정에서 설계자에 의해 또 다른 오류가 발생할 수 있는 위험도 지속된다. 이러한 문제에 대응하기 위한 제도 도면에는 최소 2 ~ 3 명의 설계자 및 검토자에 의해 검증 과정 절차를 거치게 된다.

이에 반해 3D CAD 시스템을 이용한 도면 생성은 형상에 대한 수정만으로 도면과 관련 정보 수정의 많은 부분이 자동으로 수정되기 때문에 2D CAD 시스템에서와 같은 오류 발생을 최소화할 수 있으며, 이를 통하여 제품 설계 및 개발 과정의 신뢰성을 크게 개선할 수 있다.

이러한 기능을 완벽하게 운용하기 위해서는 3D CAD 시스템 도입 후 제품의 개념 설계에서 도면 출력에 이르는 전체 개발 과정을 표준화된 기업의 제품 설계 및 개발 환경에 적합하도록 사전에 구성된 템플릿 등으로 구현할 필요가 있다.

그리고 설계자의 편의성이 아닌 개별 기능이 제공하는 수준에서 비교하더라도 3D CAD 시스템은 2D CAD 시스템의 기능에 비해 더욱 다양하게 운용될 수 있다. 2D CAD 시스템에서 제공하는 도면 관리 기능이 2차원 도면에 제약되어 있는 것에 반해 3D CAD 시스템에서는 3차원 공간에서 생성된 형상에 의해 보다 유연하고 활용성 높은 도면의 생성이 가능하다.

21세기 인터넷과 모바일 컴퓨터 시스템의 발전으로 시간과 장소에 상관없이 네트워크에 연결되는 이른바 스마트 기기의 광범위한 보급으로 설계 정보의 활용성에 있어 지금까지 2차원 도면에 비해 운용에 불편이 많았던 3 차원 형상과 도면의 효율성이 다시 재조명받고 있다는 점에서도 3D CAD 시스템을 통한 제품 설계 및 개발 정보의 효용성은 충분한 가치를 가지고 있다.

특히 3D CAD 프린팅 시스템의 보급이 확산되고 있는 시점에서 기존 2차원 도면의 효용성이 사라질 것으로 예상되고 있다는 점에서 제품 개발 과정에 3D CAD 시스템을 보다 적극적으로 도입하고 적용할 필요성도 있다고 본다. 3D 프린팅 시스템에 관한 사항은 별도의 장에서 상세히 다루고자 한다.

8.2 3D CAD 시스템의 제도 환경

설계 플랫폼으로서 도면 생성의 기능적인 측면에서 2D CAD 시스템과 3D CAD 시스템 간의 차이는 없다고 할 수 있다. 하지만 동일한 품질의 도면을 생성하기 위한 설계 환경에서 큰 차이가 있다. 2차원 평면에서 모든 설계 작업이 도면에 집중되는 2D CAD 시스템과 달리 3D CAD 시스템은 3차원 공간에서 생성된 형상 설계와 별도의 2차원 평면으로 도면을 구현하기 위한 작업이 요구된다.

도면을 생성하기 위한 사전 요구 사항이라고 할 수 있는 3D CAD 시스템의 형상 모델링 작업은 기존 2D CAD 시스템을 운용하는 설계자에게는 경험하지 못한 절차적 업무라는 점에 이에 대응할 수 있는 반응이 필요하다. 만일 3D CAD 시스템에서의 도면 생성에 어려움을 지속적으로 겪게 된다면 도면 생성 과정을 자동화하거나 템플릿으로 설정하여 지연 요소의 발생을 최소화할 수도 있다.

하지만 어떤 경우라도 3D CAD 시스템을 운용한 도면 생성의 활용성을 높이고 제품 개발 생산성을 확보하기 위해서는 도면 정보의 표현과 생성에 관한 표준화가 최우선적으로 고려되어야만 한다.

8.2.1 도면 레이아웃 및 템플릿

레이아웃은 3D CAD 시스템에서의 도면 요소의 생성과 배치 그리고 시트 구성을 위해 제공되는 모든 기능을 의미한다. 레이아웃 기능은 단순하게는 2차원 도면 출력을 위한 기능이라고 할 수 있지만, 실질적으로는 3차원 형상의 요소를 지정하고 이를 2차원 평면에 표현하기 위한 핵심 기능이다.

레이아웃의 가장 기본 기능은 표준 투상법에 의해 모델링된 형상의 투상, 뷰를 생성하는 것이다. 일반적인 3 각 투상법에 의해 정면도, 측면도 및 평면도로 구성된 형상 정보의 배치라고 할 수 있다. 또한 3D CAD 시스템은 형상의 등축 투상도를 비롯한 형상의 임의 투영 뷰를 자유롭게 생성할 수 있다. 그리고 도면에 추가로 배치될 형상의 상세 뷰, 각종 단면 뷰 등을 설계된 3 차원 형상 정보를 기반으로 간단하게 구현할 수 있다.

2D CAD 시스템과 마찬가지로 3D CAD 시스템에서 생성된 도면 요소도 복사 및 이동은 물론 시트 간의 교환도 가능하다. 이와 같이 3D CAD 시스템의 레이아웃 기능은 2D CAD 시스템의 제도 기능과 유사하다고 할 수 있다. 하지만 2D CAD 시스템의 제도 기능과 달리 많은 경우 자동화된 처리가 가능하기 때문에 효용성과 편의성을 확보하기 위한 기능적 학습이 요구된다.

3D CAD 시스템에서 도면 요소의 생성과 구성에 관련된 수많은 조건들의 설정이 가능하며, 이는 제품 개발 관련하여 도면 정보를 공유하는 많은 사업장의 요구 조건이 서로 다를 수 있기 때문에 해당되는 환경에 적합하도록 도면이 구성되어야 한다는 것을 의미한다.

이러한 이유로 설계자는 여러 조건에 부합된 도면 생성 환경을 사전에 정의하고 요구되는 상황에 따라 정의된 정보를 호출하여 새로운 도면에 적용할 수 있다. 이러한 용도로 운용되는 도면의 형식, 구조 및 설정 등을 템플릿이라고 한다. 기능적으로 볼 때 템플릿의 일반적인 도면 파일과 동일하다.

새로운 도면 파일 그리고 시트를 생성하고자 할 때, 미리 정의된 템플릿 파일을 선택할 수 있다. 템플릿은 3D CAD 시스템을 구성하는 별도의 지정된 디렉터리에 저장된다. 예로 Siemens NX 9의 경우 %UGS_ROOT_DIR%\templates 폴더가 도면 템플릿 폴더이다.

3D CAD 시스템은 2D CAD 시스템과 달리 투영 뷰를 비롯한 도면 요소 정보를 개별적으로 설계자가 직접 설정할 수 없기 때문에 별도의 환경 설정 기능을 통하여 수정해야만 한다. 때문에 이러한 변경 요건을 미리 설정한 상태로 구성한 후 이를 템플릿 파일로 저장하여 운용함으로써 도면 작업에 소요되는 시간을 크게 절감할 수 있게 된다.

하지만 기업이나 조직에서의 도면 생성 및 설계 환경을 템플릿을 구성하기 위해서는 설계 및 제도 작업에 대한 표준화 그리고 도면을 비롯한 설계 정보의 관리 기준이 사전에 정립되어야할 필요가 있다.

8.2.2 레이어와 시트

레이어(layer)는 종이 위에 형상을 그리던 수작업 제도 시절, 종이의 오염과 소손을 막고 또한 불필요한 정보의 유출을 관리하기 위해 종이 위에 투명 혹은 반투명의 투사지를 올려 동일하게 그려내던 과정에서 시작되었다고 볼 수 있다. 개별 레이어 위에 필요한 형상, 치수 및 기타 정보를 생성한 후, 모든 정보를 확인하기 위해서는 모든 레이어를 겹침으로써 원본 도면과 동일하게 구성한다.

현대적인 CAD 시스템 운용에 있어서도 이러한 레이어 기능을 사용하여 도면 생성 및 관리에 높은 효율성을 제공하고 있다. 이미 2D CAD 시스템에 있어서 레이어의 활용은 설계 작업의 시간과 비용 절감에 크게 기여할 수 있는 핵심 요소로 활용되고 있다. 반면 3D CAD 시스템에서는 3차원 형상으로부터 자동으로 투영 뷰가 생성되는 절차로 인해 도면 작업에서의 레이어 활용성은 상대적으로 저조하다고 할 수 있다. 때문에 3D CAD 시스템을 이용한 도면 생성 기능의 생산성을 높이기 위해서는 2D CAD 시스템에서와 같이 적극적으로 레이어를 활용할 수 있어야 한다.

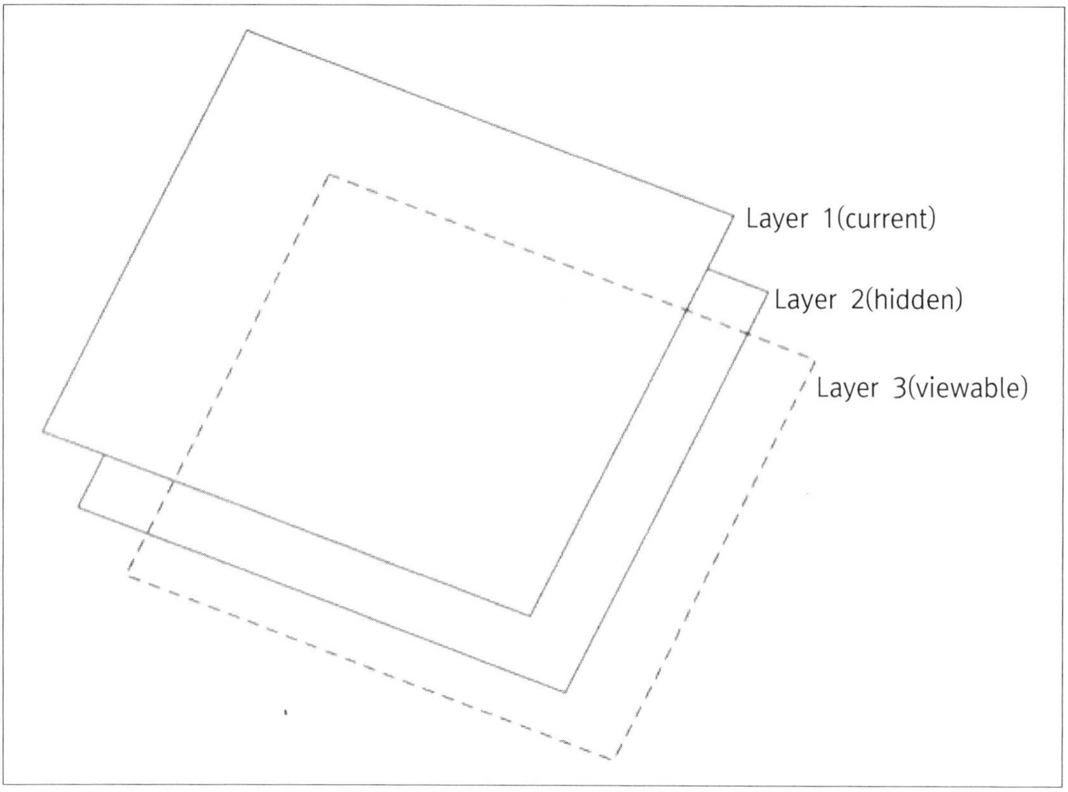

그림 8.4 CAD 시스템의 레이어 운용 개념. 여러 층 가운데 현재(current) 층과 보이는(viewable) 층만 화면에 나타난다.

레이어가 하나의 도면 환경에 적용되는 관리 기능이라고 한다면 시트(sheet)는 생성된 형상 정보를 이용하여 다양한 형식의 도면을 생성하기 위한 용도로 사용되는 관리 기능이다.

시트는 기본적으로 출력을 위한 도면 형식으로 정의된다. 일반적으로 한 기업에서 표준화된 도면 형식을 사용하게 되지만 동일한 제품을 여러 용도 혹은 다양한 고객의 요구에 적합하도록 도면을 구성해야 하는 경우, 하나의 설계 정보를 이용하여 개별 요구를 수용하는 개별 시트를 생성하게 됨으로써 설계자의 추가적인 업무 발생을 최소화할 수 있게 된다.

시트는 기본적으로 출력 용지 크기로 설정되고 각 기업이나 조직의 고유하고 표준화된 도면 요소들로 구성된다. 3D CAD 시스템의 시트 역시 기능적으로는 2D CAD 시스템에서와 크게 다르지 않다. 하지만 현실적으로 2D CAD 시스템에서도 시트의 활용성을 크지 않다는 문제에서 3D CAD 시스템을 운용하는 설계자의 적극적인 시도가 요구된다고 할 수 있다.

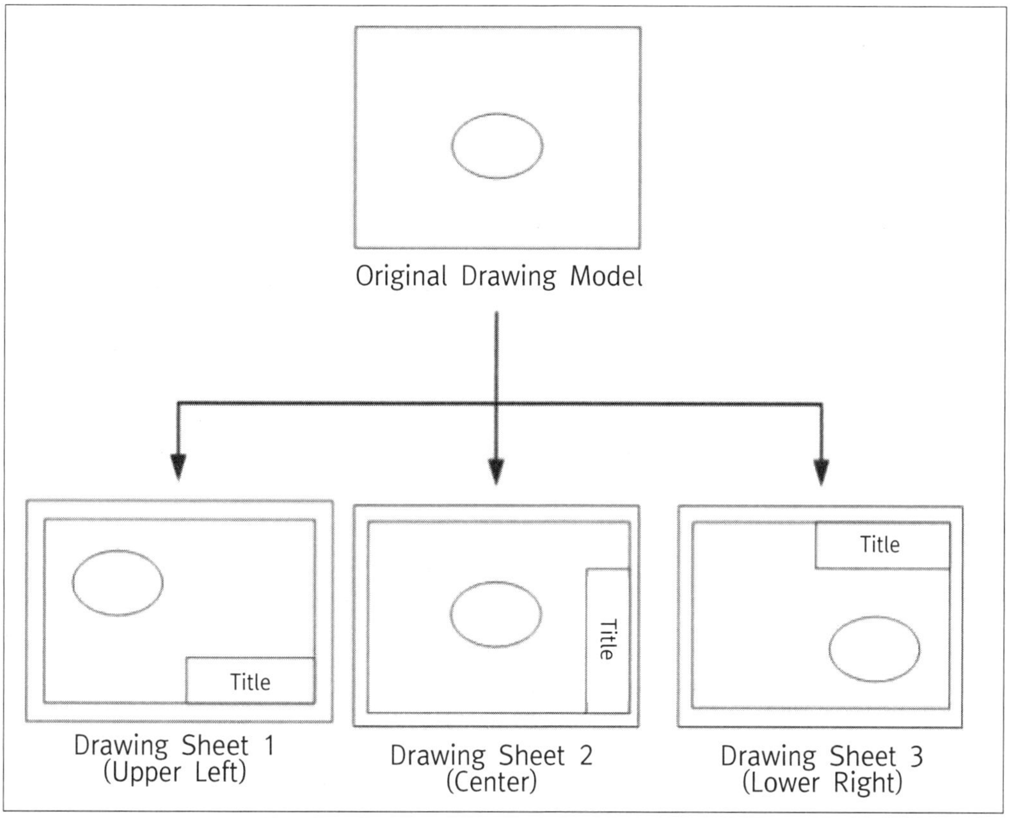

그림 8.5 CAD 시스템의 시트 생성 개념. 하나의 원본 모델을 기준으로 다양한 도면 구성(출력 형식)을 지정하여 사용할 수 있다.

8.2.3 도면 요소의 생성과 편집

일반적인 CAD 시스템 학습에서 도면 생성 절차의 대부분은 형상을 그리는 과정에 집중하게 된다. 그 결과 상대적으로 형상 이외 도면 요소의 생성에는 관심이 낮아 질 수 있다. 때문에 많은 경우 설계의 최종 결과물로서 도면이 갖추어야 할 필수 요소들이 상대적으로 어렵게 구현되거나, 명확하게 표현 되지 못하거나 혹은 일관성 없이 배치되기도 한다. 심각하게는 동일한 조직은 물론 같은 설계자로부터 생성된 도면 간의 설계 품질에도 차이가 나게 된다.

3D CAD 시스템에서 생성된 도면의 형상에 대한 치수 기업 및 공차 등의 주석 표현은 2D CAD 시스템에서의 과정과 큰 차이가 없다고 볼 수 있다. 일반적인 도면 요소의 기입 방법이나 선택 사항의 설정 등이 단순하다고 볼 수 있지만, 실제 표준 규격에 따라 정확하게 표현해야 하는 경우 개별 사항을 일일이 선택하고 지정해야 하므로 상당한 시간과 수고가 요구된다.

하지만 3D CAD 시스템에서의 도면 요소의 입력과 편집은 2D CAD 시스템에 비해 단순하다고 할 수 있다. 2D CAD 시스템의 경우 도면 요소의 많은 부분이 설계자가 직접 입력해야 하는 경우가 적지 않지만 3D CAD 시스템에서는 모든 요소를 설계자가 선택하는 형식으로 제공되기 때문이다. 물론 이러한 비교는 3D CAD 시스템이 제공하는 자동 치수 기입 기능 등과 경우를 고려하지 않은 경우라고 볼 때, 3D CAD 시스템의 도면 요소 생성 및 편집 기능은 2D CAD 시스템에 비해 월등하게 편의성이 높다고 할 수 있다.

3D CAD 시스템의 도면 치수 입력은 형상에 대한 자동 추정 배치가 가능하고, 설계자에 의한 세부적인 상세 치수도 가능하다. 3D CAD 시스템에서의 자동 치수 배치가 가능한 것은 기하 요소를 구분할 수 없는 2D CAD 시스템과 달리 피처 등을 비롯한 모든 3차원 형상에 대한 인식이 가능하기 때문이다. 또한 이러한 기능으로 인해 3D CAD 시스템의 도면 치수는 2D CAD 시스템의 경우와 달리 형상에 대한 정확한 치수를 추출할 수 있다.

물론 3D CAD 시스템이 제공하는 도면 치수 자동 배치가 설계자의 요구 사항을 모든 충족시킬 수는 없다. 하지만 2D CAD 시스템의 도면 생성 과정에서 치수 오류나 미비 등에 따른 문제 발생에 고려할 때 그 운용성에 따른 높은 생산성을 제공할 수 있다고 본다. 그럼에도 대부분의 설계자가 3D CAD 시스템의 다양하고 지능적인 치수 배치 기능보다는 여전히 직접적인 치수 입력을 선호하고 있다.

그리고 3D CAD 시스템에서의 도면 요소 생성 및 편집 기능을 위한 보조 기능 역시 2D CAD 시스템과 달리 설계자가 지정한 대상에 자동 입력 및 배치가 가능하다. 특히 형상 요소에 관련한 중심선이나 참조선 등을 형상을 기준으로 정확하게 생성할 수 있다. 실제로 이러한 도면의 참조 요소들은 적용 위치나 대상에 따라 도면이 전달하고자 하는 설계 정보의 정확성과 이해도에 큰 차이나 오류를 발생시킬 수 있다.

2D CAD 시스템과 3D CAD 시스템 간의 도면 요소의 생성 기능의 차이는, 설계자가 원하는 단면 및 투영 배치나 치수 등의 표현을 전적으로 설계자의 몫으로 하는 경우와 가능한 한 시스템이 제공하는 설정으로 구현하는 경우에 따른 구분이라 할 수 있다. 이러한 이유로 2D CAD 시스템을 운용하는 설계자가 3D CAD 시스템으로 이전하는 경우, 도면 생성의 기능적 문제 보다는 새로운 절차적 방식으로의 전환에 큰 어려움을 겪게 된다는 점에서 설계에 대한 일반적 인식이 도면 생성 중심이 아닌 설계 정보 전달 매체로서의 도면 정보의 명확함이라고 다시 인식하는 것이 주요하다. 2D CAD 시스템에서의 3D CAD 시스템으로의 전환은 도면 생성을 위한 설계 플랫폼의 이전이 아닌 제품 설계 및 개발 과정에 대한 2차원적 시각의 3차원적 확장을 의미한다.

8.3 3D CAD 시스템의 도면 출력

CAD 시스템에서 도면 생성이 수작업에 의해 도면 생성과 비교할 수 없는 생산성을 제공하고 있지만, 설계 및 제품 개발 과정에서도 종이로 출력되어야 하는 경우가 있다. 만일 CAD 시스템의 작업 화면과 출력 용지의 비율이 정확하게 1:1 대응이 되기 위해서는 플로터를 사용하는 것이 최선일 수 있지만, 크기와 가격의 문제로 대부분의 경우 프린터를 사용하게 된다. 물론 현재의 프린터는 플로터 출력 기능을 완벽하게 지원하는 경우가 많기 때문에 특별한 경우를 제외한 일상의 도면 출력 용도로 부족함은 없다.

또한 21세기 이후 도면 출력이 더 이상 종이 매체에 제한되지 않고 다양한 디지털 포맷으로 대체되고 있다. 그럼에도 제품 설계와 개발 그리고 생산에 이르는 전 과정에 출력 도면이 요구되는 절차가 발생할 수 있다는 점에서 여전히 도면의 출력은 설계자 입장에서 반드시 검토해야 할 사항으로 남아 있다.

전통적으로 도면의 출력은 종이 혹은 청사진과 같은 매체를 통하여 설계 정보 전달 도구로서의 역할을 수행해 왔다. 현재는 CAD 시스템에서의 도면 출력을 위한 출력기기의 설정은 운영체제 수준에서 진행되지만, 과거에는 운영체제와 별개로 CAD 시스템에서 직접 출력 기기로의 출력 설

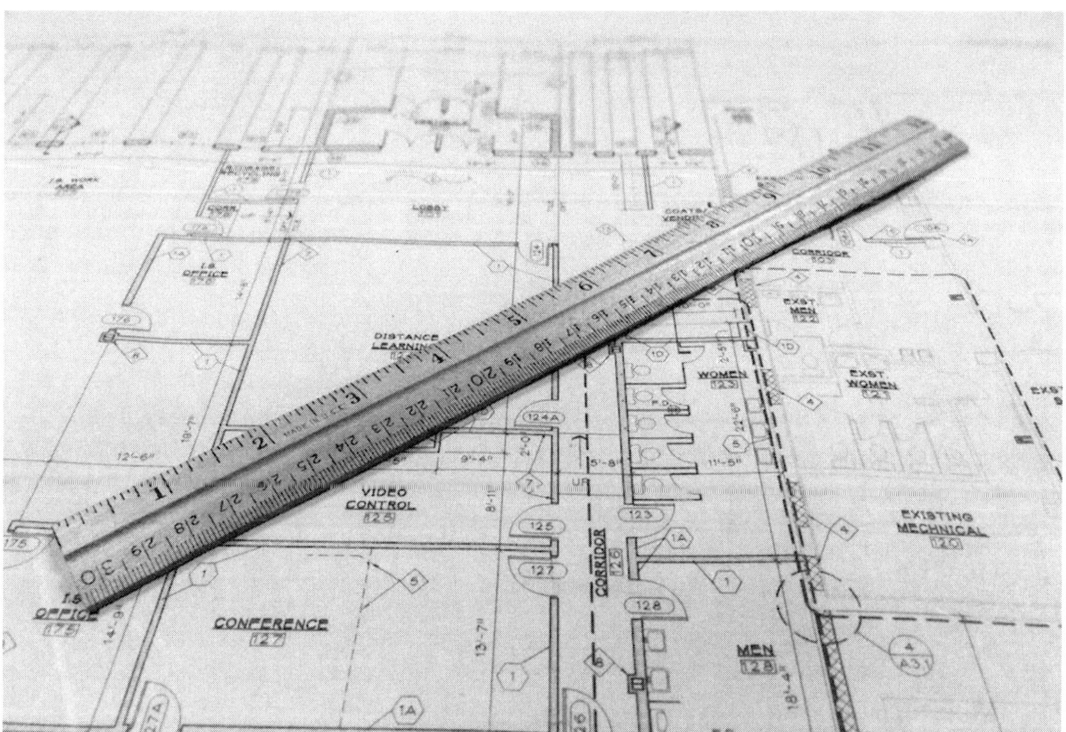

그림 8.6 청사진(blueprint)으로 만들어진 건축 평면 도면

정을 해야 했기 때문에 프린터나 플로터와 같은 출력 기기와 CAD 시스템 간의 호환성이 주요한 문제이기도 했다. 반면 현재는 운영체제에서 대부분 표준 출력기기로서 CAD 시스템과의 연결이 지원되기 때문에 이전과 같은 별도의 복잡한 설정 작업이 크게 줄었다. 그럼에도 정확한 비율의 도면을 출력하기 위해서는 특정 출력기기에 대한 세부적인 설정 절차가 요구되기도 한다.

20세기 후반부터 본격화된 이-메일 등으로 대표되는 인터넷 서비스를 통하여 외부 설계 관계자와의 정보 교환이 단순하고 간편해 짐에 따라 도면과 같은 설계 정보의 공유 역시 이전과 비교할 수 없는 빠른 시간 내에 간편하게 처리될 수 있게 되었다. 또한 이러한 빠른 도면 정보의 교환이 가능하게 된 것은 사용하는 워크스테이션이나 운영체제의 종류나 CAD 시스템과 같은 설계 플랫폼의 차이에 따른 호환성 문제가 최소화된 이른바 표준 형식의 디지털 포맷이 개발되고 보급된 결과라고 볼 수 있다.

현재 설계 정보 공유를 위한 도면의 디지털 포맷은 AutoCAD로 대표되는 2D CAD 시스템에서 사용되어 왔던 DWG 및 DXF 파일 뿐만 아니라 대부분의 문서 정보의 출력에 적용되고 있는 PDF 형식 등이 있다. DWG나 DXF의 경우 대부분의 CAD 시스템에서 입출력이 가능하다는 점에서 도면 정보 교환을 위한 용도로서 오랜 기간 동안 사용되어 오고 있다. CAD 시스템의 정보 공유가 일반화되지 않은 시절에는 예의 DWG나 DXF를 입력받아 이를 다시 도면으로 변환하기 위해서는 별도의 CAD 시스템 혹은 변환 기능이 있어야 했지만, 최근에는 CAD 시스템, 특히 3D CAD 시스템 간에는 2차원 도면 정보는 물론 3차원 형상 모델이나 어셈블리 파일에 대한 접근이 별도의 조치 없이 가능해지고 있다.

하지만 도면의 경우 DWG나 DXF 파일의 전송보다는 이를 PDF로 변환한 후 관련 설계자에 전송하고, PDF 정보를 설계자가 직접 2D CAD 시스템이나 3D CAD 시스템에서 설계 형상을 작성하기도 한다. 이는 설계의 도면의 디지털 형식과 종이 형식은 동일한 정보를 포함하고 있다는 점에서 설계 정보의 보안에는 큰 도움이 되지 않은 반면 설계 정보의 정확한 전달에는 매우 비효율적이고 불안정한 방식이다. 그리고 도면의 변환 및 재작성 과정에서 또 다른 설계 오류가 발생할 수 있다는 점에서 향후 이러한 설계 정보의 교환은 보다 직접적인 방식으로 변화될 필요가 있다.

2D CAD 시스템의 경우와 마찬가지로 3D CAD 시스템에서도 도면 출력은 현재 가장 주요한 기능이 분명하고, 이러한 작업과 관련된 설계 생산성을 개선하기 위한 기능의 추가가 지속적으로 진행되고 있다. 하지만 현재 3D 프린팅 기술의 확산과 함께 2 차원 도면의 효용성은 현재에 비해 점차 낮아질 것이 분명하다. 이러한 경향에 비춰-비록 시기의 예측이 어려울 수 있지만-3D CAD 시스템의 도면 생성 기능은 최종적으로 사라질 기능이라고 해도 과언이 아닐 것이라 할 수 있다. 때문에 3D CAD 시스템의 학습자 입장에서도 향후 급속히 변화될 3D CAD 시스템의 운용성에 대한 보다 깊은 관심이 필요하다고 할 수 있다.

8.4 3D CAD 시스템의 3차원 제도 기능

3D CAD 시스템의 보급이 지속적으로 증가하고 있음에도 불구하고 2D CAD 시스템 기반의 도면 생성은 물론 도면의 활용성이 유지되는 가장 큰 이유는 제품 정보의 전달에 있어 형상의 단면을 즉각적으로 확인함과 동시에 치수 정보를 인식할 수 있기 때문이다. 때문에 치수 정보는 도면에서 형상과 함께 설계 정보를 구성하는 기본 요소라고 할 수 있다. 반면 3D CAD 시스템의 3차원 모델 공간에서는 형상의 전체적인 모습과 구성의 확인한 용이하지만 정확한 투상면과 단면의 치수 정보를 확보하기 위해서는 별도의 측정 명령 등을 사용해야 한다.

이러한 문제에 대응하기 위해서 3D CAD 시스템에서는 3차원 형상에 대한-2차원 도면과 같이-3차원 치수 및 기호를 직접 입력할 수 있는 기능을 제공하고 있다. 3차원 치수 및 3차원 주석 기능을 사용하여 2차원 도면에 대응되는 3차원 도면을 생성하므로 써 기존 3차원 형상과 2차원 도면 간의 구분된 영역을 모두 포함하는 설계 정보를 생성할 수 있다.

3D CAD 시스템의 3차원 형상에 대한 3차원 치수 정보는 최근 스마트 기기의 확산을 통하여 IoT 환경에서 3차원 형상과 3차원 주석이 결합된 정보를 쉽게 확인할 수 있다는 점에서 생산 및 제조 현장에서 요구되는 정보 생성에 효과적으로 대응할 수 있다.

3차원 형상에 대한 직접적 치수 및 주석 기입 기능의 도입은 3D CAD 시스템의 효용성을 확대되는 과정이지만, 현재까지 제품 설계 및 개발 과정에서 2차원 평면 매체 위에 그려진 도면의

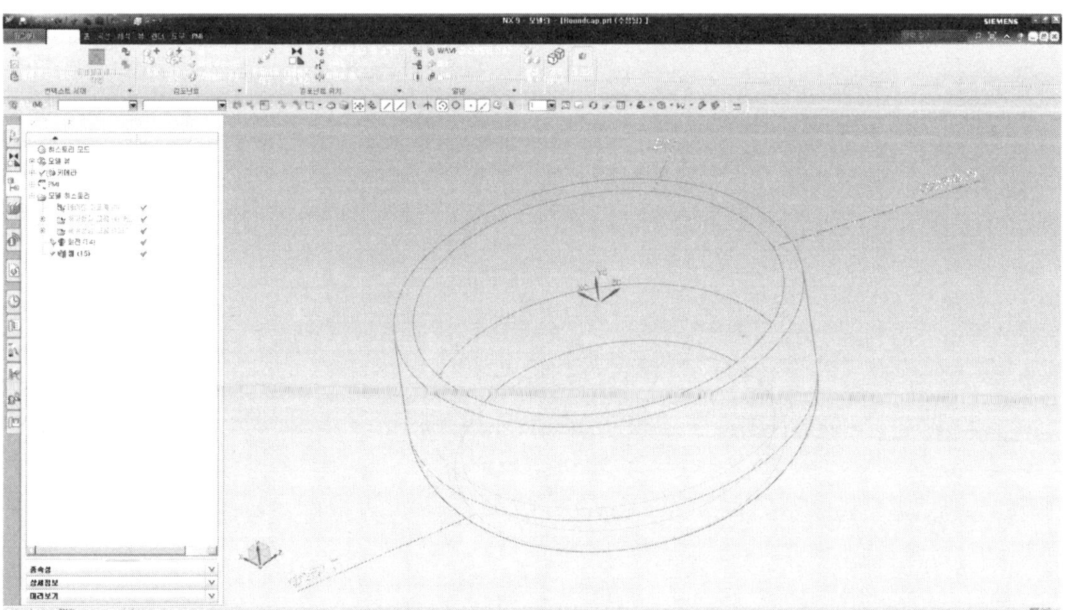

그림 8.7 3차원 모델링 공간에서의 차원 치수 입력 기능(Siemens NX)

역할이 얼마나 큰 비중을 차지하고 있는가에 반해 반증이기도 하다. 또한 2차원 도면을 짧은 시간 내에 대체하기가 쉽지 않다는 것 역시 확인해주는 사실이라고 할 수 있다.

기능적으로 3차원 치수 기입은 3차원 형상의 지정된 영역을 선택함으로써 간단하게 표현이 가능하다. 때문에 이 역시 기능적인 어려움으로 인한 학습이나 적용에 큰 문제가 동반되지 않는다. 그러나 3D CAD 시스템에 3차원 치수 기능이 도입된 이후에도 큰 활용성이 없다고 한다면 이에 대한 설계자의 적극적인 운용이 요구될 수밖에 없다.

9. CAM 시스템의 이해

3D CAD 시스템이 본격적으로 등장한 이후 CAD 시스템 혹은 CAM 시스템 등과 같인 개별적으로 구분되기도 하지만, 많은 경우 CAD/CAM 시스템이라고 보다 광범위하게 사용된다. CAD 시스템과 CAM 시스템은 제품 설계와 가공에 적용된다는 측면에서 동일한 분야를 위한 엔지니어링 어플리케이션이라고 할 수 있지만, CAM 시스템은 컴퓨터 그래픽스 기능이 보편화되기 이전에 활용되기 시작했다는 점에서 두 시스템 간의 기본적인 역할과 운용 범위에 차이가 있음을 짐작할 수 있다.

설계는 목표한 대상의 실물, 제품이 현실로 드러나고 시장에 상품으로 출시되므로 써 그 과정이 완료된다고 할 수 있다. 설계 플랫폼을 학습하는 과정에서는 설계 과정에서 요구되는 공학적 이론과 설계 시스템 운용에 대한 지식 등이 우선적으로 다뤄져야 되지만, 제품 개발의 입장에서는 결과물에 해당되는 최종 제품이 더욱 중요하다. 종이나 컴퓨터 파일로 존재하는 설계 정보가 어떤 식으로든 물리적인 형상, 제품으로 드러날 때 기술적이고 상업적인 가치가 부가될 수 있다. 가공 혹은 생산 공정은 설계 과정이 완료된 이후-설계 제품에 대한 오류가 없다고 할 때-실제 형태의 제품으로 만드는 과정을 일련의 공정을 지칭한다. 때문에 제품 개발 과정에서 설계와 가공은 동일한 목표와 가치를 지향한다. 그러나 기능적 구분에서 설계 대상의 실물을 가공하는 과정은 설계 단계와는 완전히 다른 별개의 공정이다.

CAM 시스템은 CAD 시스템을 통하여 부품의 설계가 완료된 이후 초기 원초기 소재를 절삭 등의 가공 공정을 거쳐 실제 부품으로 생산하는 공정이며, 가공의 대상이 최종 제품, 부품인 경우와 부품이나 제품을 생산하기 위한 금형인 경우로 구분할 수 있다. 또한 사용하는 형상, 크기, 재질 그리고 생산량에 따라 다양한 가공 방법을 선택하여 이에 적용하게 된다.

일반적으로 가공 및 생산의 관점에서 부품 혹은 금형에 대한 절삭 가공을 위한 가공 정보의 생성이 핵심 요소이라고 할 수 있다. 생성된 가공 정보는 NC나 CNC 공작기계에서 운용되기 전에 앞서 실제 운용에 대한 검증을 수행할 필요가 있다. 이러한 일련의 절차가 수작업이나 단순한 산술적 계산이 아닌 컴퓨터 시스템에 의해 자동으로 처리되는 과정이 CAM 시스템에 의해 수행된다.

부품이나 제품의 생산은 일반적인 제품 설계 이후의 과정이다. 때문에 CAM 시스템은 설계 및 개발 과정 그리고 가공 및 생산 과정을 연결하는 단계라고도 할 수 있으며 기본적으로는 생산 과정의 일부를 담당하고 있다. 때문에 CAM 시스템은 넓은 의미에서 생산을 위한 NC나 CNC 등의 공작기계를 운용하는 생산 시스템에 포함될 수도 있다. 하지만 현실적으로 생산 시설 전체의 관리 측면에서는 부품 가공이라는 일부 영역만을 담당하게 된다. 또한 상대적으로 기술적 구현이 단순하고 일반화되어 감에 따라 CAM 시스템의 역할은 3D CAD 시스템 혹은 CNC 등의 공작기계에 통합되어 가는 경향을 보이고 있다.

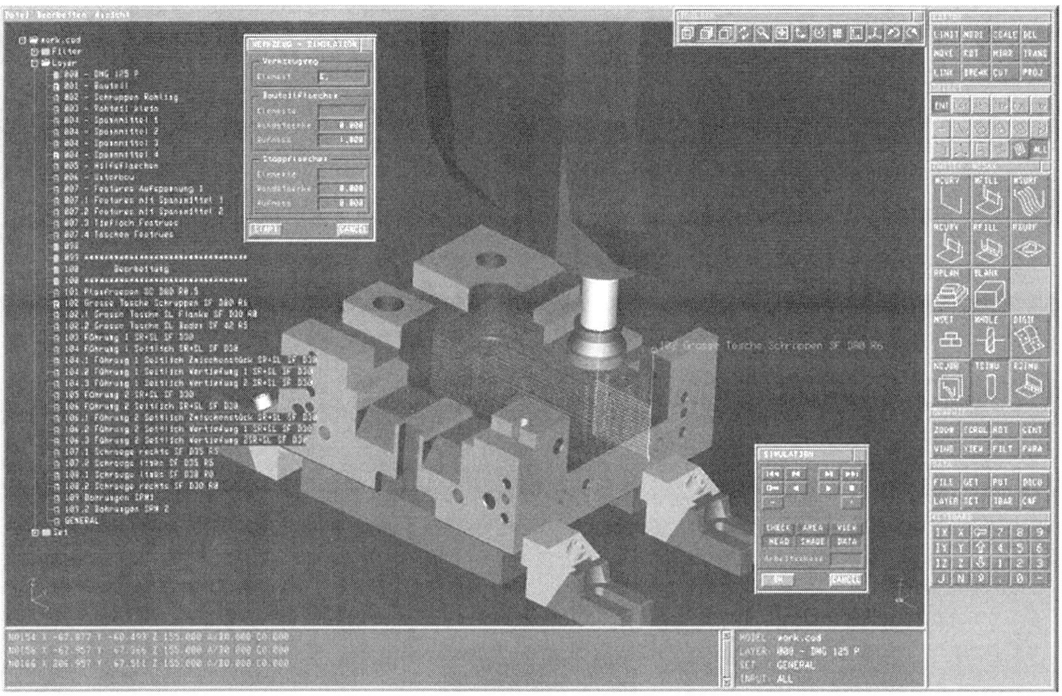

그림 9.1 현대적인 3D CAM 시스템(독일 Tebis의 Tebis CAM)

최근 주요 3D CAD 시스템 공급사들이 CAM 시스템 혹은 CAM 기능 중심의 3D CAD 시스템을 인수하는 경향에서 보자면, 3D CAD 시스템에서의 CAM 기능은 향후 주요하면서도 기본적인 제품 가공의 기능을 담당하게 될 것으로 기대된다.

하지만 이와 같은 CAM 시스템 기능의 통합화는 물론 CAM 시스템의 역할이 상대적으로 축소될 수 있는 3D 프린팅 기술의 확산으로 CAM 시스템 시장은 경쟁과 함께 새로운 가공 기술 도입으로의 큰 변화가 예상된다.

9.1 CAM 시스템의 기능적 구조

CAM 시스템은 3D CAD 시스템에서 설계된 형상을 공작기계가 가공할 수 있도록 운용 및 관리를 위한 정보를 생성하는 기능을 수행한다. 이를 위해 3D CAD 시스템에서 생성된 설계 형상을 직접 혹은 인식 가능하도록 표준 포맷으로 변환하여 CAM 시스템에 입력된다. CAM 시스템은 입력 받은 형상을 공작기기의 가공 공구 및 가공 환경에 적합하도록 설정된 가공 정보를 생성하게 된다. 가공 정보가 공작기기의 운용 효율은 물론 부품의 품질에도 큰 영향을 미친다는 점에서 가공 정보를 실제적 효용성이 CAM 시스템의 성능과 가치를 결정하게 된다고 할 수 있다.

기계 관련 분야에서의 초기 가공 대상은 부품 혹은 제품 그리고 금형 가공으로 구분할 수 있으며, 일반적으로 절삭 가공 방식이 사용된다. 절삭 가공은 절삭용 공구가 지정된 경로를 따라 움직이면서도 공구의 끝단에 접촉된 소재의 표면을 일정 깊이로 깎아내는 과정이다. NC나 CNC 공작기계가 이러한 절삭 가공을 수행하기 위한 가공 정보에는 일련의 정보 체계, G-코드 형식으로 표현된다. CAM 시스템은 CAD 시스템의 설계 형상으로부터 공작기계가 이해할 수 있는 가공 정보를 추출하는 역할을 한다.

절삭 가공을 위한 가공 정보에는 기본적으로는 가공 공구는 지정된 경로를 따로 움직이면서 공구의 끝단에서 접촉한 소재의 표면을 일정 깊이로 깎아 내는 과정이 포함되지만, 실제로는 공구가 움직일 경로와 함께 공구의 형상, 공구의 중심 위치, 소재와의 접촉 거리 그리고 특정 형상에서의 최적 가공 시간을 위한 공구 움직임 등에 대한 여러 정보가 포함된다.

CAM 시스템의 구성하는 가장 핵심 기능은 CAD 시스템으로부터 입력 받은 설계 형상의 3차원 표면 또는 2차원 윤곽을 기반으로 절삭 공구 이동 중심을 기준으로 공구에 의해 소재가 절삭될 수 있을 만큼 옵셋한(법선 방향으로 이동한) 거리로서 가공 경로를 생성하는 것이다. 하지만 설계 형상의 형태와 공구의 직경이나 움직일 수 있는 범위에 따라 소재의 모든 영역을 가공하는 것이 불가능할 수도 있으며 또한 가공 방향 및 가공량에 따라 많은 시간이 소요될 수 있기 때문에, 이를 반영한 최적 가공 경로를 생성해야 한다.

최근 제품의 형상은 물론 기능이 다양해짐에 따라 더욱 복잡한 구조를 가공해야 하는 경우가 많기 때문에, 가공 공구의 경로뿐 아니라 속도 또한 최소 절삭량 등 여러 가공 조건들을 고려한 최적의 절삭 가공 정보를 추출할 수 있어야한다. 또한 가공 중 공구의 파손을 방지할 수 있는 최적 마모량 그리고 부득이한 공구 교체를 위한 최적 시기 등을 함께 관리할 수 있어야 한다.

가공 형상이 직선 내지는 곡률의 변화가 완만한 형상일 수도 있지만 가공 공구의 접촉 영역 보다 작거나 이동에 제약이 되는 형상을 가지고 있는 경우도 많다. 이러한 경우 CAM 시스템에서는 하나의 가공 공구로서 최소 시간 내 최대한 많은 영역을 가공할 수 있도록 최적 가공 경로를 생성한다. 또한 여러 개의 가공 공구를 사용할 경우 각 공구의 최적 가공 환경에 따라 소재 가공의 단계를 구분하기도 한다.

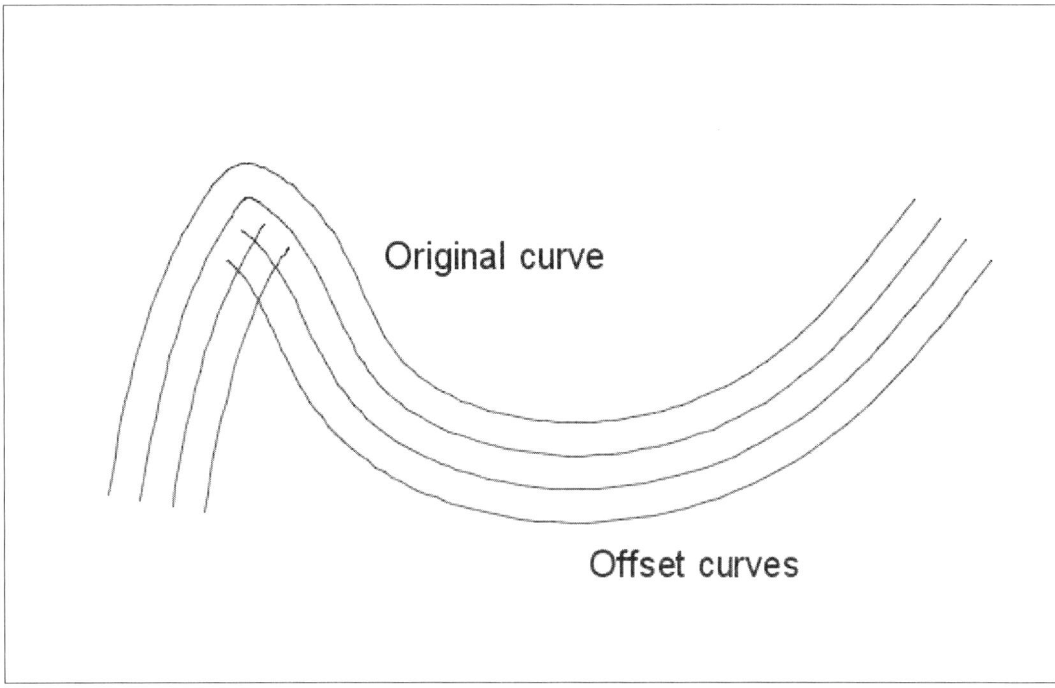

그림 9.2 가공 경로 생성을 위해 사용되는 곡선의 옵셋 곡선 구성

일반적으로 소재 형상에서 설계 형상에 근접하도록 가공하는 단계를 황삭(Roughing) 가공이라고 하며, 이후 중삭(Semi-finishing) 및 정삭(finishing) 단계를 지나 최종 설계 형상에 이르게 된다. 물론 가공 단계의 최종 형상이란 가공 환경에서 생성할 수 있는 마지막 단계를 의미하여 최종 부품이나 제품으로서 추가적인 잔삭(contour milling) 및 연마(polishing) 가공 단계가 이어질 수 있다. 또한 절삭 가공에서 처리할 수 없는 추가 가공을 위한 다른 가공 체계로 전달될 수도 있다.

따라서 CAM 시스템의 가치는 공작 기기의 주어진 한계 내에서 가공 대상을 공구의 교체 없이 최소 시간 내에 가능한 한 많은 부분을 가공할 수 있도록 하는 가공 정보의 품질에 따라 결정된다.

특히 최근 소비재 제품의 미려한 제품 표면이 고부가 가치 제품 생산의 주요한 경쟁력이 되면서 절삭 가공의 효율적 운용 역시 다시 주목받고 있다. 이와 같은 이유로 CAM 시스템은 이전 단순한 가공 경로 생성 기구로 평가되던 수준을 넘어 다시금 제품의 경쟁력에 실질적으로 영향을 주는 품질 관리 도구로서 이해되기도 한다.

컴퓨터 시스템 기술과 CAE 어플리케이션 기능의 확대로 최근 CAM 시스템은 단순한 가공 정보 생성 단계를 넘어 가공 시뮬레이션으로 확장되고 있다. 물론 이러한 기능적 측면의 엔지니어링 어플리케이션은 CAM 시스템의 단계를 넘은 CAE 시스템이라고 할 수 있다.

절삭 가공에 한정하여 보더라도 금형 설계자는 설계한 금형의 가공에 적용할 수 있는 가공 공구를 표준 공구 라이브러리로부터 선택하여 가공에 소요되는 시간과 가공 표면의 품질을 미리 확인할 수 있다. 그리고 보다 빠른 가공 시간이나 공구 교체 주기를 줄이기 위한 방안을 사전에 확인할 수 있다. 나아가 CAE 어플리케이션과 연동하여 가공 시 발생하는 금형 표면의 품질 오류를 사전에 검토할 수도 있다.

때문에 CAM 시스템은 NC/CNC 공작기계에 내장되어 가고 있는 단순한 기존의 가공 경로를 산출하는 기능을 넘어 제품이나 금형의 품질 그리고 최적 가공 환경을 선정하는 역할로 변화하고 있다.

그리고 언급한 바와 같이 CAM 시스템의 기능과 구조가 고도화되면서 3D CAD 시스템으로 통합 혹은 연동 체계로서 설계와 가공이 동일한 플랫폼으로 구성된 고급 제품 개발 시스템으로서 진화하고 있다.

9.2 CAM 시스템과 공작기계

일반적인 기계공학 관현 전공에서는 설계와 함께 기계공작 및 공작기계에 대한 과목을 수강하게 되지만 이 두 과정 간의 연관성을 인식하기란 쉽지 않다. 하지만 CAM 시스템은 NC/CNC 기반 공작기기의 운용을 전제로 하고 있다는 점에서 CAM 시스템과 공작기기 등의 생산체계와의 따로 구분해서 언급할 수 없다. 이상적으로 생각할 때 제품 개발 설계자가 가공 과정 및 공작기기 운용에 대한 충분한 지식과 경험이 있다면 보다 완벽한 제품 개발 과정이 보장될 수 있겠지만, 현실적으로 설계와 가공 및 생산 단계는 이론적으로는 물론 기술적으로 분리된 경우가 일반적이다. 때문에 CAM 시스템이나 3D CAD 시스템의 CAM 모듈에서는 설계자가 가공 관련한 세부적인 사항의 모든 요건을 설정할 수 있도록 기능이 강화되고 있음에도 그 효용성은 일부에 제한되거나 현장의 가공 담당자에게 일임하게 될 수 있다.

대량 생산 체계로의 산업 구조로 변모하는 과정에서 기계 가공 기술과 공정이 혁신적으로 개선됨에 따라 등장하게 된 것의 하나가 공작기계라고 할 수 있다. 공작기계는 가공자에 의해 수동 혹은 CAM 시스템에 의해 자동으로 입력된 수치 정보를 기반으로 가공 공구가 이동하면서 목표한 형상을 정확하게 절삭할 수 있도록 해준다.

특히 20세기 후반 전자 기술 및 컴퓨터의 발전으로 가공 공정의 생산성 개선을 위해 공작기계의 자동화 및 무인화가 진행되었다. 이후 컴퓨터의 발전의 발전과 함께 공작기기의 성능도 크게 개선됨에 따라 기계 가공 분야의 발전과 생산성 향상에 큰 기여를 했다고 볼 수 있다.

그림 9.3 20세기 초에 개발된 밀링 머신의 예

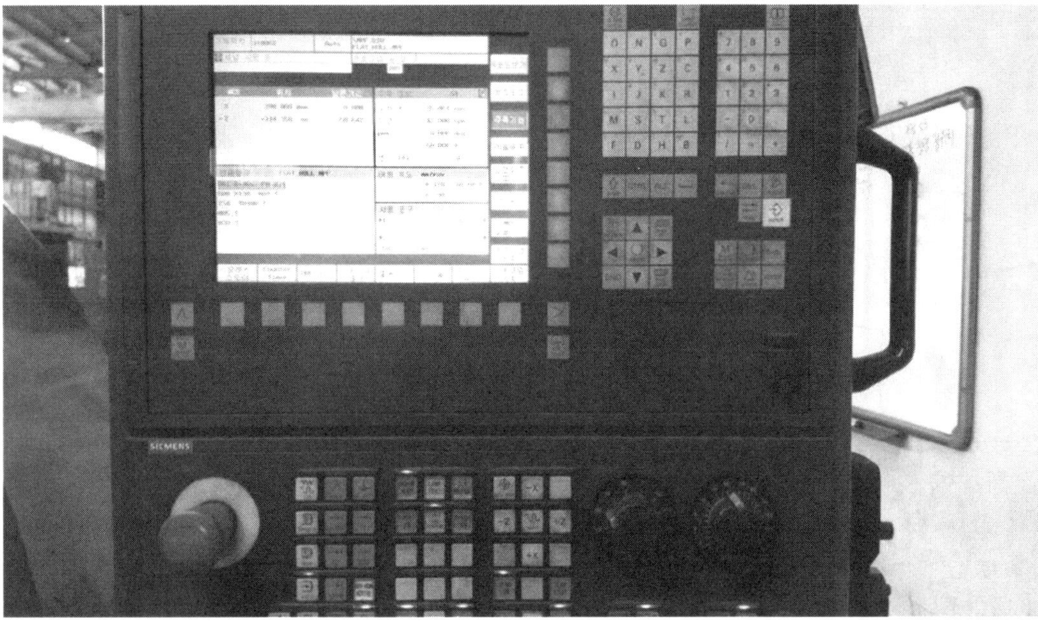

그림 9.4 NC 공작기기에 탑재된 Siemens NC 컨트롤러

컴퓨터 시스템의 발전은 작업자에 의해 수작업으로 구동되던 공작기계의 수치제어가 가능하도록 변화시켰고 이후 자동화된 정밀한 가공과 대량 생산이 가능하게 되었다. NC, 수치제어 공작기계는 가공 공구의 이동 등 여러 기능을 표준화된 제어 명령으로 입력받아 구동하게 된다. 공작기계의 구동을 제어하기 위한 개별 명령어인 G-코드를 하나의 가공 공정을 위해 일련의 명령어 집합체인 파트 프로그램(part program)으로 생성하게 된다.

파트 프로그램을 구성하는 G-코드는 NC 공작 기계의 여러 구동 체계를 각각의 코드로 설정하여 가공 공구의 이동 거리 및 절삭 깊이 등을 변수로 사용하여 일종의 컴퓨터 프로그래밍 언어 형식으로 구성되어 있다. 그리고 일반적인 컴퓨터 프로그래밍 언어에 비해 문법과 구조가 단순하기 때문에 공작 기계 작업자도 쉽게 학습이 가능하도록 개발 되었다.

CAM 프로그램의 기능은 CAD 시스템의 형상을 가공하기 위한 정보를 공작 기계가 인식할 수 있는 G-코드로 변환 생성하는 역할을 한다는 점에 형상을 직접 모델링하는 CAD 시스템의 기능에 비해 상대적으로 어플리케이션 구성이 단순하다고도 볼 수 있다. 그리고 G-코드 자체를 인식하는 NC 기기 자체 역시 지정된 기능을 인식하여 수행하기 때문에 전체 프로그램의 크기가 일반적인 엔지니어링 어플리케이션에 비해 작기 때문에 NC/CNC 공작기기의 제어장치에 통합되어 구성되기도 한다.

NC/CNC 공작기기의 컨트롤러, NC 및 CNC 컨트롤러는 G-코드 형식으로 입력된 정보를 실제 공작 기기가 공구 위치 설정 및 절삭을 위한 구동을 제어하게 된다. 그러므로 G-코드를 입력받아 자동 혹은 반자동으로 형상을 가공할 수 있는 NC/CNC 컨트롤러를 장착하거나 연결된 공작기기를 NC/CNC 공작기기라고 할 수 있다. 초기에는 G-코드의 입력을 작업자가 수동으로 테이프나

그림 9.5 2-축 터닝 가공을 위한 반자동 NC 선반에서의 회전 형상(롤) 가공

디스크 미디어 등을 이용했으며 최근에는 USB 메모리 장치를 이용한다. 최근의 NC/CNC 컨트롤러에서는 기본적으로 인터넷 연결이 가능한 네트워크 인터페이스를 내장하고 있다. 물론 현재의 공작 기기들이 모두 NC/CNC 기반 공작기기는 아니며, 상당수의 공작 기기들이 여전히 수작업에 의해 구동되고 있다.

공작기기는 다양한 기계가공을 위한 여러 종류로 구분되지만, 구동체계에 의해 2-축, 2.5-축, 3-축 그리고 3-축 이상으로 구분할 수 있다. 2-축 가공 기능은 일반적인 선반의 터닝 및 드릴링 가공에 적용될 수 있으며, CAM 시스템의 기능에서도 단순하게 운용되지만 또한 가장 널리 사용되는 기능이기도 하다. 실질적으로 대부분의 터닝 가공의 경우 CAM 시스템을 사용할 수도 있지만 작업자에 의해 2D CAD 시스템 투영 형상 기준으로 수계산된 G-코드를 NC/CNC 선반 등에 입력하여 사용하기도 한다.

2.5-축 가공은 공구 축의 평면 이동과 수직 이동 그리고 소재가 놓이는 테이블이 개별적으로 구동되는 가공 방식이다. 3-축 가공과 달리 동시에 X, Y, Z 좌표의 이동이 지원되지 않기 때문에 3 차원 곡면 가공 등을 제외한 대부분의 3 차원 형상의 윤곽 가공이 가능하다. 구동 체계의 구현에 비해 적용 범위가 넓기 때문에 다양한 기계 부품, 특히 다양한 소형 정밀 금속 제품의 기계 가공 등에 효과적으로 운용될 수 있다. 2.5-축 가공 이상을 지원하는 공작 기기에서는 터닝 가공에 비해 다양한 절삭 및 기계 가공 공구를 운용할 수 있기 때문에 여러 복잡한 형상의 가공을 가

능하게 된다.

3-축 이상의 공작 기기에서는 공구의 이동이 3차원 좌표 간의 직접 이동이 가능함에 따라 3차원 윤곽 절삭 및 곡면 가능의 자유도가 높다. 3-축 이상의 가공은 주로 밀링 머신이나 머시닝 센터 등에 적용된다. 최근 로봇 가공기 수준의 공작기기 등이 등장하면서 다축 가공의 범위가 점차 넓어지고 있다.

CAM 시스템과 공작기기와의 관계에서 CAM 시스템은 3D CAD 시스템에 비해 그 역할이 단순하다고 볼 수 있지만, 운용하는 공작기기와 관련된 설정과 기능을 정확하게 구현하지 않으면 기대한 효용성을 확보할 수 없기 때문에 충분한 운용 평가 및 가공 환경에 대한 이해가 필요하다. 많은 생산 현장에서 CAM 시스템의 용도를 3D CAD 시스템에서 입력받은 형상 정보를 공작기기의 가공 경로 중심의 G-코드로 변환하는 수준에 머물고 있다. 때문에 공구의 수명 예측이나 공구 교체 등을 고려한 가공 조건 등과 같은 높은 수준의 가공 정보 산출에 활용하지 못하고 있다.

현재 제품 개발 과정의 범위가 설계 및 기능 검증 단계를 넘어 실제 제품 가공 수준까지 확장되면서 설계자 입장에서도 설계의 부품이나 제품 개발의 최종 단계로서 가공 공정을 이해할 필요가 있고, 이를 위한 CAM 시스템의 운용 활용성 개선에 집중함으로써 보다 높은 수준의 제품 개발 과정을 수행할 수 있게 된다.

그림 9.6 정밀 부품의 절삭 가공을 위한 소형 2.5-축 밀링 머신

설계 과정에서 제품의 기능이나 형상의 적합성을 확인하기 위해 여러 엔지니어링 어플리케이션을 운용하듯이 가공 과정에서 CAM 시스템에 의해 가공 정보를 기준으로 실제 가공 상황을 시뮬레이션할 수 있다. 현대적인 CAM 시스템의 역할 가운데 주요한 부분이 이러한 가공 과정에서 발생하는 문제를 사전에 파악하고 실제 가공 과정에서의 시간 및 표면 품질 등에 대한 검증 기능이라고 할 수 있다.

설계 공정에서의 오류는 일정 범위 내에서 수정이 가능하지만 가공 공정에서의 오류는 즉각적인 비용 손실을 초래하게 된다. 이러한 문제를 사전에 방지하기 위해 실제 가공 전에 파트 프로그램의 구동을 시뮬레이션으로 검증하여 가공 공구의 이동 중 간섭이나 공구 교체 등과 같은 여러 문제 발생을 사전에 확인해야 한다.

하지만 CAM 시스템과 NC/CNC 공작기기 사이에서 현실적으로 당면한 문제는, 컴퓨터 소프트웨어인 CAM 시스템에 비해 공작기기는 구동 체계는 물론 공구 등 여러 소모성 부품에 대한 특성이 항상 변동되는 물리적 기계 시스템 간의 차이로 인한 운용성의 불균형이다. 공작기기는 사용빈도가 증가함에 따라 최초 혹은 기존 사양에 적합한 성능이 유지되도록 관리되어야 하고 CAM 시스템에서도 이러한 변경 사항을 반영할 수 있어야 한다. 그러나 대부분의 설계자가 생산 현장에서 설치되어 운용되는 공작기기의 현황과 문제를 설계 및 CAM 시스템에 반영하기란 거의 불가능하다. 결과적으로 CAM 시스템에 의해 기준 상태로 추출된 파트 프로그램을 공작기기 작업자에 상황에 적합하도록 수정 및 변경하는 상황이 지속되고 있다는 점이다. 향후 IoT 등과 같은 새로운 환경 관리 체계의 적극적 도입이 보장되지 않는 이상 이러한 상황은 크게 개선될 수 없을 것이다.

반면 설계 대상이 가동되는 공작기기의 종류나 기능의 차이에 의한 가공정보가 새롭게 생성되어야 하는 경우, CAM 시스템은 최소 시간 내에 이를 생성할 수 있도록 해 준다. 특히 동일 제품을 다양한 공작기기에서 동시에 가공해야 하는 경우도 공작기기 작업자의 수고를 최소화할 수 있는 가공정보를 제공할 수 있다.

그러나 무엇보다도 3D CAD 시스템은 물론 CAM 시스템 역시 컴퓨터 시스템의 발전에 따라 지속적으로 기능의 추가와 개선이 진행된 것에 비해, NC/CNC 공작기기는 도입 비용 부담과 상대적으로 긴 수명에 의해 지속 시간이 길다는 점에서 두 플랫폼 간의 극명한 관리 체계의 차이가 있다는 사실이다.

때문에 많은 경우 3D CAD 시스템과 CAM 시스템에서 제공하는 다양하고 우수한 기능들이 공작기기의 기능적 한계에 제한받을 수밖에 없다. 실제로 3D CAD 시스템의 설계 생산성이 비약적으로 발전하고 CAM 시스템의 최적 가공 정보 추출이 가능하게 되었더라도 공작기기의 가공 기능은 애초 설계된 범위를 벗어나지 못한다는 점에서 설계 정보의 효용성은 현저히 낮아지게 될 수 있다.

고중량 설비인 공작기기의 도입은 컴퓨터 소프트웨어인 3D CAD 시스템이나 CAM 시스템과 달리 물리적인 공간과 주변 환경의 정비도 전제되어야 하고 기본 성능 유지를 위해 지속적으로 관리되어야만 한다. 또한 공작기기의 도입은 비용 부담을 넘어 발주에서 설치까지 수개월에 걸쳐 진행되는 경우도 적지 않다.

그 결과 3D CAD 시스템, CAM 시스템 그리고 CNC 공작기기로 이어지는 일련의 자동화된 제품 개발 공정은 가공 단계에서 상대적으로 많은 시간과 비용이 초래되는 병목 단계로 인식될 수 있다. 하지만 가공 단계에서의 오류는 시간은 물론 막대한 비용적인 손실을 초래할 수 있기 때문에 설계자 및 생산 관리자는 이전 설계 단계에서부터 충분한 검토와 확인을 수행해야 한다.

역사적인 측면에서 CAM 시스템은 컴퓨터 시스템의 발전과 함께 제품 개발 과정에 우선적으로 적용된 엔지니어링 어플리케이션이었다. 또한 수작업에 의한 가공 생산성의 개선을 목표로 시작된 공작기기의 개발은 수치제어 기술의 발전으로 20세기 들어 이른바 자동화의 시대를 열게 되었지만, 많은 제조 분야 기업에서 제품 생산을 위한 설비라는 측면에서 도입 및 설치 그리고 운용이 쉽지 않았으며 지속적 개선이나 개정 역시 어려운 것이 CAM 시스템이 직면한 현실이라 할 수 있다.

그리고 21 세기에 들어서면서 CAM 시스템과 공작기기는 3D 프린팅이라는 새로운 가공 및 생산 방식의 출현에 따른 변화의 시기를 맞이하고 있다. 3D 프린팅은 20세기 후반 공작기기의 운용을 위한 G-코드와 파트 프로그램의 역할과 수준을 지금까지와는 다르게-더욱 단순하게-변화시킬 것이 분명하다는 점에 새로운 도전에 직면하고 있다고 할 수 있다.

9.3 금형의 설계와 가공

제품 개발 과정에서 3D CAD 시스템으로 설계된 대상은 가공 및 생산 과정으로 통해 최종 제품으로 구현된다. 하지만 최종 제품 자체가 또 다른 제품을 생산하는 도구로서의 역할을 하게 되는 경우도 많다. 특히 거창한 공작기기나 생산시설이 아니더라도 일반적인 부품을 생산하기 위한 금형 역시 일반적으로 예로 볼 수 있다. 특히 기계 가공 분야에서 부품의 양산 목적으로서 금형의 설계와 생산은 3D CAD 시스템 및 CAM 시스템 등 엔지니어링 어플리케이션 운용의 주요 대상이라고 할 수 있다.

금형의 설계 및 개발은 제품 설계와 개발과 같은 수준에서 다뤄질 수 있을 만큼 종류와 범위가 다양하다. 현재 산업 사회에서 금형은 제품 가공 및 생산의 방식을 결정하는 도구이자 환경이라는 점에서 설계와 개발의 주요 대상이기도 하다. 특히 양산이라는 목적에 비춰 금형의 경우 열악한 환경에서의 신뢰성 높은 기계적 성질이 요구된다는 점에서 제한된 범위 내에서 단순한 형상 설계에 비해 보다 정밀하고 섬세한 설계 능력과 경험이 요구되고, 대부분의 기업에서 제품 설계와 금형 설계는 독립된 영역의 설계 업무로 구분되어 진행되는 경우가 일반적이다.

하지만 제품 설계와 금형 설계가 구분되어 있다하더라도 일반적으로 금형의 설계는 이미 가공 및 생산 방식이 결정된 상태에서 진행되기 때문에 상대적으로 기능적인 역할에 집중할 수 있다. 즉, 금형은 제품의 생산 방식에 의해 결정되고 , 제품의 생산 방식의 설계 및 개발 과정에서 수요처나 제안처의 요구에 따란 결정된다. 때문에 금형의 설계라는 한정된 기능적 범위에서 볼 때, 3D CAD 시스템 및 CAM 시스템을 이용한 금형 설계 및 가공 과정은 금형 형상의 설계 및 가공에 집중된다고 볼 수 있다.

하지만 전통적으로 금형의 설계와 가공은 제품 개발과 양산 계획을 지원하는 수준에서 관리되어 왔다. 때문에 제품의 품질과 양산 생산성을 확보하기 위해 무엇보다도 금형의 신뢰성이 우선되어야 함은 물론 가공 제품이 금형에서 쉽게 분리될 수 있도록 하는 등의 여러 사안을 고려하여 금형 형상을 설계해야 한다. 그 결과 제품 형상과 금형은 동일한 3D CAD 시스템을 설계 플랫폼으로 사용함에도 전혀 다른 시각에서 설계 대상을 바라본다고 할 수 있다.

금형 설계에서 검토되어야 할 사안은 제품 형상뿐만 아니라 제품 재료의 성질이나 특성도 함께 검토해야 하며, 이에 대응할 수 있는 금형의 형상과 재료 등도 함께 고려해야 한다. 또한 제품의 양산 방식에 따라 소성이나 주조 공정 등이 선택되면 이에 고려도 주요하게 금형 설계에 적용되어야만 한다. 일반적으로 소성이나 주조 공정의 금형에는 생산량은 물론 공정 방식에 따라 매우 열악한 환경에서 높은 부하가 발생할 수 있다.

일반적인 기계 부품 등의 대량 생산은 절삭 가공에 비해 소성 가공이 가격 경쟁력을 가질 수 있기 때문에 압연이나 단조 가공 공정을 위한 금형을 설계할 수 있고, 정밀 형상이나 부드러운 곡면이 요구되는 형상에는 주조 가공을 위한 금형으로 설계할 수 있다. 물론 가공 방식은 기업의 생산 체계에 의해 제약될 수밖에 없기 때문에 제한된 조건 내에서 최적의 생산 방식과 금형의 설계가 진행되어야 한다.

그림 9.7 사출 금형의 예

최근에는 대량 생산 체제에서도 소비재 시장의 확대와 더불어 제품의 표면 조도, 색상 그리고 편의성에 따라 부드러운 곡면을 포함한 외관 형상의 중요도가 우선시 되면서 전통적인 설계 및 가공의 관점이 아닌 산업 디자인의 관점에서 금형 설계를 평가하는 경우가 증가하고 있다.

그 결과 일반적인 기계 가공 및 생산성은 물론 제품 디자이너의 요구 사항을 수용할 수 있는 금형 설계 및 가공 방법을 선택해야 하는 경우도 증가하고 있다. 그리고 이러한 사안과 함께 제품의 품질, 가격 그리고 생산성을 고려한 제품 생산 방식의 선택 역시 설계자의 부담이라고 할 수 있다.

금형을 일반적인 설계 대상의 하나로 볼 때 3D CAD 시스템에서의 기능적 설계 과정은 다른 설계 대상과 특별한 차이가 없다. 비록 세부적인 형상의 수정이 잦은 특성으로 인해 금형 설계를 위한 별도의 설계 플랫폼이 사용되기도 했지만 최근에는 대부분의 금형 설계에서도 범용 3D CAD 시스템을 사용하고 있다. 또한 실제 가공 환경의 제약으로 인해 금형 설계에서도 2D CAD 시스템을 사용하는 경우 적지 않지만, 최근 주요 3D CAD 시스템에는 금형 설계를 위한 업무를 효율적으로 구현하기 위한 금형 설계 모듈을 제공하고 있으며 3D CAD 시스템의 주요 경쟁 요소로 평가되기도 한다.

금형 설계는 제품 디자인, 설계, 제품 혹은 금형 가공 그리고 제품 생산으로 이어지는 제품 개발 과정에서 설계와 양산의 중간 단계에 위치한다. 일반적으로 제품 개발 과정의 각 단계는 별개로 진행되고 각 단계의 정보는 개별적인 자료로서 다음 단계로 전달되었다. 단계별 정보 전달 과정에서 각 플랫폼 간의 차이로 정보에 오류가 발생하는 것을 방지하기 위해 표준 포맷을 사용하기도 했지만, 최근 범용 3D CAD 시스템의 기능이 확장되면서 제품 디자인에서 가공 단계, 나아가 생산 관리까지 하나의 설계 플랫폼으로 운용하는 기업이 증가하고 있다. 이러한 제품 개발 플랫폼의 통합은 각 단계에 최적화된 개발 시스템에 의해 효율성이 낮을 수도 있지만 전체 제품 개발 과정에서의 생산성은 크게 향상될 수 있다.

CAM 시스템의 측면에서 금형 가공은 3D CAD 시스템에서 설계된 형상을 그대로 가공하는 기능적 처리이기 때문에 가공의 대상으로서 특별한 경우라고 볼 수는 없다. 하지만 일반적인 기계부품 등의 가공에 대한 정밀한 곡면 가공이 상대적으로 많다는 점에서 정확한 형상 가공을 위한 파트 프로그램의 생성은 금형 가공에서 매우 주요하다.

향후 3D 프린팅 기술의 확산에 따라 CAM 시스템의 개선 속도와 방향이 크게 달라질 수 있다고 예상되지만 금형 가공 특히 소성 가공에 적용하기 위한 금속 재료 기반의 금형 가공은 현재와 같은 CAM 시스템과 공작기기의 환경이 제공하는 신뢰성과 생산성의 우위로 인해 일정 기간 유지될 수 없을 생각된다.

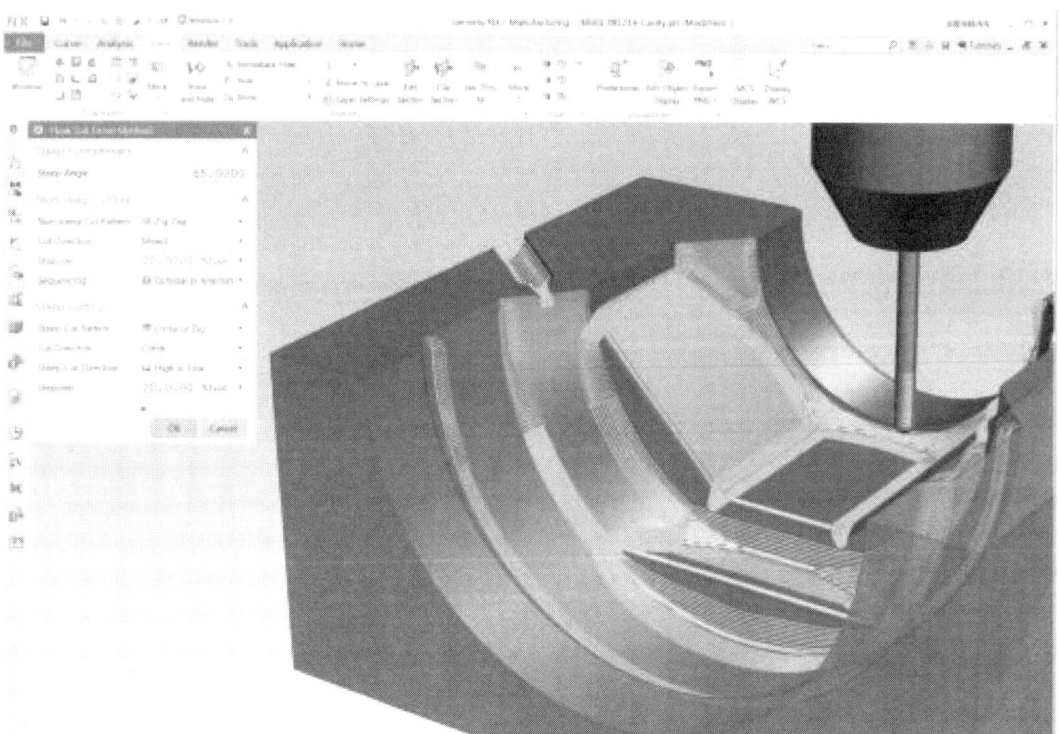

그림 9.8 CAM 시스템에 의한 금형 가공 시뮬레이션

그러나 곡률 변화가 심한 제품을 생산을 위한 금형의 곡면은 단순히 형상 표현으로서만이 아니라 금형으로부터 제품의 추출이 용이하도록 가공되어야 하는 등에 많은 시간과 비용이 소요된다는 점에서, 금속 재료 기반의 3D 프린팅 기술의 발전에 따라 금형 가공 역시 대체가 될 수밖에 없을 것이다. 하지만 금형 가공에 직접적으로 3D 프린팅 기술에 적용되기 위해서는 개선되어야 할 사항이 많다는 점에서 예측이 쉽지는 않다. 그럼에도 다른 부문과 마찬가지로 이미 고강도 금속 소재를 이용한 3D 프린팅에 대한 연구와 성과가 급속하게 확산되면서 소성 가공 분야의 금형 생산도 본격화될 수 있다고 본다.

9.4 가공 공정과 금형 설계

기계 가공 가운데 설계 형상을 직접 가공하는 절삭 가공이 가장 대표적이지만 대량 생산의 경우에는 형틀, 금형에 의해 양산되는 방식을 사용하게 된다. 때문에 3D CAD 시스템의 설계 대상 그리고 CAM 시스템의 가공 대상으로서 금형이 차지하는 비중은 정량적 수치로서의 의미를 넘어 현대 산업 사회의 생산 체계에서 기술적으로 매우 주요한 역할을 수행한다.

이러한 이유에서 제품의 설계 범위는 단순한 형상 설계 수준을 넘어 제품 생산을 위한 가공 공정 특히 생산 방식에 따른 금형 설계 및 가공 과정까지 포함하는 단계로 확장되고 있다. 그리고 설계자에게는 다양한 제품 생산 방식과 생산 방식의 결정을 판단할 수 있는 역량 역시 필요로 하고 있다.

금형의 설계는 가공 공정에 의해 결정되고, 가공 공정은 설계 형상의 품질과 생산량 그리고 생산성에 좌우된다. 그러므로 금형의 설계는 제품 디자인 단계에서부터 고려되어야 할 설계 요건의 하나라고도 할 수 있다.

그림 9.9 열간 압연 금형(롤)에 의한 블룸(bloom) 기반 레일 생산 공정

표 9-1 금형의 성형 용도별 분류

용도	성형방법	성형소재	금형재질
프레스	전단, 벤딩, 드로잉, 성형, 압축	금속 및 비금속	탄소강, 공구강, 구조용강, 초경합금 등
플라스틱	사출, 압축, 이송, 블로우, 진공, 압공, 발포	열가소성 수지	합금강, 알루미늄 등
다이스캐스팅		알루미늄 합금 등	내열강
주조		금속	합금강, 주철 등
단조		금속	금형강, 고속도강 등
고무		고무, 실리콘	합금강, 주철 등
분말야금		금속 분말	공구강, 초경 등
유리		유리	공구강, 주철 등

일반적으로 금속 소재에 대한 소성 가공이나 주조 가공으로 대량 생산되는 부품이나 제품은 절삭이나 사출 가공에 비해 상대적으로 표면 품질이 거칠다. 때문에 동일한 제품 형상에 대해 금형의 정밀도와 품질은 가공 방식에 따라 달라질 수 있다. 그러므로 부품, 제품 그리고 금형의 설계와 가공은 제품 기획 단계에서부터 설계자가 고려해야 할 사안이다.

일반적으로 절삭 가공 외에 금형을 사용하는 가공 공정은 다음 몇 가지 사항으로 구분할 수 있다. 사용하는 성형 재료를 기준으로 용도별로 구분할 수 있으며 또한 금형을 통한 방식으로도 구분할 수 있다.

금형의 선택은 생산 공정의 선택이라는 측면에서 세품의 개발과 생산 관리자는 제품의 가진 시장 경쟁력을 저해하지 않는 범위 내에서 최적의 생산 방식을 결정해야만 한다. 그리고 긴 시간과 공정을 요구하는 제품 개발 프로젝트 과정에서 관리자는 초기 제품 사양을 결정하는 디자이너, 제품 설계를 수행하는 설계자, 금형 설계자 및 생산 담당자 간의 원활한 의사소통이 가능하도록 관리 체계를 구축해야 할 필요가 있다.

예로 3D CAD 시스템을 사용하는 설계자 입장에서는 모델링 과정에서 제품 및 금형 가공의 효율성을 염두에 두고 최적의 피처를 적용하여 설계를 진행한다면 CAM 시스템을 통한 부품이나 제품의 생산은 물론 금형 가공 정보 생성에 보다 효율적으로 대응할 수 있다. 제품을 관통하는 원형 형상의 피처를 홀 피처로 생성할 것인지 돌출 피처로 생성할 것인지는 제품 가공 단계의 CAM 시스템 운용에 영향을 미칠 수 있다.

현대의 설계자에게 요구되는 능력은 3D CAD 시스템과 같은 설계 플랫폼의 운용 기술과 함께 설계와 생산 전 범위에 걸쳐 제품의 경쟁력을 유지하기 위한 가장 최적의 생산 방식을 도출하는 역량도 주요한 하나가 되고 있다. 다시 말해 단순한 형상 모델링이 설계의 중심이 아닌 대상의 가공과 생산 체계에 이르는 전 범위를 설계의 범위로 확장할 수 있어야 한다.

9.5 3D 프린팅 기술의 응용

3D 프린팅 기술을 기존 3D CAD 시스템과 CAM 시스템의 측면에서 볼 때, 금형에 의한 생산 방식이 아닌, 완전히 새로우면서도 전통적인 절삭 가공과 유사한 가공 방식으로 분류될 수 있다. 3D 프린팅 기술은 절삭 가공과 같이 형상의 외형 정보를 기본으로 하지만 절삭 가공과 달리 내부 구조에 대한 가공을 진행한다는 점에서 차이를 보인다. 그리고 내부 구조의 구성에 따라 그 기계적 성질을 비롯한 제품 특성에 다양한 변화를 초래할 수도 있다는 점 역시 새로운 차별성이라 할 수 있다.

특히 3D 프린팅 기술은 또한 기존 부품과 제품 간의 관계를 절차적 과정에서 동시 개발 과정으로 변화시킬 수도 있다. 3D CAD 시스템에 의해 설계된 개별 부품이 CAM 시스템에 의해 가공되어, 3D CAD 시스템에 의해 검증된 조립 과정을 실제 부품으로 구현되는 일련의 과정이 3D 프린터에 의해 조립된 제품으로 출력 혹은 생산되는 것이 가능하다. 이러한 경우 조립 절차를 위해 설계 과정에서 고민해야 했던 사안들이 많은 경우 해소될 수 있으며 제품의 분해가 필요 경우는 경우 3D 프린팅 기술은 기존과 완전한 다른 제품 개발 방식으로 접근이 가능하도록 해준다. 이것은 CAM 시스템은 물론 3D CAD 시스템의 기능과 활용성에도 큰 변화를 초해할 수 있다.

하지만 현실적으로 현재의 기계가공 현실에 비춰 3D 프린터가 공작기기와 같은 수준으로 가공의 역할을 담당하게 될 것으로 예상하기는 쉽지 않다. 물론 그 기술적 변화가 급속하다는 점에 점진적인 확산은 가능하겠지만 이미 많은 비용과 시간이 투입된 생산 현장이나 기구 체계를 대체할만한 효용성을 갖출 수 있다고 보기는 어렵다. 그러나 결국 새로운 기술에 의한 환경과 시장의 변화는 시간의 문제인 것 역시 부정할 수 없다는 점에서 장기적인 관점에 3D 프린터의 기계 가공 분야 진출도 마찬가지이다.

결과적으로 3D 프린터에 의한 금속 소재 기반의 기계 부품 및 제품 생산의 효용성과 경쟁력 확보가 변화의 속도를 좌우할 것이다. 사실 3D 프린팅 기술에 의해 금속 소재 기반 기계 부품의 생산은 상당한 시간이 걸릴 것으로 예상되었으나 현재 수많은 분야에서 현실화되고 있다는 점에서 변화의 속도는 기대 이상일 것이다.

다른 하나는 3D 프린터가 기존 소성 및 주조 가공과 같은 대량 생산 체계에 대응할 수 있느냐에 대한 문제이다. 하지만 이러한 고민 역시 대량 생산에 의한 제품의 가격 경쟁력이 주가 아닌 개별 사용자 및 사용 환경에 최적화된 제품 개발이라는 측면으로 대응함으로써 새로운 가치를 부여하고 있고, 새로운 경쟁력으로 기존 생산 체계로 진입하고 있다.

그러나 무엇보다도 3D 프린팅 기술이 가져올 가장 큰 변화는 생산의 주체와 소비의 주체가 일치되는 환경의 도래하고 할 수 있다. 즉, 부품이나 제품의 소비자가 직접 3D 프린터를 이용하여 필요한 양을 필요한 시간에 확보할 수 있게 됨으로써 현재와 같은 소요 부품의 발주 및 제품 개발 과정에 크게 달라질 수 있다. 물론 현재의 3D 프린팅 기술이 지금까지 언급한 사안을 충족시키기 위해서는 많은 기술적 진보와 시장의 확대 그리고 기존 생산 체계에 대한 대응을 필요로 한다. 때문에 현재 상황을 기준으로 일부 분야에서는 기대 이상의 확산 성과가 있을 것이지만 일부 영역에서는 기존 기계 가공 생산 체계가 지속될 것이라고 예상할 수밖에 없다.

이미 3D 프린터는 개인이나 소규모 사용자를 대상을 위한 소형 및 소량 출력 시스템으로 공급되고 있다. 또한 3D 프린터의 구동 체계가 단순하다는 점에서도 비용적으로 기존 소형 공작기기에 비해 보다 현실적 활용이 증가하고 있다. 더불어 3D 프린터의 사용 주체가 3D CAD 시스템이나 CAM 시스템 운용이 가능해야만 하는 제약도 없다. 결과적으로 이러한 실사용자 측면에서의 시장 확대는 결과적으로 생산 체계 및 물류 단계에도 영향을 미치지 않을 수 없을 것이다.

3D 프린터는 지금까지 수백 년 간 기계가공이라는 전문적 기능 영역에서 숙련된 인력을 완전히 컴퓨터 시스템에 의해 대체될 수 있는 계기를 제공한다는 점에서 기술은 물론 사회 구조적으로 큰 변화를 초래하게 될 것이 분명하다. 3D 프린터가 기존 공작기기와 같은 역할을 한다고 측면에서 3D CAD 시스템 및 CAM 시스템 역시 이러한 변화를 이미 채용하고 있다. 3D CAD 시스템에서 설계된 제품 정보가 다른 추가적인 변환을 위한 과정 없이 3D 프린터로 직접 출력이 가능하도록 하는 가공 모듈이 포함 되고 있다. 이러한 일련의 변화가 3D 프린터와 3D CAD 시스템 상호 간에 변화와 혁신의 긍정적인 결과에 기여하고, 더 이상 3D CAD 시스템이 일부 영역의 전문가 수준에서 보다 보편적인 어플리케이션의 확대될 수 있는 기회가 될 수도 있을 것이다. 이는 3D CAD 시스템 개발사에게는 지금까지는 와는 다른 새로운 시장의 확대를 의미한다는 점에서 지금과 같은 변화는 지속될 것으로 예상된다.

그림 9.10 소규모 출력이 가능한 개인용 조립식 3D 프린팅 장치

10. 설계 정보 관리 시스템의 운용

제조 기업에서 제품과 관련된 설계 정보란 가장 주요한 기술 자원이며 기업 성장을 위한 경쟁력의 핵심 기반이다. 산업 혁명 이후 20 세기를 지난 오늘까지 설계 정보를 포함한 제품 개발 관련 자산의 상당부분은 여전히 물리적인 종이 도면 혹은 2D CAD 시스템에 의해 생성된 도면 파일로 다뤄지게 된다. 비록 2D CAD 시스템에 의해 도면이 전자적으로 생성되기는 하지만 관리적인 측면에서는 기존 종이 도면과 큰 차이를 가지고 있지 않다.

하지만 제품 개발과 관련된 정보의 집합체인 도면은 설계에서 시작된 모든 개발 공정의 결과물이기 때문에 실제로는 가시적인 형상 외에 무수히 많은 유무형의 정보들이 존재하고 있다. 그러니 이러한 정보들의 대부분은 제품 설계자 혹은 도면 작성자 외에는 정확히 파악하고 힘들고 이들 당사자 역시 시간이 지남에 따라 개발 당시에 중점을 둔 가치의 내용과 순위를 명확하게 재구성하기 힘들다. 때문에 이러한 설계 정보를 통합적으로 관리하고 전사적 활용의 필요성을 위해 별도의 설계 정보 관리 시스템의 필요성이 드러나게 되었다.

재 설계 정보 및 제품 개발 관리 체계로서 운용되는 PDM 시스템 나아가 PLM 시스템은 이와 같은 제품 개발 및 기술적 자산의 관리를 관리 체계로 등장했으며, CAD 시스템을 비롯한 엔지니어링 어플리케이션의 설계 정보를 관리함으로써 설계자와 개발자에게 기존 기존의 보호와 재활용 그리고 생산성 향상이라는 목표를 보다 효과적으로 달성할 수 있도록 지원해 주고 있다.

10.1 도면 관리의 이해

설계 정보는 제품의 기획 단계에서 시작하여 설계, 검증, 시제품 가공 및 생산체계 구성 그리고 양산 나아가서는 시장에서의 제품 평가까지 이어지는 전사적 활동 범위를 포함한다고 할 수 있지만, 반면 제품의 형상 정보나 가공 정보가 담긴 매체, 도면으로 한정하여 시작할 수도 있다.

설계 정보의 관리 측면에서 가장 기본적이면서 일상적인 설계 정보인 종이 도면과 컴퓨터 내의 디지털 도면 파일에 대한 관리를 위해서는 관리 체계의 필요성을 인식할 필요가 있다. 일반적인 문서 혹은 문서 파일의 관리와 달리 설계 정보로서의 관리 대상에 대한 관리 목적은 기술적 자산의 안전성과 새로운 기술 개발을 위한 자원으로서의 역할로서의 활용성을 확보하기 위함이다.

현실적인 관리 대상으로서의 도면 파일은 일반적인 문서 등의 파일과 기능적으로 다르지 않다. 때문에 대부분의 설계자는 도면 파일 역시 동일한 수준으로 관리한다. CAD 시스템 등장 이전 종이 도면, 청사진 등의 설계 정보만이 관리 대상으로 존재한 시절에는 관리 미비로 인한 문제가 명확하게 드러나기 때문에 별도의 관리 공간, 관리 인력 등을 충원해야만 했다. 반면 컴퓨터 시스템 내에서 생성되고 존재하게 된 설계 정보들은 공간적이며 인력적인 관리 비용이 표면적으로는 필요 없게 되었다고도 볼 수 있다.

하지만 보관을 위한 관리 비용은 개선되었지만 기술적 자원으로서의 가치 활용이라는 측면에서는 종이 도면 시절과 크게 변화가 없다고도 할 수 있다. 도면의 무한 복사에 따른 정도의 중복, 외부 유출 및 파일 소실에 대한 위험은 오히려 더 증가했다고도 할 수 있다.

또한 설계자가 자신 혹은 타인에 의해 이미 설계된 정보를 성공 여부와 무관하게 참고를 위해 검색하거나 재활용하거나 그리고 불필요한 업무 중복을 방지하기 위한 설계 업무에 제대로 활용하는 경우를 찾기란 쉽지 않다.

물리적인-대부분 종이로 생성된-도면의 관리 기준은 '도번'으로서 도면에 부여된 중복되지 않는 분류 정보에 기초 한다. 일반적은 도번은 도면 내용을 보지 않더라도 도면의 내용, 제품에 관한 일반적인 정보(제품 분류, 용도 등)를 파악할 수 있도록 지정하고 이러한 목적에서 정해진 규칙에 의해 생성되기도 한다. 물론 도번 자체는 사용하는 주체와 상황에 따라 모두 다르기 때문에 특별히 정해진 형식을 가지지 않는다. 중요한 것은 한 기업이나 조직에서 관리 혹은 분류 기준으로서 적용될 수 있도록 규정하여 모든 도면에 적용될 수 있어야 한다. 이러한 특징으로 도번 규정이 정해지면 수정될 경우 이미 도번이 부여된 수많은 도면에 대한 수정이 요구되기 때문에 결코 그 중요성을 무시할 수 없다. 실제로 잦은 도번 변경 혹은 도번 준수 오류로 인해 제품 및 생산 관리에서의 시간적 금전적 비용 발생을 초래하는 경우는 상당하다.

설계 정보, 디지털 파일로서의 도면 관리는 기능적 단계로서 정리로 시작할 수 있다. 정리 단계는 앞서 언급했듯이 일반적인 파일과 동일한 수준에서 다루어 질 수 있다. 최근의 운영체제에서는 문서 파일의 이름이나 속성뿐만 아니라 파일의 내용까지 검색이 가능하도록 기능이 확장되어 왔다. 반면 CAD 시스템에서 생성된 도면과 같은 파일의 경우 내부의 검색이 불가능하거나 제한되어 있다. 때문에 도면 파일이 내장하고 있는 설계 정보를 각종 설계 정보를 검색하고 이를 기준으로 활용하기 위해서는 CAD 시스템과 같이 엔지니어링 어플리케이션에서 생성된 디지털 파일의 내용을 관리할 수 있는 별도의 체계가 필요하게 된다. 관리 체계의 수준과 기능에 따라 관리할 수 있는 대상과 범위는 다양하게 확장될 수 있다.

관리의 방식과 내용은 언급했듯이 사용하는 관리 체계에 따라 달라 질 수 있지만 관리의 목적은 명확하다. 기술적 자원으로서의 설계 정보가 가진 시행착오와 동일한 정보를 활용하여 새로운 설계에 요구되는 시간, 인력 그리고 비용을 절감하여 이를 통하여 새로운 제품의 경쟁력을 확보하기 위함이다. 때문에 도면 파일의 관리 체계는 도입, 구축 및 운용에 소요되는 모든 자원에 비해 활용할 수 있는 기술적 이익은 매우 크다고 할 수 있다.

그럼에도 설계 정보, 도면 관리 체계의 구축 과정에서의 요구되는 시간과 비용 문제로 제대로 된 시스템의 구현은 쉽지 않다. 특히 3D CAD 시스템으로 확장되는 설계 환경에서는 이러한 설계 정보의 관리 체계의 구축과 운용은 더욱 복잡하고 다양한 환경을 반영할 수 있어야 한다는 점에서 설계자는 기본적으로 도면 관리 체계의 운용 목적과 방식을 이해할 필요가 있다.

10.2 설계 정보 관리 기준 수립

도면에 한정하여 설계 정보 관리를 시작하더라도 3D CAD 시스템을 비롯한 고급 설계 정보의 관리 체계에서 기본 구성과 관리 방식에서 거의 차이가 없다. 핵심은 관리 체계를 통하여 기술적 자산의 관리와 새로운 제품 개발에 필요한 정보를 효과적으로 생산하는 환경의 구축이다.

이를 위해 PDM 시스템 및 PLM 시스템은 설계 정보로서 도면 파일을 시스템 내부에 저장한 (개별 설계자의 워크스테이션에 도면은 존재하지 않게 된다) 후 설계자와 개발자에게 새로운 설계 정보 관리 환경을 제공한다.

언급한 바와 같이 도면 파일의 이름으로서 도번 혹은 제품명 등과 같은 외부적인 정보 외에 일반적인 운영 환경에서는 검색이나 참조가 어려운 내부 정보를 가지고 있기 때문에 이를 관리하기 위한 관리 체계를 사용해야 한다. PDM 시스템과 같은 관리체계에서도 도면 파일의 이름은 주요한 관리 요소이다. 하지만 이에 더하여 도면 파일의 내부 정보와 관리 체계 간의 새로운 관리 요소로서 추가적인 '관리 속성'을 규정하게 된다. 관리 속성은 도면을 비롯한 PDM 시스템과 같은 모든 설계 정보 관리 체계에서 동일하게 운용된다.

관리 속성은 크게 두 가지로 구분할 수 있다. 우선 변경이 불가한 요소와 변경이 일상적으로 진행되는 요소가 있다. 변경이 불가한 요소의 가장 일반적인 사안은 '도번'이나 '개정'과 같이 유일한 검색 및 관리 요소라고 할 수 있다. PDM 시스템과 같은 별도 관리 체계가 없는 상황에서는 도번이 유일하면서도 가장 주요한 관리 요소가 될 수 있지만 관리 체계가 갖추어진 경우라면 중복되지 않는 관리 번호라고도 할 수 있다. 때문에 PDM 시스템에서는 근본적으로 동일한 도번의 생성 및 중복이 불가하도록 규정할 수 있다(PDM 시스템의 기능적 측면에서는 가능하지만 관리적 측면에서 이를 사용자가 수정하도록 공개하지 않는 것이 원칙이라고 할 수 있다).

변경 가능하거나 일상적으로 변경이 진행되는 요소는 앞서 도번이나 파일 이름 외의 모든 요소로서 PDM 사용자가 임의로 지정할 수 있다. 이들 요소는 일반적으로 기술적 내용과 관리적 내용으로 구분할 수 있는데, 관리적 내용은 통상 도면의 표제란(Title block)에 기입되는 비기술적 정보라고 할 수 있다. 설계자 이름, 설계 제품 이름, 설계 일자, 수정 일자, 등 설계를 수행하는 환경에 따라 다양하게 구성되어 있다. 비록 이 정보들은 설계 정보의 기술적 부분을 차지하지는 않더라도 향후 제품 개발 과정에서 문제가 발생하거나 하는 경우 주요한 확인 및 책임 기준이 될 수 있다.

변경 가능한 기술적 내용은 실제 설계 대상의 대표적인 정보라고 할 수 있다. 예로 특정 제품의 구분을 직경이나 길이로 구분하는 기업의 경우 직경과 길이를 관리 요소로 지정하여 검색의 기준으로 사용할 수도 있다. 혹은 설계 수정 사안이 주요하게 관리되는 경우라면 설계자의 의견을 관리 요소로 운용할 수도 있다.

설계 정보 관리는 전체적인 설계 변경 수준은 물론 상세 수정 사안에 걸쳐 수립되어야 한다.

예로 설계자가 설계 진행 과정 중 마무리 되지 않은 변경 사항 혹은 임의 수정 사안 등을 도번이나 개정에 반영할 것인가에 대한 기준이 정해져 있지 않다면 여러 설계자 마다 제품 개발 과정에서의 도면 변경 수준이 달라질 수 있다. 만일 모든 변경 사항을 일일이 관리 대상으로 삼게 되면 이는 설계자에게 설계 작업을 벗어나 도면 관리에 대한 부담을 초래할 수 도 있다. 또한 상대적으로 넓은 범위에 걸친 수정 사안을 변경 기준으로 정하면 각 도면의 개정 간에 상당한 차이가 발생하여 관련된 설계 담당자 간의 정보 전달에 문제가 발생할 수도 있다.

그러므로 설계 정보 관리의 기준은 관리 항목의 선정은 물론 변경 및 수정에 대한 개정 요건을 수립하는 것이라 할 수 있다. 또한 제품 설계 과정에서 하나의 도면에서 파생된 새로운 도면을 상위 및 관련 도면의 도번 등에 연계하여 관리될 수 있는 지에 대한 기준도 함께 수립되어야 한다.

PDM 시스템과 같은 설계 정보 관리 체계에서 관리 요소가 주요한 것은 설계 정보는 물론 제품 개발 업무의 모든 결과물에 대한 일관성을 유지하기 위함이라고 할 수 있다. 그리고 일관된 정보 체계는 수정이나 변경 사항이 동일하게 자동적으로 반영될 수 있도록 한다.

하지만 현실적으로 이미 관리되지 못한 수많은 도면 파일이 존재하고 각 도면 파일에 나름의 도번이나 파일 이름이 지정된 경우에, 이러한 조건을 수용하는 완벽한 설계 정보 관리 기준을 규

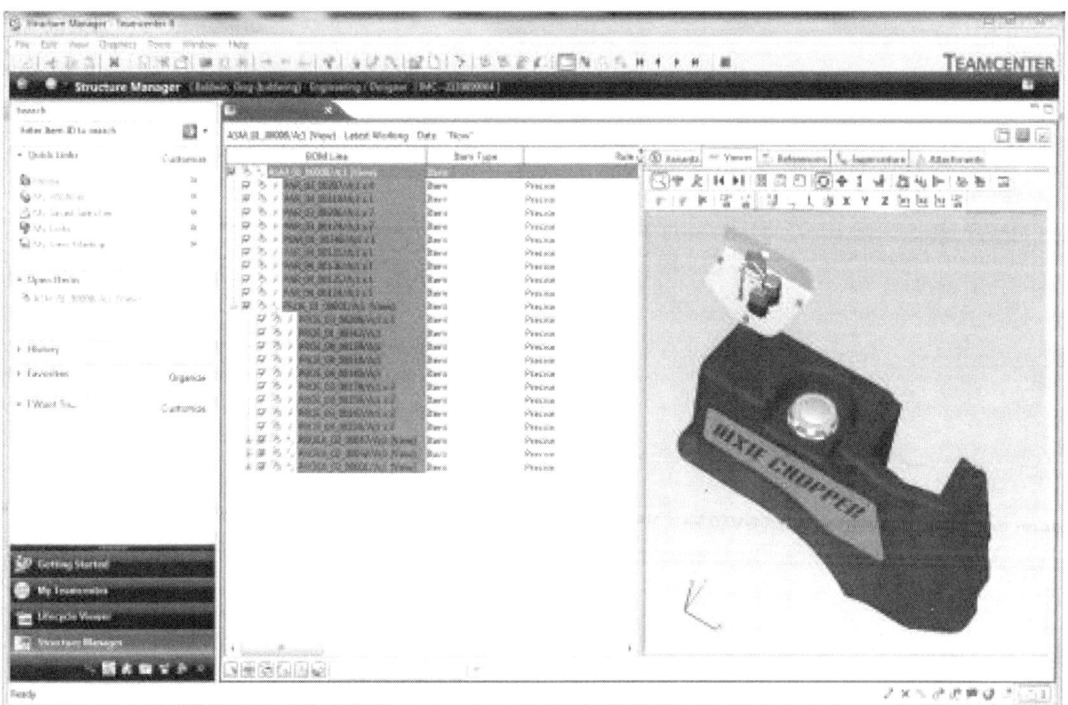

그림 10.1 Siemens PLM 시스템 TeamCenter에서의 SolidEdge 운용 사례

정하기란 매우 어려운 일이다. 특히 PDM 시스템과 같은 설계 정보 관리 체계를 구축한 이후 진행되는 과정이라면 시스템 운용에 상당한 위험을 초래할 수도 있다. 그러므로 설계 정보 관리 기준의 수입은 관리 체계의 구축 이전에 완료되어야만 한다. 만일 새로운 관리 체계에 적용할 수 없는 경우라면 이러한 정보들은 별도의 관리체계 혹은 일반적인 도면 파일 관리 규정으로 따로 관리하도록 한다. 또한 설계 정보 관리 요소가 추가될 여지가 있다면 관리 체계 구축 과정에서 추가 공간을 미리 생성해두는 것이 좋다.

일반적으로 PDM 시스템과 같은 설계 정보 관리 체계의 도입 이후 활용성이 떨어지는 주요 원인 중의 하나 역시 불명확한 관리 요소 및 관리 기준의 잦은 변경에 따른 정보의 수정 등에 대한 비용이나 시스템 불안정에 대한 위험 등이라 볼 수 있다.

10.3 설계 정보 관리 체계 확장

설계 정보 관리의 필요성이 대두된 이후 특히 3D CAD 시스템의 본격적으로 보급되면서 제품 개발을 위한 별도의 관리 체계의 도입이 급속히 확산되었다. 일반적으로 3D CAD 시스템에서는 어셈블리를 위한 부품 관리 및 BOM 생성 기능이 확장되면서 제품 정보를 관리하는 기능이 강화되었다. 그리고 보다 전사적인 차원에서는 ERP 시스템에서 제품 개발에 관련된 각종 정보를 관리하기 시작했다. 이후 보다 설계 정보와 제품 개발 정보의 관리에 집중된 전문적인 시스템으로서 PDM 시스템이 등장하게 되고, 현재 PLM 시스템으로 확장되면서 ERP와 함께 제조 분야 기업의 핵심 관리 체계로 운용되고 있다.

초기의 설계 정보나 제품 개발 정보 관리 시스템은 3D CAD 시스템의 3차원 형상 모델과 도면을 관리하기 위한 기능에서 시작되었기 때문에 PDM 시스템 역시 개발 부서나 연구소 단위에서 운용되었다. 하지만 제품 설계 및 개발 그리고 이후 생산 과정의 모든 정보는 기업의 생산 및 모든 관련 활동에 연관되어 있기 때문에 사용 범위가 점차 확대되기 시작했다.

제품 기획에서 설계, 개발 및 제조 과정에서 모든 정보를 공유하여 관련된 의견이나 요구 사항을 즉각적으로 검토 및 반영하기 위해서는 설계 정보의 공개는 물론 관련 업무 요소와의 연계되어야 한다. 이후 PDM 시스템은 PLM 시스템으로서 적용 범위와 관련 기능이 확장되기 시작했다. 또한 PLM 시스템은 기업의 일반적 경영관리체계라고 할 수 있는 ERP 시스템과 관련 정보를 상호 연계하고, 생산 현장의 POP, MES 시스템과도 연결되면서 제품 개발과 시작과 출시에 이르기까지 전 과정의 생산성 개선의 주체가 된다. 특히 21 세기 들어 IoT 환경의 확산과 함께 PDM/PLM 시스템은 제품 설계, 생산 및 관리 자동화를 넘어 개별 생산 체계와 제품 개발 정보가 결합됨으로써 산업혁명 이후 꿈꾸어 온 자동화 및 무인화된 생산 환경의 구축을 담당하게 된다.

하지만 현실적으로 IoT 기술을 위시한 수많은 새로운 생산 관리 체계가 확산되고 활용되기 위해서는 기존 생산 체계를 대체하고 변경하는 요구된다. 대규모 투자나 시설 구축에 시간이 소요되는 제조 분야의 특성으로 이러한 변화가 단기간에 진행되기는 힘들며 또한 기존 산업의 생산성을 대체할 수 있는 근거를 제공할 수 있어야 한다. 더불어 이 과정에서 기존 생산 체계에서 주요한 역할을 담당했던 생산 및 관리 인력과 관련한 매우 민감한 문제가 발생할 수도 있다는 점에서 현실적인 어려움이 적지 않다. 그럼에도 설계 정보 및 제품 개발 관리 체계는 지난 수백 년에 걸친 제조 분야의 관리적인 생산성 개선을 위한 방안으로 적극적인 도입이 진행되고 있다.

현대적인 제품 개발 과정은 PDM. PLM, POP, MES, ERP 등 여러 정보통신 기술에 기반한 관리 체계 간의 통합이라고 할 수 있지만 각 시스템에 포함된 관리 정보과 기준에 따른 현저한 차이가 존재하기 때문에 단순한 시스템 간의 연결 수준 이상의 규모로 볼 수 있다. 특히 IoT 환경의 확산은 기존 PDM/PLM 시스템이 제품 개발 과정의 생산성 개선과 집중해 온 현실을 생산 환경의 관리 수준까지 확산시킨다는 점에서 대기업에서는 짧게는 수년 길게는 십년 이상에 걸쳐 구축과 통합에 시간을 필요로 하고 있다.

10.4 PDM 시스템 운용의 절차적 이해

PDM 시스템 운용은 일반적인 CAD 시스템의 파일 호출 및 저장 단계와는 다른 규정된 절차를 가진다. PDM 시스템의 초기 운용에 있어 이러한 절차적 규정을 이해하는 것은 PDM 시스템 활용에 매우 주요한 학습 요소라고 할 수 있다. PDM/PLM 환경에서의 설계 및 제품 개발 과정을 진행하기 위해서는 무엇보다도 새로운 환경과 기술적 용어 그리고 기능적 절차에 대한 이해가 필요하다. 본 절에서는 가징 일반적이며 기본적인 PDM 환경에서의 설계 작업과 관련된 구성에 대하여 다룬다. 기본적으로 설계 작업은 설계자의 로컬 워크스테이션에서 진행되어 왔다. 하지만 PDM 서버와 연결된 상태에서는 설계 작업의 기능적 절차는 로컬 워크스테이션에서 구동되지만 설계 작업의 대상은 별도의 작업공간, 워크플레이스(workplace)에 존재한다.

PDM 환경에서의 모든 설계 작업의 대상은 작업 공간에서 생성, 수정 및 수정이 된다. 작업공간은 실제 물리적으로는 PDM 서버에 위치하게 된다. 설계자가 3D CAD 시스템과 같은 클라이언트 어플리케이션을 구동하여 새로운 설계 작업을 시작하게 되면 PDM 서버의 작업공간에 새로운 파일이 생성되면서 동일한 파일이 설계자의 로컬 워크스테이션에도 위치하게 된다. 그러므로 PDM 서버가 정상적인 서비스를 제공하고 있으며 클라이언트를 운용하는 로컬 워크스테이션과의 연결이 정상이라면 설계자의 로컬 워크스테이션에서의 설계 작업과 작업공간에서의 설계 작업은 완벽하게 동일하다고 할 수 있다. 즉, PDM 환경에서의 작업공간은 PDM 서버에 위치한 작업공간이면서 설계자의 로컬에 위치한 작업공간이라고도 할 수 있다.

설계자의 모델링 작업이나 도면 작업을 PDM 서버에 저장하고자 할 때, 이 과정은 PDM 서버로의 Check-In(체크인)이라고 한다. Check-In은 현재 상태가 완전하게 PDM 서버에 저장되는 것을 의미한다. 그리고 설계자가 PDM 서버에 저장되어 있는 설계 작업에 대한 수정이나 변경을

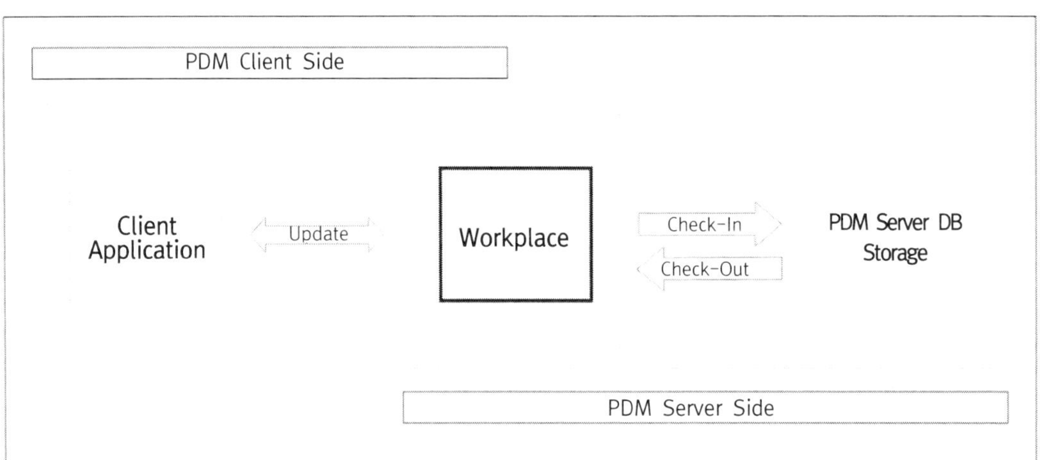

그림 10.2 PDM 시스템 운용 환경에서의 설계 과정의 절차적 구조

진행하고자 할 때, PDM 서버는 해당 파일을 작업공간으로 보내게 된다. 이 과정은 PDM 서버로의 부터의 Check-Out(체크아웃)이라고 한다. 기능적으로 PDM 환경에서의 Check-Out은 PDM 서버에 저장된 자료의 수정이 가능한 상태로의 전환이라고 할 수 있다.

그러므로 PDM 환경에서의 PDM 서버에 저장된 모든 파일에 대한 수정은 Check-Out 상태에서 가능하게 된다. 만일 설계 수정이 지속적으로 발생하는 경우, 설계 작업 진행 중에는 Check-In을 진행하면서 Check-Out 상태가 유지되어야 한다. 일반적으로 PDM 서버로 Check-In이 되면 Check-Out 상태가 해제된다. 또한 Check-In이 진행될 때 로컬 워크스테이션의 저장된 작업 파일을 삭제하게 된다. 때문에 하나의 설계 작업이 중지 혹은 완료되면서 Check-In 과정이 진행되면 설계에 관련된 모든 자료는 PDM 서버에만 남아 있게 된다.

만일 설계 정보의 수정이 단순히 내용 검토 혹은 복사 및 외부로의 이전 등과 같은 용도의 작업을 위해 작업공간으로 파일을 가져오는 경우에는 PDM 시스템의 종료에 따라 Check-Out 과정이 필수적인 과정이 아닐 수 있다.

설계자가 3D CAD 시스템을 통하여 PDM 서버에 저장된 설계 파일을 수정하고 있는 가운데 네트워크가 단절된 경우, 설계자는 현 상태에서 설계 작업을 계속 진행할 수 있다. 하지만 이 상황에서는 설계자의 로컬 워크스테이션에 저장된 설계 정보와 작업공간의 설계 정보가 실시간으로 동기화되지 않기 때문에 차이가 발생한다. 이때 설계자는 로컬 워크스테이션의 설계 파일의 내용과 다시 연결된 작업공간의 파일 내용을 일치시키기 위해 작업공간에 대한 Update를 진행하므로써 다시 로컬 워크스테이션의 파일과 작업공간의 파일을 동기화시켜 작업공간의 파일을 업데이트하거나 로컬 워크스테이션의 작업을 취소하고 작업공간의 파일로 대체할 수 있다.

설계자는 PDM 서버로의 저장, Check-In 과정에서 설계 변경 사항, 문제 원인 등 설계 과정에서의 정보를 입력하므로 써 향후 설계 정보의 재사용이나 참고에 필요한 정보를 효과적으로 활용할 수 있게 된다. 일반적으로 설계자는 PDM 환경에서 하나의 설계 작업 파일에 대한 수정 시자, PDM 서버로부터의 Check-In 이후 작업 파일에 대한 저장, PDM 서버로의 Check-In 과정을 반복하면서 설계 작업을 진행하게 된다.

그러므로 PDM 서버로의 Check-In 과정은 단순한 현재 설계 작업의 저장이 아닌 주요한 설계 변경 및 수정 그리고 완료에 대한 조치라고 할 수 있다. 때문에 일상적인 설계 변경이나 추가에 따른 저장은 PDM 서버로가 아닌 일반적 저장 기능을 통해 작업공간에 저장하는 것이다. 이후 사용자가 3D CAD 시스템을 종료한 후 새로 작업을 시작하게 되어, PDM 서버에 다시 연결되면 이전 작업은 이미 Check-Out된 상태로 작업공간에 저장되고 있고 설계자는 해당 설계에 대한 작업을 계속 진행할 수 있게 된다.

이상과 같은 PDM 시스템에서의 Check-In, Check-Out 및 Update 절차와 조건은 운용하는 PDM 시스템의 종류와 기능에 따라 차이가 날 수 있다는 점에서 설계자의 업무 진행 방식이나 도면 등의 설계 정보 관리 방식에 적합한 PDM 시스템 운용 절차를 구축하는 것이 좋다.

10.5 PDM 시스템 설치 및 구성

최근까지도 PDM 나아가서는 PLM 시스템에서 대한 도입은 일정 규모 이상의 기업에서나 가능한 일이었다. 이러한 상황은 PDM/PLM 시스템의 도입과 구축 많은 시간과 높은 비용이 요구되기 때문이기도 하지만 운용 효용성에 대한 불확실성 그리고 관리 필요성 자체에 대한 인식 부재에 따른 것이라 할 수 있다.

또한 상대적으로 연구소나 개발부서의 규모가 일정 수준 이하인 경우 새로운 관리 시스템의 운용 자체가 업무의 부담은 물론 관리의 비효율성을 촉진할 수 있다는 우려도 있는 것이 사실이다.

하지만 제품 개발과 관련 관리 체계는 구축은 물론 운용에 모든 관련 담당자를 비롯한 경영진이 적극적으로 참여하고 독려하지 않으면 기대한 성과를 도출하기란 힘들다. 특히 제한된 인력이나 규모의 경우라면 더욱 그렇다. 현재 설계 정보의 관리가 정상적으로 진행되고 있다고 평가하더라도 제품 개발의 수요 증가 혹은 시간 부족 등에 효과적인 대응이 지속되기란 쉽지 않다. 설계 정보 및 제품 개발 정보를 관리하기 위한 체계의 구축은 단기간에 완료될 수 없기 때문에 이에 대한 철저한 준비는 물론 충분한 시간의 확보 역시 주요하다.

본 절에서는 중소규모 제조 기업에서 제품 설계 및 개발 업무 생산성 향상을 목적으로 도면을 비롯한 설계 정보를 효과적으로 관리할 수 있는 PDM 시스템의 설치와 구성을 평가하고자 한다.

우선 현재 대부분의 설계 도면의 2D CAD 시스템의 대표 어플리케이션인 AutoCAD에 의해 생성되고 있는 점에서 Autodesk의 Vault PDM 시스템에 대한 사례를 선정하였다. Autodesk Vault는 경우 AutoCAD와 같이 도면 생성 중심의 기존 설계 플랫폼의 지원이 용이하고 도입 비용이 저렴하다는 장점이 있다. 또한 Autodesk Vault PDM 시스템은 자사의 미드-레인지 3D CAD 시스템 Inventor를 포함한 일부 하이-엔드 3D CAD 시스템을 수용할 수 있다.

10.5.1 Autodesk Vault PDM 시스템 설치 가이드

Autodesk Vault(이하 Vault)는 Autodesk의 자사 CAD 플랫폼인 AutoCAD, AutoCAD Mechanical 그리고 Inventor를 운용하기 위한 설계 정보 관리, PDM 시스템이다.

AutoCAD 및 Inventor를 Vault에서 운영하기 위해서는 어플리케이션 개정별 여부를 확인해야 한다. Vault의 경우 원칙적으로 Autodesk 제품과 동일한 개정 번호만을 지원하고 있다.

하지만 3D CAD 시스템의 경우 PDM 시스템에 따라 지원 여부가 다소 차이가 있다. 일반적으로 PDM 개발사의 자사 3D CAD 플랫폼은 별도의 변환 기구 없이 직접적으로 지원되지만 일부 외부 어플리케이션에 대해서는 별도의 입출력 프로그램을 사용해야 한다. 물론 2D CAD 시스템의 표준이라는 산업 환경에서 AutoCAD는 Vault 뿐만 아니라 현재 운용 가능한 모든 PDM 시스템에서 직접적이든 간접적이든 지원이 되고 있다. 현재 Vault는 Autodesk 제품 외 Creo(구. Pro/Engineer)와 SolidWorks를 Add-in 프로그램을 통해 지원하고 있다. 또한 CAD 어플리케이션 이외 Microsoft Office 패키지의 프로그램이나 이미지 파일 등도 지원한다.

일반적으로 PDM/PLM 시스템은 설계 정보를 저장하고 서버와 설계 작업을 진행하는 클라이언트로 구성된다. 클라이언트 측에서는 해당 CAD 시스템을 구동하여 PDM/PLM 시스템에 연결하여 서버에 저장된 설계 파일에 대한 생성 및 수정 작업을 진행한다.

그리고 PDM/PLM 서버 구축에는 서버 운영체제, 데이터베이스 그리고 PDM 서버 프로그램을 필요로 한다. 하지만 대규모 PDM/PLM 시스템이 아닌 경우 별도의 데이터베이스 서버를 운용하지 않고 PDM/PLM 서버에 탑재된 데이터베이스 프로그램을 사용할 수도 있다.

Vault 또한 설계 정보가 저장되는 Vault Server와 AutoCAD와 같은 CAD 플랫폼이 구동되는 워크스테이션에 설치되는 Vault Client를 따로 설치해야 한다. 물론 하나의 서버 환경이 클라이언트로서 운용될 수도 있다.

1) Autodesk Vault PDM 시스템 구성

본 예에서는 Vault 2017 환경에서의 Vault Server 및 Vault Client 설치에 대해 다룬다. Vault 운용에서 사전에 유의할 점은 AutoCAD의 버전과의 Vault 버전이 일치해야만 사용이 보장된다는 점이다. 때문에 AutoCAD와 Vault 중 버전 업데이트가 발생하면 다른 한 쪽도 대응하는 버전으로 업데이트를 진행해야만 한다.

현재 Vault 2017은 세 가지 구성으로 구분되어 있다. 설계자의 로컬 시스템에서 구동되는 Vault Basic, 소규모 워크그룹 단위에서 운용을 위한 Vault Workgroup 그리고 중소기업 수준에서 운용을 위한 Vault Professional로 제품이 구성되어 있다.

Vault Basic은 AutoCAD Mechanical 및 Autodesk Inventor 사용자가 별도 비용 없이 로컬 환경에 Server와 Client를 설치하여 운용할 수 있는 PDM 시스템이다. 이에 반해 Vault Workgroup과 Vault Professional은 PDM 사용자 수에 맞도록 라이선스 비용을 지불하고 도입 및 구축을 진행해야 한다.

Vault Server 연결을 위한 Vault Client 플러그-인 메뉴가 설치된 어플리케이션을 생성하기 위해서는 Vault Client를 설치하기 전에 해당 어플리케이션이 먼저 설치되어 있어야 한다.

설치 과정에서 각 Vault 구성 간의 라이선스 설치 및 라이선스 서버 연결 과정을 제외한 설치 세부 사항은 거의 유사하다.

2) Autodesk Vault Professional Server 설치

Vault Professional Server와 Client의 설치를 위한 하드웨어 및 운영체제에 대한 요구 사양은 크게 다르지 않다. 하지만 Vault Basic과 달리 Vault Professional은 로컬 워크스테이션이 아닌 별도의 서버를 구성한 후 Vault Server를 설치해야 한다. Vault Professional Client는 개별 설계자의 로컬 워크스테이션에 설치한다.

- Microsoft Windows Server 설치
  - Vault Server 구동을 위한 Windows Server 2012/2012 R2 설치 후 시스템 방화벽에서 네트워크 설정 및 서버/클라이언트 연결을 위한 포트 개방을 설정한다. 방화벽의 허용 프로그램 목록에 라이선스 연결을 관리하는 프로그램인 lmgrd.exe를 추가한 후, Inbound 항목에서 새 규칙을 추가하여 2080 포트를 허용한다.
- Microsoft SQL Server 설치
  - 데이터베이스 서버는 Vault 서버와 별도로 구성이 가능하거나 단일 서버 환경에서 Microsoft SQL Server Express 2012/2014 버전 이상을 운용할 수 있다. 하지만 운용 규모가 크지 않다면 Vault Professional 2017에 포함되어 있는 Microsoft SQL Server Express를 사용해도 무방하다.
  - 별도 데이터베이스 구성 환경에서 추가로 두 개 이상의 복제 서버를 구성할 경우 SQL Server Standard 2012/214 버전 이상을 별도로 설치해야 한다.
  - 향후 대용량 설계 정보를 다룰 예정이라면 별도의 Microsoft SQL Server Standard 2012/2014 버전 이상을 직접 설치하는 것이 필요하다.
- Autodesk Vault Professional Server 설치
  - 운영체제와 데이터베이스 설치 조건이 부합되면 Vault Server 설치를 진행한다.

Autodesk Vault Professional 2017 Server 설치 파일을 구동하면 주요 프로그램 설치에 앞서 Vault Server 구동 조건에 필요한 파일 설치 여부를 확인 후 해당되는 파일을 설치한다. 이후 설치되는 운영체제 조건에 따라 재시동할 수도 있다.

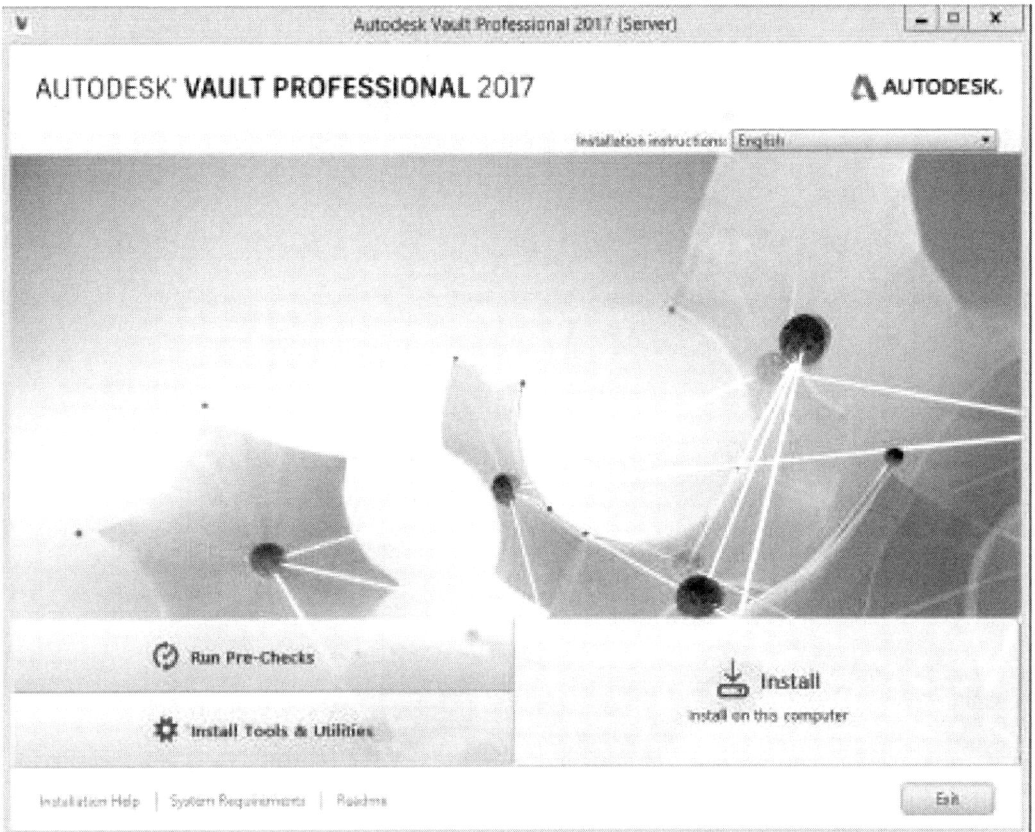

그림 10.3 Autodesk Vault Professional 2017 Server 설치 화면

설치 화면에서 Vault Server 구동에 적합한 환경을 점검하기 위한 Run Pre-Checks 항목을 실행하여 설치 가능 여부를 확인한다.

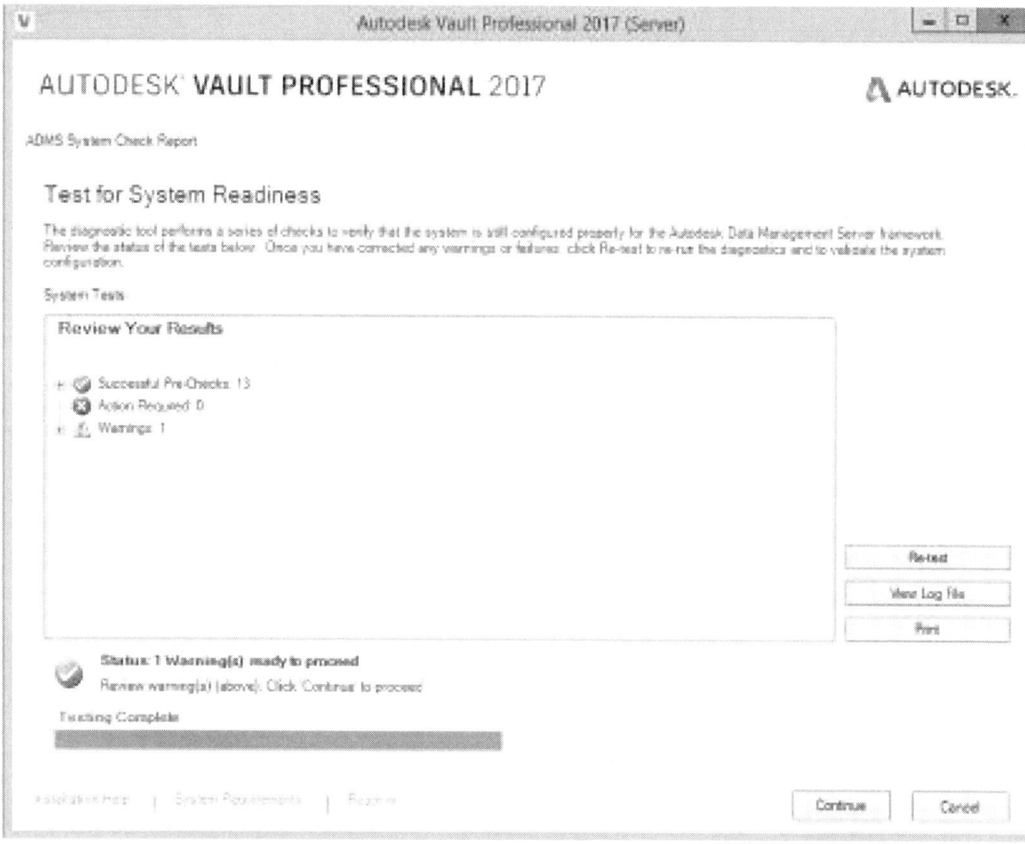

그림 10.4 Vault Professional 2017 Server 설치 조건 검사 화면

Run Pre-Checks를 실행하면 점검 결과에 따라 성공(Successful), 조치(Action required) 및 경고(Warnings) 등의 내용을 표시한다. 경고는 설치 자체에는 문제가 없지만 정상적 구동을 위한 이후 점검해봐야 할 사안이다. 조치의 경우는 프로그램 설치에 문제를 일으킬 수 있기 때문에 조치 사안을 해소한 후 다시 진행해야 한다. 만일 조치 사안을 무시하고 Vault Server를 강제로 설치하는 경우 오류가 발생할 수 있다.

Run Pre-Checks 과정에 빈번하게 발생하는 조치 중 하나가 'Reboot-Needed' 경고로서, 이러한 경우에 발생하면 Windows Server의 레지스트리 편집기를 구동하여 아래 조치를 진행한다.

- 관리자 권한으로 Regedit(레지스트리 편집기) 구동 후,

  Computer\HKEY_LOCAL_MACHINE\SYSTEM\CurrentControlSet\Control\SessionManager 폴더로 이동하여 PendingFileRenameOperations 항목을 삭제.

  재설치 과정에서 동일한 조치 사안으로 나타나면 같은 조치를 반복해 준다. 점검 단계에 문제가 없으면 Continue 버튼으로 다음 설치 과정을 진행한다.

그림 10.5 Vault Server 운용을 위한 네트워크 라이선스 관리자 선택

이어서 Vault Server 운용을 위해 라이선스 관리자 설치를 진행한다. Vault Server는 네트워크 환경에서 사용자 라이선스 관리를 위해 Flexlm 프로그램을 사용한다. 라이선스 관리자 프로그램 설치는 Install Tools & Utilities에서 Network License Manager를 선택하여 진행한다.

네트워크 라이선스 관리자 설치가 정상적으로 완료되면 Windows Server 데스크탑 화면에 LMTOOLS Utility의 아이콘이 생성되고, 이 프로그램을 이용하여 라이선스 활성화를 진행할 수 있다. 라이선스 활성화를 위해서는 제품 구입처나 Autodesk 웹 사이트에서 라이선스 파일을 구성하여 다운로드해야 한다. 라이선스 활성화 자체는 Vault Server의 설치 여부와 상관없이 설정이 가능하다.

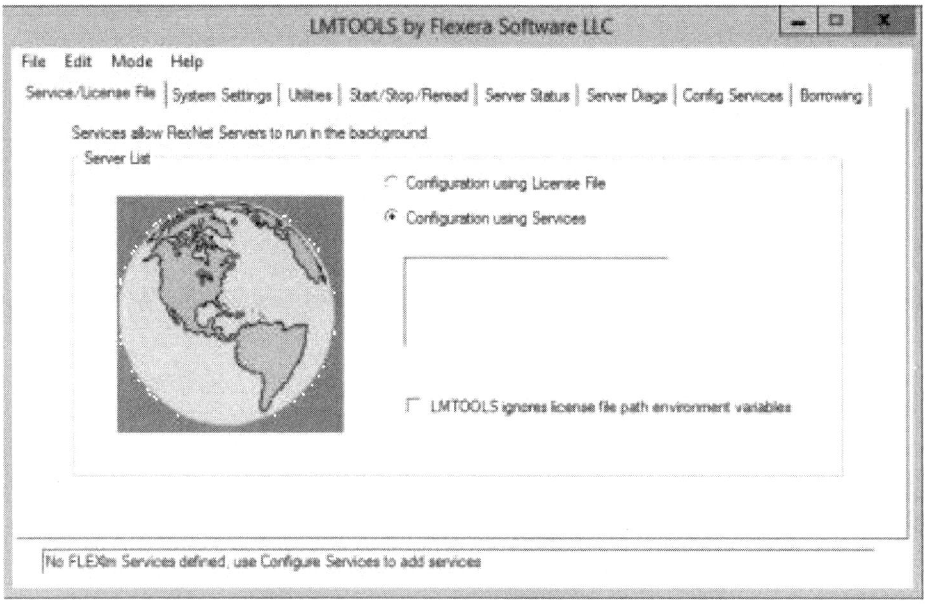

그림 10.6 LMTOOLS 라이선스 관리자 프로그램 시작 화면

라이선스 활성화를 위한 LMTOOLS Utility 프로그램을 시작하면 첫 화면에서 현재 아무런 라이선스가 구동되어 있지 않은 상황이 나타난다. 만일 Windows Server에서 다른 어플리케이션의 라이선스가 구동되는 경우 해당 라이선스 서비스가 화면이 나타나 있을 수 있다.

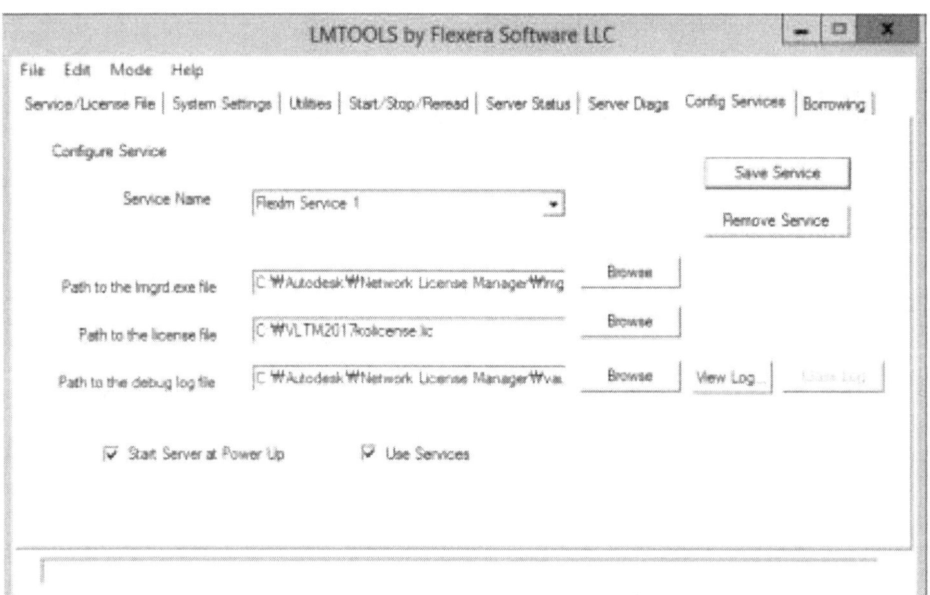

그림 10.7 Vault Server의 네트워크 라이선스 설정

LMTOOLS의 Vault Server의 라이선스 서버를 활성화하기 위해 Config Services 항목 탭으로 이동한다.

- Service Name
  - Vault Server를 위한 라이선스 서비스 이름을 지정한다. 표준 서비스 이름을 그대로 사용하거나 수정이 가능하다.
- Path to the lmgrd.exe file
  - 현재 Network License Manager 프로그램 lmgrd.exe의 경로를 지정한다.
- Path to the license file
  - 다운로드 받은 라이선스 파일이 위치한 경로를 지정한다.
- Path to the debug log file
  - 로그 파일이 작성되는 경로와 파일명을 지정한다.
- Start service at power up
  - 시스템 시작 시 라이선스 서비스 시작 여부 선택
- Use services
  - 라이선스 서비스를 개별 프로그램이 아닌 Windows Server의 서비스로 사용

각 항목을 지정한 후 Save Service 버튼을 눌러 저장한다. 이후 시스템이 재시작 되거나 서비스를 시작하면 라이선스가 활성화된다. 현재 라이선스 관리자가 정상적으로 라이선스 구동을 진행하고 있는 지를 점검하기 위해서는 View log 버튼으로 현재 상태를 확인할 수 있다.

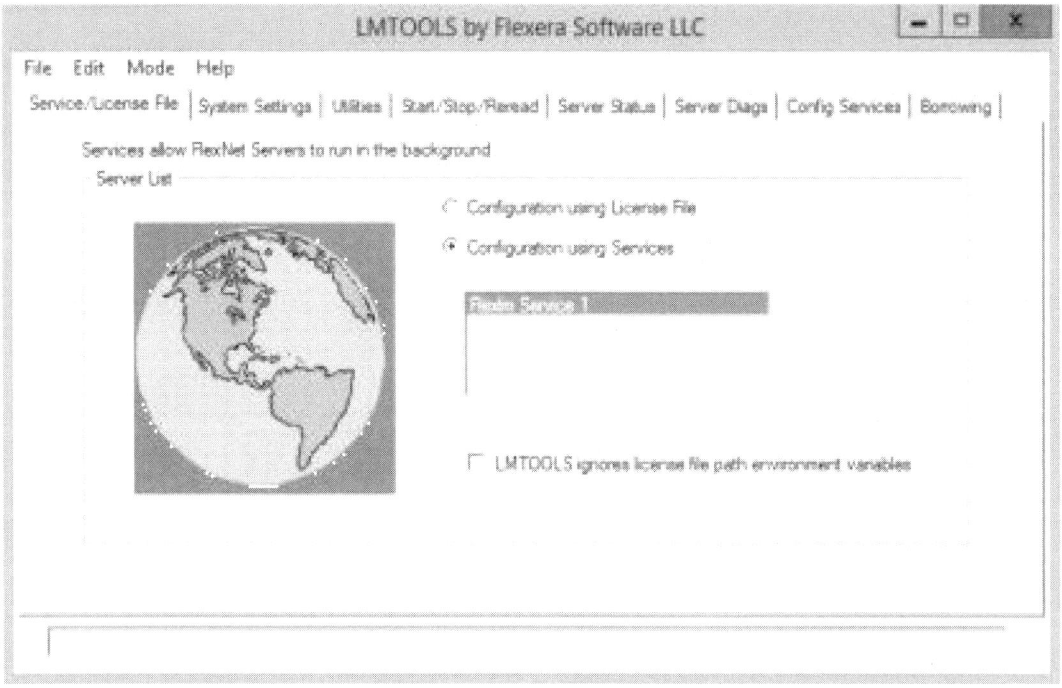

그림 10.8 네트워크 라이선스 서비스 구동

LMTOOLS 프로그램의 Service/License file 탭에서 라이선스 구동 서비스가 설정되어 있는 것을 확인할 수 있다. 만약 라이선스 서비스가 구동되지 않는다면 Start/Stop/Reread 탭으로 이동하여 Start Service로 강제로 시작할 수 있다.

라이선스 활성화 후 다시 Vault Server 설치 화면으로 돌아와서(혹은 설치 프로그램 재구동) Vault Server 설치를 진행한다. 우선 Vault Professional 2017 Server의 라이선스 서버를 지정하고 연결을 설정하다.

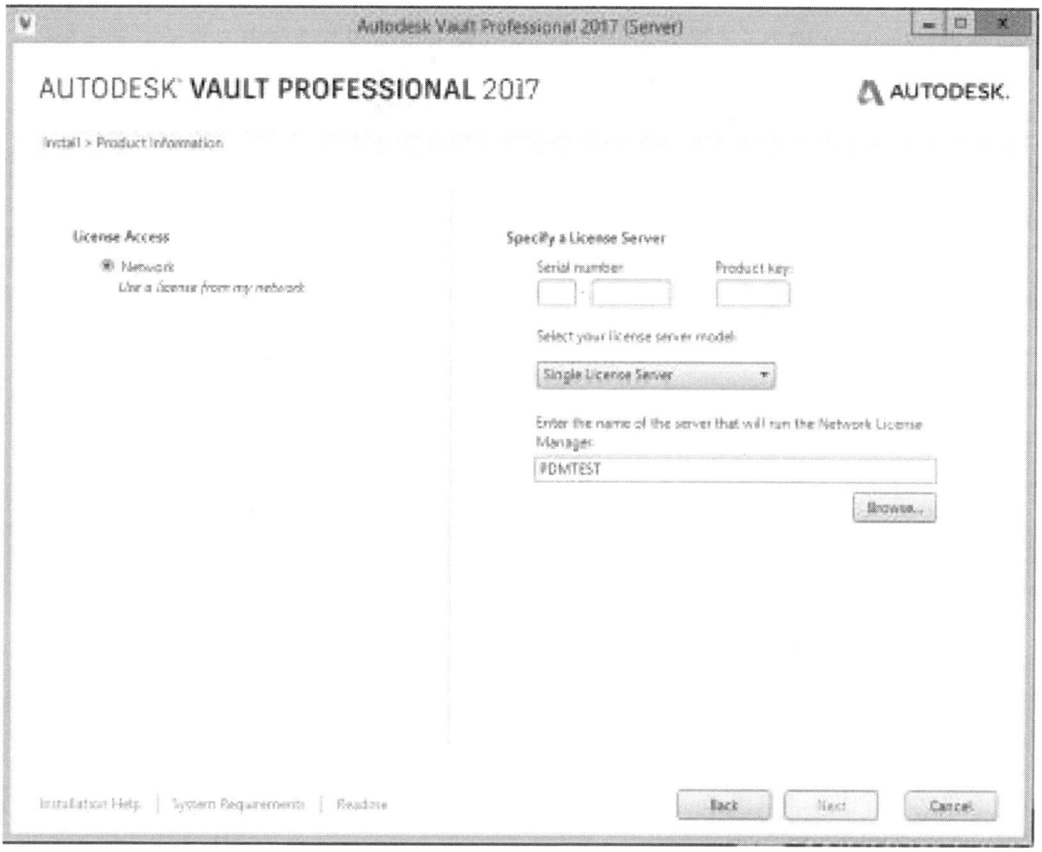

그림 10.9 Vault Server 네트워크 라이선스 구동 확인

라이선스 서버로 연결을 위해 보유한 Autodesk Vault Professional 2017 Server의 일련번호와 제품키를 입력한다. 이어서 사용할 라이선스 서버의 형태를 지정한다. 예에서는 단일 네트워크 서버로 구동하기 때문에 Single License Server로 지정된다.

그리고 라이선스 서버의 이름을 입력하거나 검색하여 지정한다. 라이선스 서버와 Vault Server는 동일 서버에서 구동되거나 별도로 구성될 수도 있다. 예의 PDMTEST는 Vault Server와 라이선스 서버가 동일한 시스템이다.

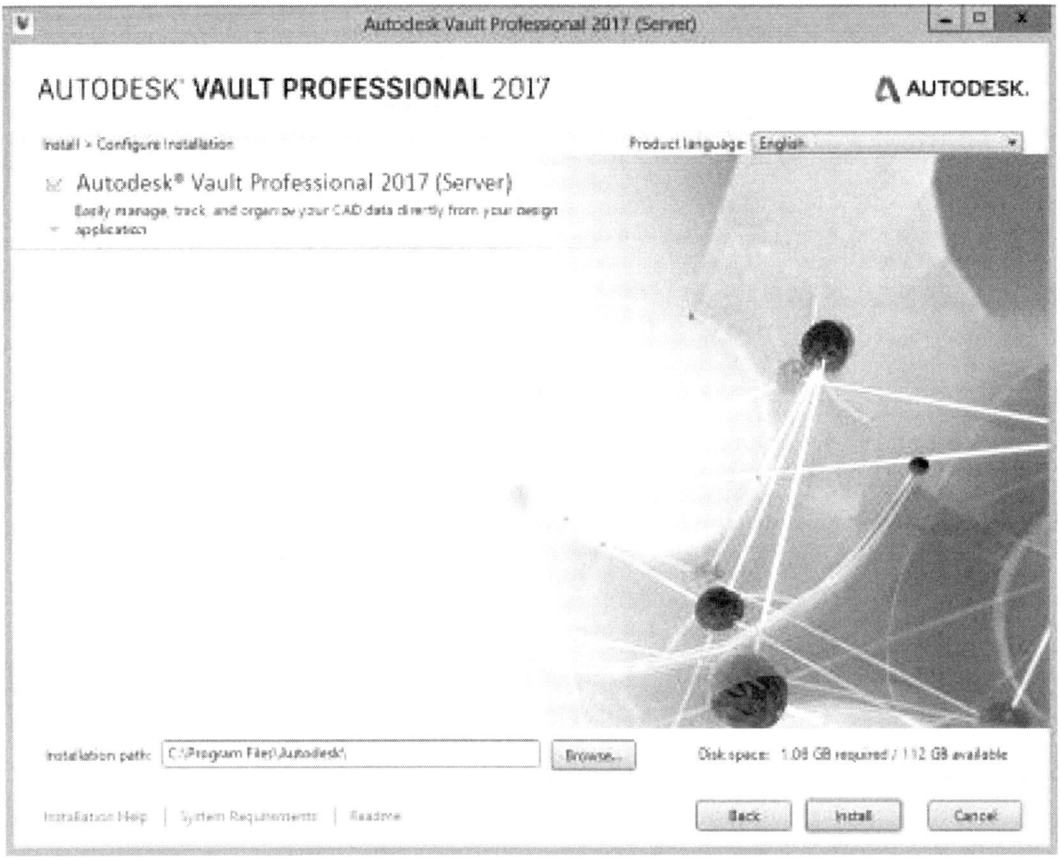

그림 10.10 Autodesk Vault Professional 2017Server 설치 화면

Vault Server와 라이선스 서버 연결이 완료되면 Vault Server의 설치 화면으로 돌아가 계속 진행된다.

Vault Server를 위한 데이터 관리 서버, SQL Server Express 그리고 Vault Server Professional의 설치가 정상적으로 과정이 끝나면 완료 화면이 나타난다. 이어 Vault Server 설정을 위한 콘솔 프로그램이 진행된다. Vault Server 설정은 이후 별도로 진행할 수도 있다.

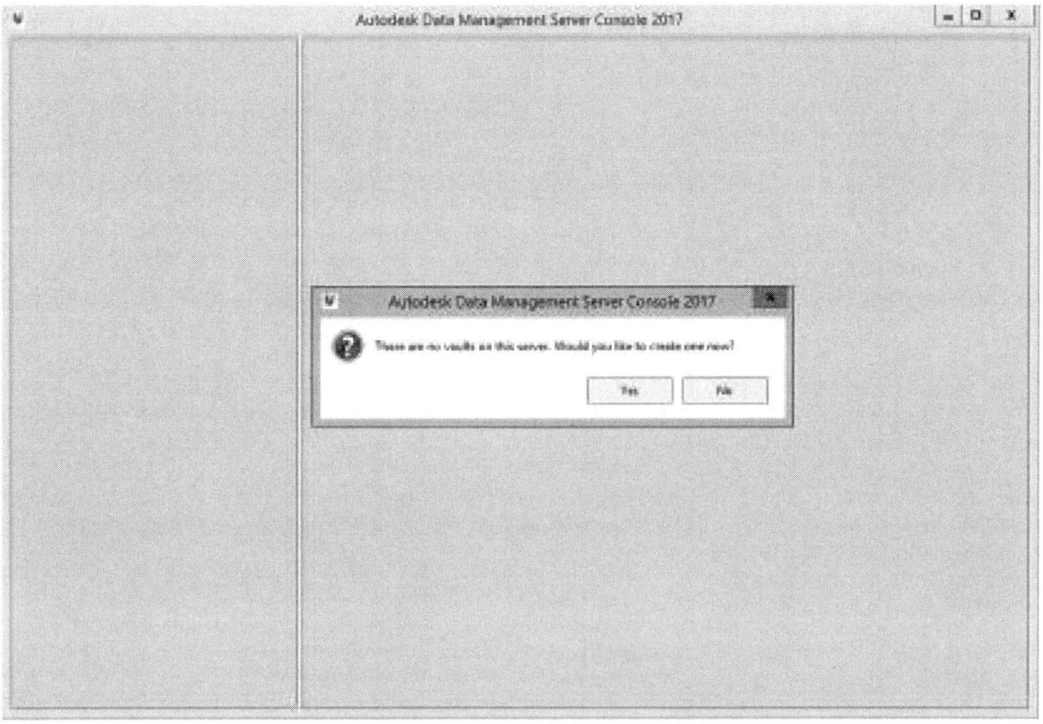

그림 10.11 신규 데이터베이스 설정 시작

ADMS(Autodesk Data Management Server) 콘솔을 통하여 Vault Server에 로그인하여 새로운 데이터베이스를 생성한다.

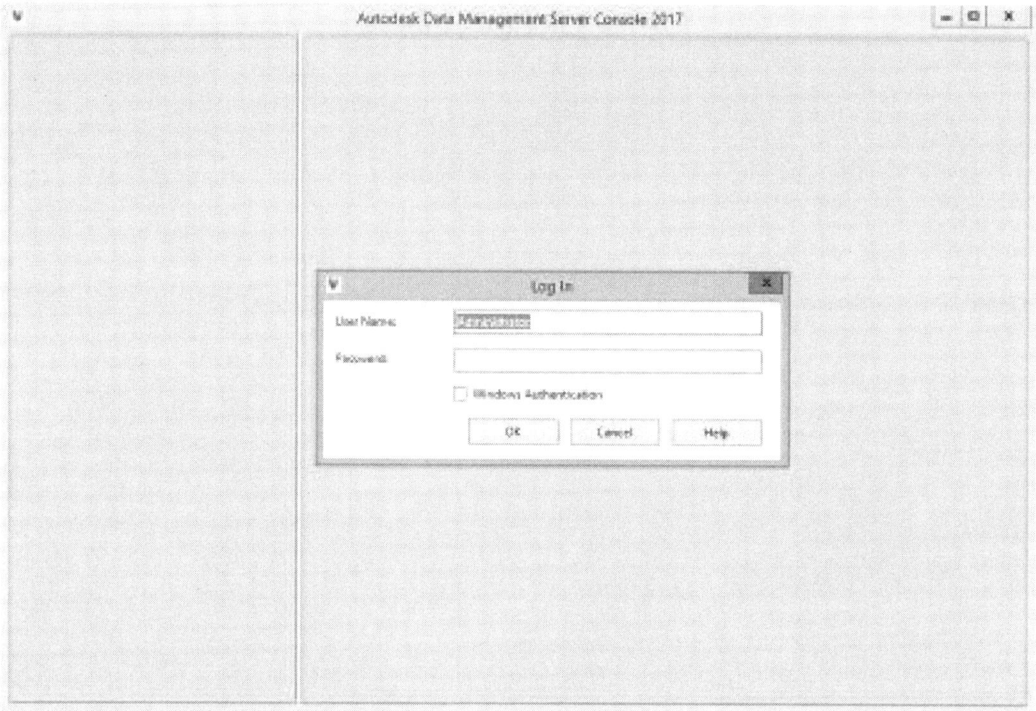

그림 10.12 Vault Professional 2017 Server의 ADMS에 로그인

ADMS 콘솔의 계정은 기본적으로 설치된 SQL Server Express의 계정과 동일하다. 예에서는 시스템 관리자 계정인 Administrator를 그대로 사용한다.

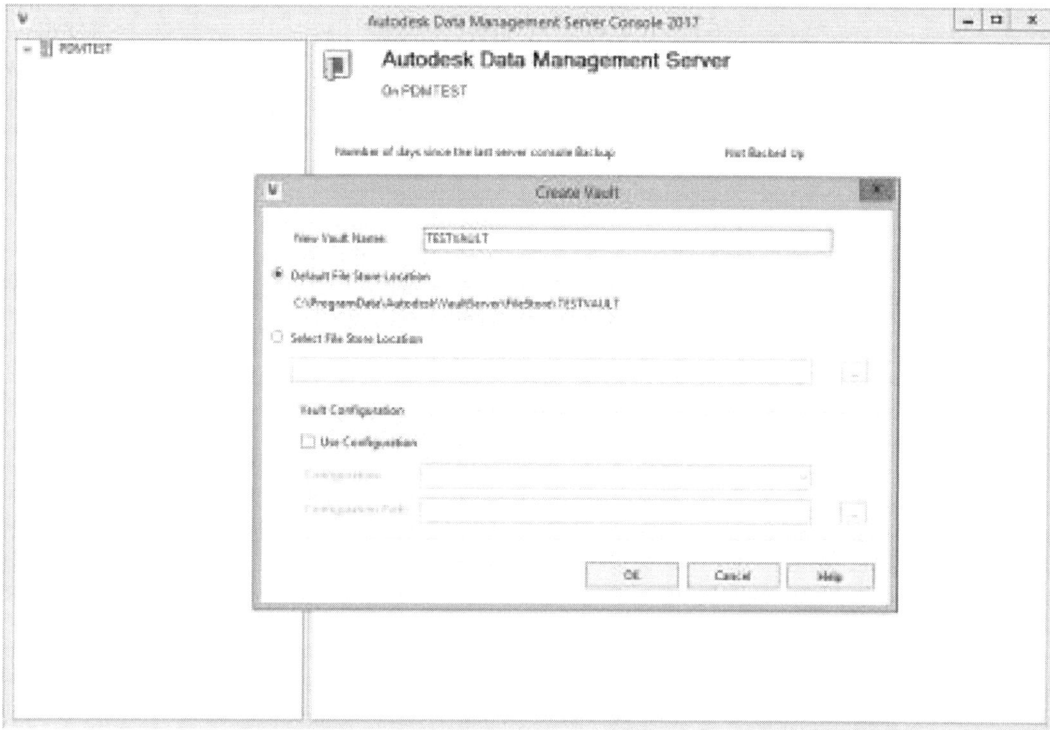

그림 10.13 신규 Vault 데이터베이스 생성 화면

예에서는 TESTVAULT라는 이름의 새로운 데이터베이스를 기본 저장 위치에 생성한다. Vault Server Professional에서는 용도에 따라 여러 개의 데이터베이스 생성이 가능하다.

데이터베이스 생성이 완료되면 성공 메시지와 함께 사용 권한에 대한 화면이 나타난다.

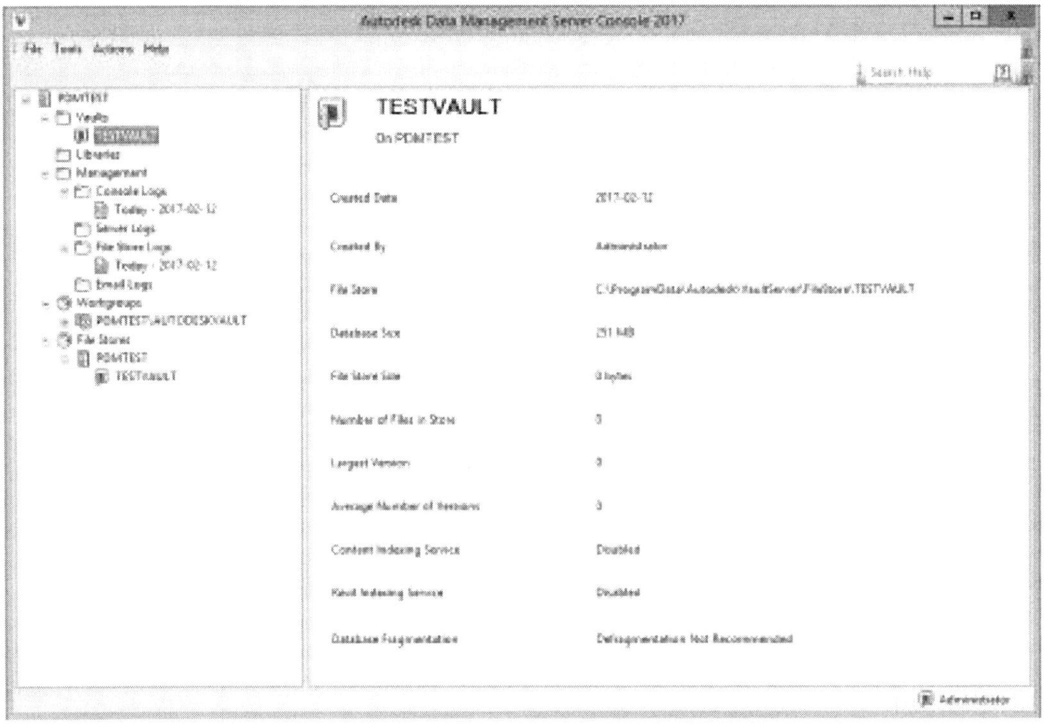

그림 10.14 Vault 데이터베이스 정보 확인

신규 생성된 데이터베이스의 정보가 ADMS의 좌표 화면에 나타나고 각 구성 디렉터리에 대한 내용을 확인할 수 있다. 이후 ADMS에 로그인하여 설계 및 관련 정보를 효율적으로 관리하기 위해 여러 설정이나 규정을 생성 및 수정할 수 있다.

Vault Server와 Client 간의 연결 문제가 발생하는 경우 네트워크 관리자 등과 함께 네트워크 및 서버에 대한 방화벽 설정 사안을 확인할 수 있도록 한다.

3) Autodesk Vault Professional Client 설치

Autodesk Vault Professional 2017 Server가 설치된 이후, 개별 클라이언트 워크스테이션을 위한 Autodesk Vault Professional 2017 Client 설치를 실행한다.

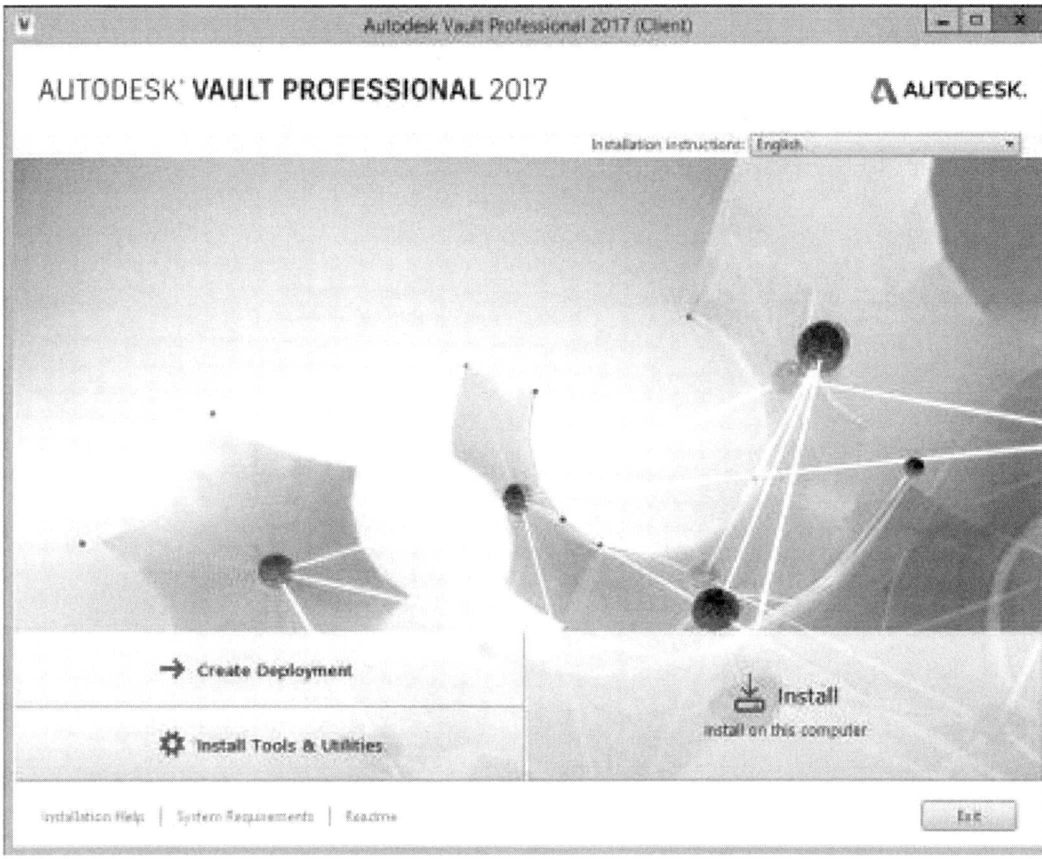

그림 10.15 Autodesk Vault Professional 2017 Client 설치 설정 화면

설치 화면에서 배포 작성(Create Deployment)은 Vault Client를 네트워크 환경에서 개별 워크스테이션에서 네트워크 기반 설치가 가능한 배포판을 만들어 주는 기능이다.

Vault Client의 도구 및 유틸리티(Install Tools & Utilities)에는 Microsoft Office 제품을 Vault 환경에서 사용할 수 있도록 해주는 Add-in 프로그램의 설치 항목이 있지만 따로 지정할 필요는 없다.

그림 10.16 Vault Client 형식 선택 화면

Vault Client의 설치를 선택하면 Vault Client의 구성을 선택하는 화면이 나타난다. Vault Professional이 Vault Office에 비해 상위 구성이므로 이를 선택한다.

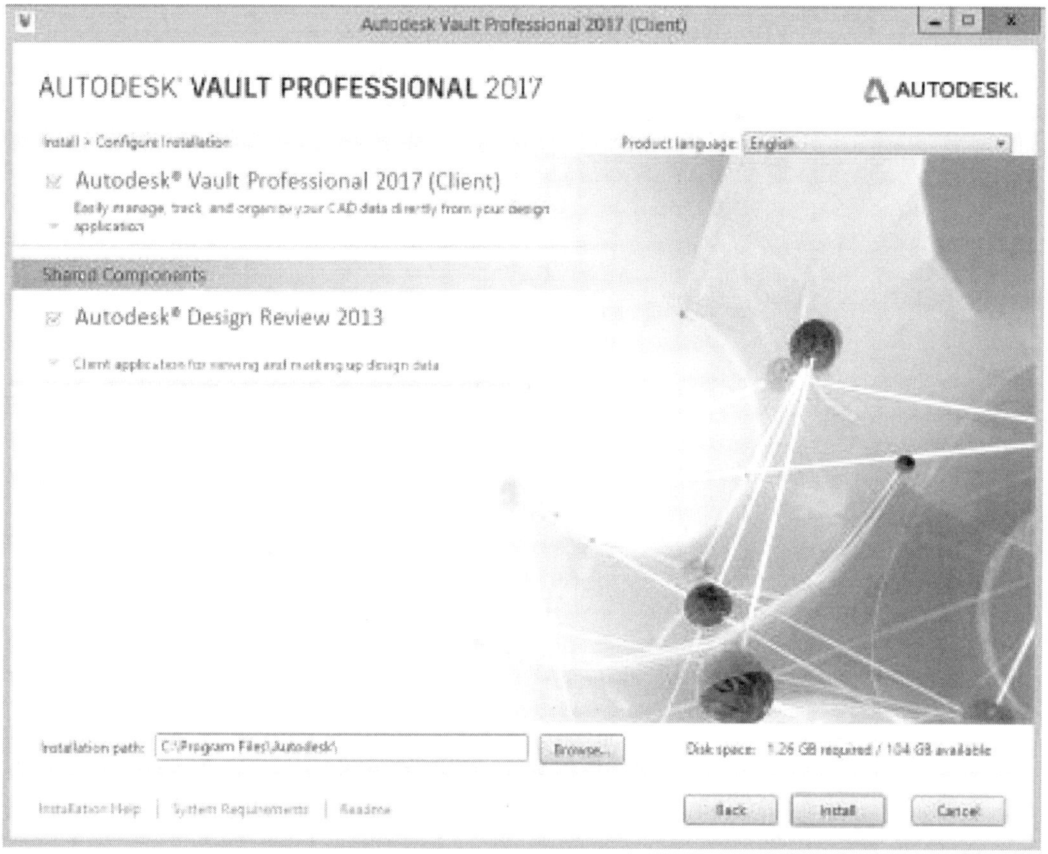

그림 10.17 Vault Professional 2017 Client 설치 구성 화면

이어서 Vault Client의 설치 항목이 나타난다. 세부 항목에 대한 별도의 선택 없이 표준 설정으로 설치를 진행한다.

Vault Client의 설치가 완료되면 설치 성공 목록이 나타난다.

- Autodesk Design Review 2013
  - Vault 환경에서 서버에 올려 진 설계 및 문서 파일을 볼 수 있는 뷰어 프로그램으로서 DWF, DWG, DXF 및 PDF 파일과 대부분의 이미지 파일을 지원한다.
- Autodesk Desktop App
  - Autodesk의 어플리케이션 관리용 앱으로 업데이트 현황을 알려준다.

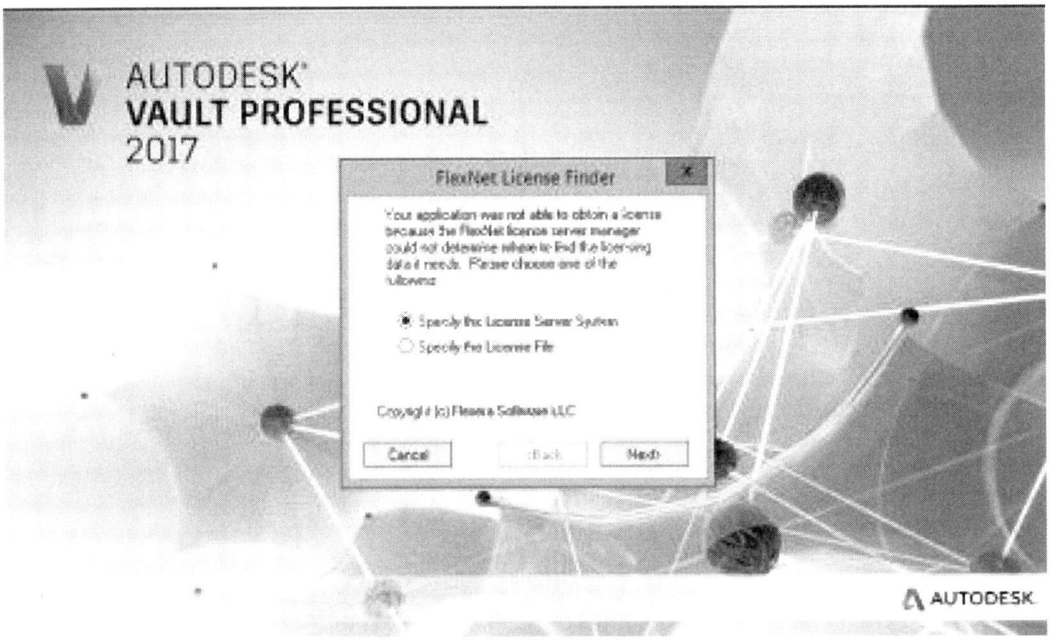

그림 10.18 라이선스 형식 지정(라이선스 서버 선택)

Vault Client의 설치가 완료된 이후, Vault Server에 대한 연결 설정이 진행된다. 우선 현재 라이선스 구성 현황을 선택하다. 예에서는 네트워크 서버를 기반으로 진행한다.

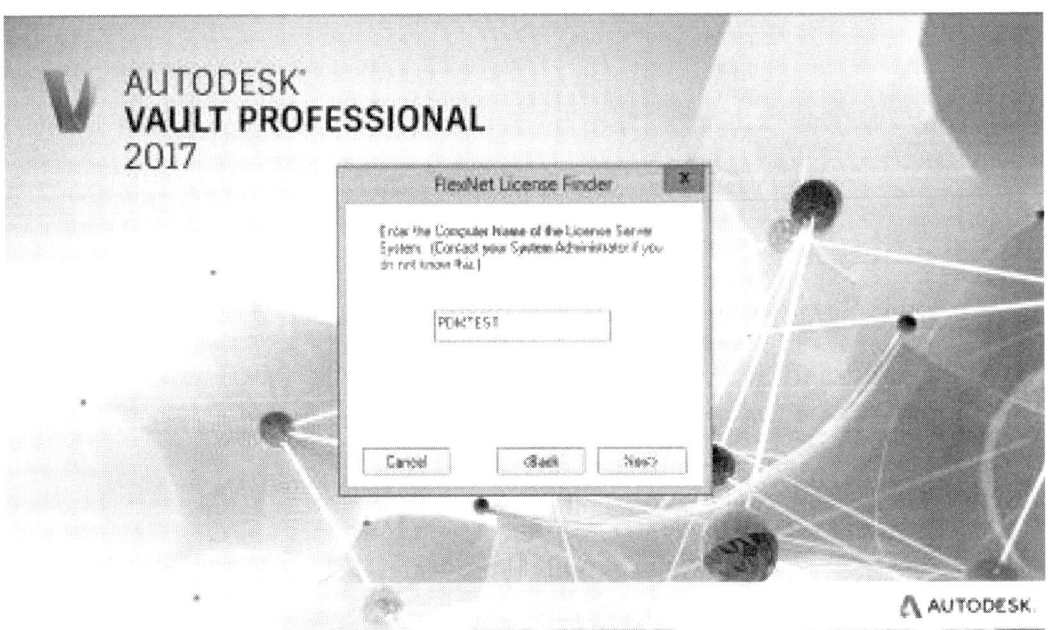

그림 10.19 네트워크 라이선스 서버 이름 지정

라이선스 서버 형식 선택 후 라이선스 서버의 이름을 입력한다. 예에서는 Vault Server와 라이선스 서버를 동일하므로 PDMTEST를 지정한다.

서버와의 연결 상태 및 라이선스의 정상적 사용이 가능한 지에 대한 검토를 확인한 후 메시지가 출력되면서, 라이선스 지정 과정이 완료된다.

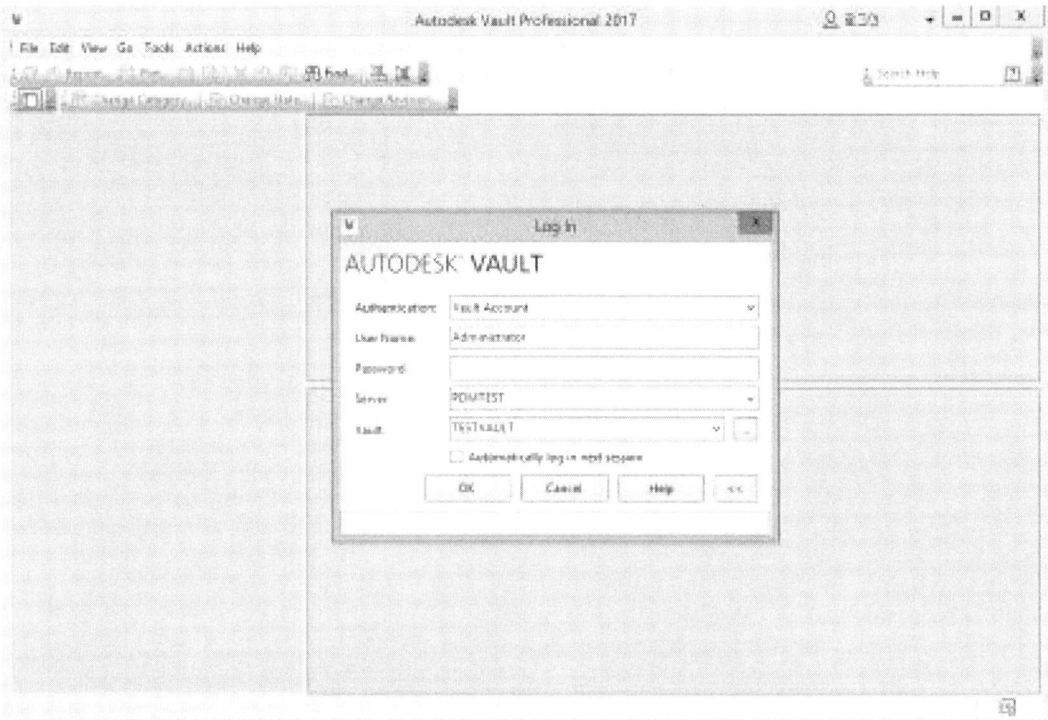

그림 10.20 Vault Professional 2017 Client의 서버 연결 정보 입력

라이선스 서버 연결에 문제가 없으면 Vault Client가 작동한다. Vault Client는 서버에 연결하기 위한 로그인 화면에서 시작한다.

- Authentication
  - 서버 및 데이터베이스 연결 인증 방식
- User name & Password
  - 사용자 이름 및 암호
- Server
  - Vault Server 이름
- Vault
  - Vault Client에서 현재 사용할 데이터베이스 이름, 직접 입력하거나 서버 이름이 지정된 이후 탐색을 선택하면 연결 가능한 데이터베이스 목록이 나타난다.

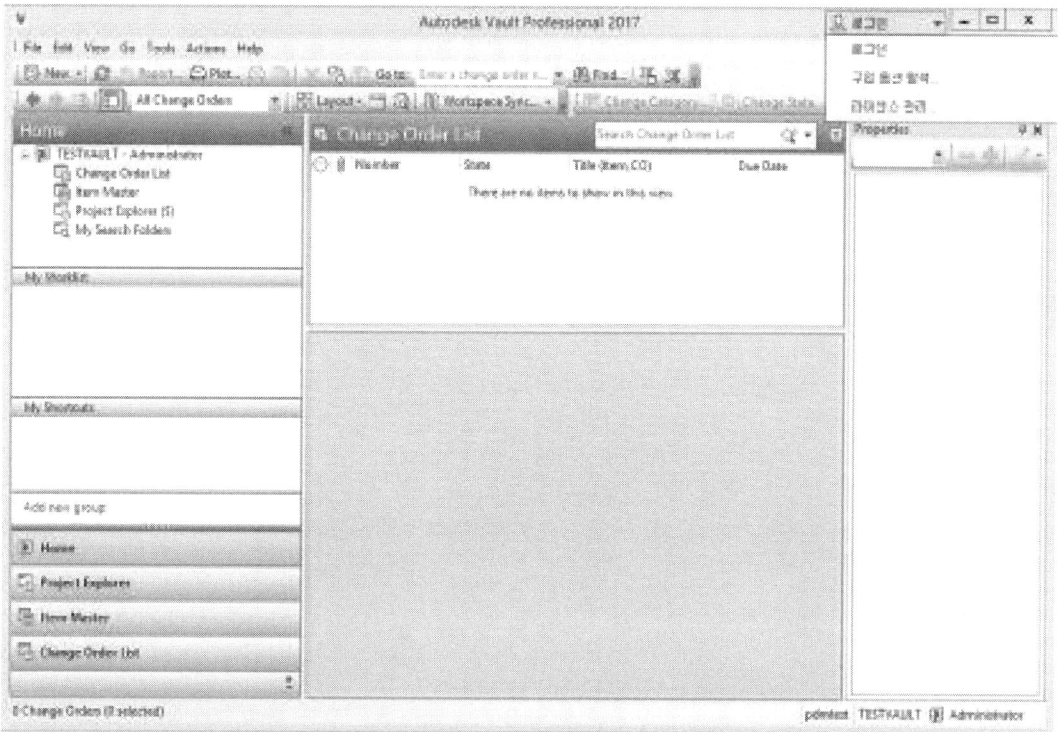

그림 10.21 Vault Professional Client에서 Vault Server 연결

정상적으로 서버에 연결된 경우 Vault Server의 데이터베이스 정보가 Vault Client의 화면에 나타난다. 이제 Vault Server에서 지원하는 개별 어플리케이션을 사용하여 서버로 설계 및 관련 문서 정보를 업로드하거나 확인할 수 있다.

4) Autodesk Vault Basic Server 설치

Vault Professional과 달리 Vault Basic은 서버와 클라이언트를 로컬 워크스테이션에 설치하고, 개별 설계자의 도면 및 설계 정보 관리 용도로 사용된다. 하지만 근래 Vault Basic은 어플리케이션에 포함되어 있지 않기 때문에 AutoCAD Mechanical이나 Inventor 지원 사이트에서 별도 다운로드하여 설치한다.

Vault Basic은 로컬 워크스테이션에서 구동되기 때문에 서버 운영체제가 아닌 Microsoft Windows 7 Professional 이상(버전 Vault 2017의 경우)의 클라이언트 운영체제에서 설치가 가능하기 하므로, 운영체제 지원 여부를 사전에 확인한다.

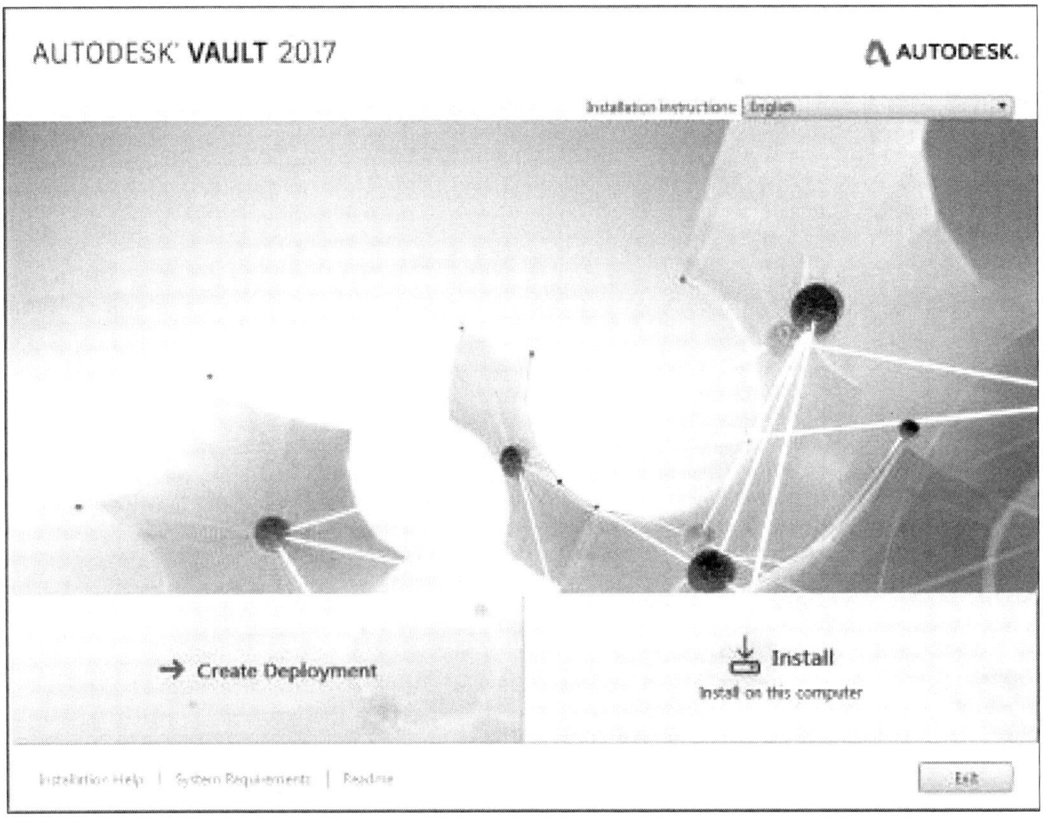

그림 10.22 Vault Basic 2017 Server 설치 화면

Vault Basic Server의 설치 과정은 Vault Professional Server의 설치 과정과 동일하다.

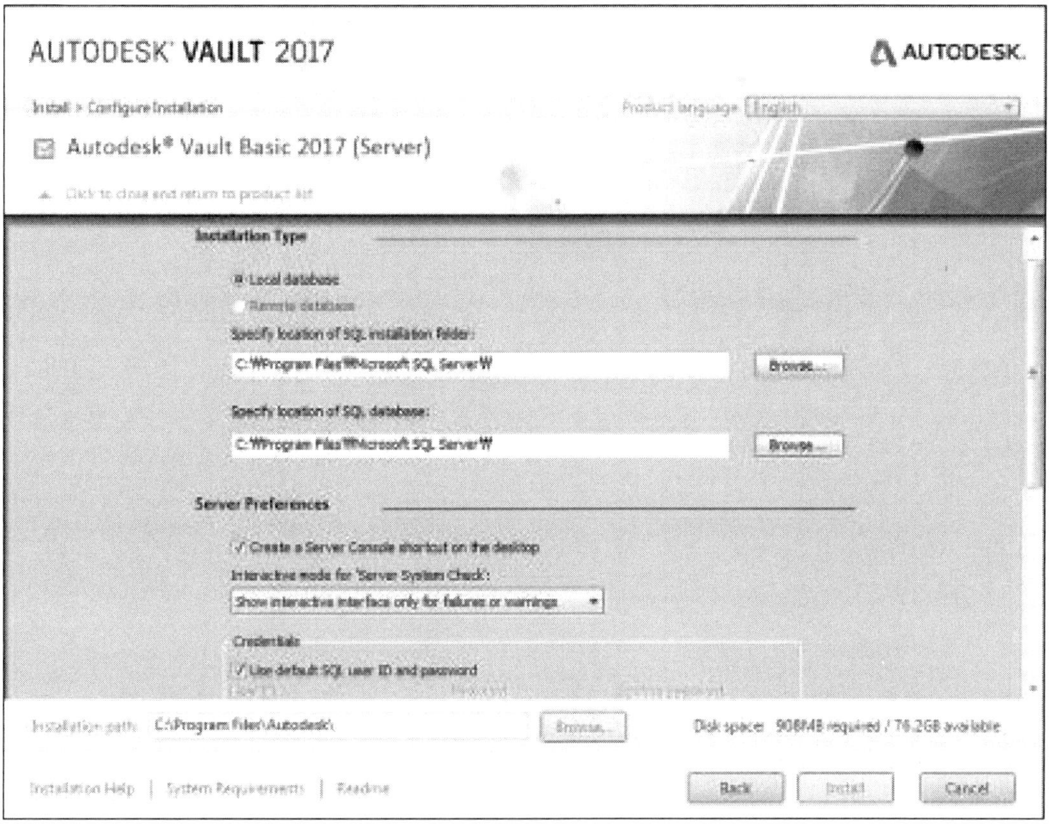

그림 10.23 Vault Basic 2017 Server의 세부 설치 설정 사항

또한 Vault Basic Server는 로컬 워크스테이션에서 구동되기 때문에 별도 라이선스 서버 설정 없이 Vault Server 설치를 완료할 수 있다. 세부 설정 역시 특별한 경우가 아니라면 기본 설정 그대로 설치한다.

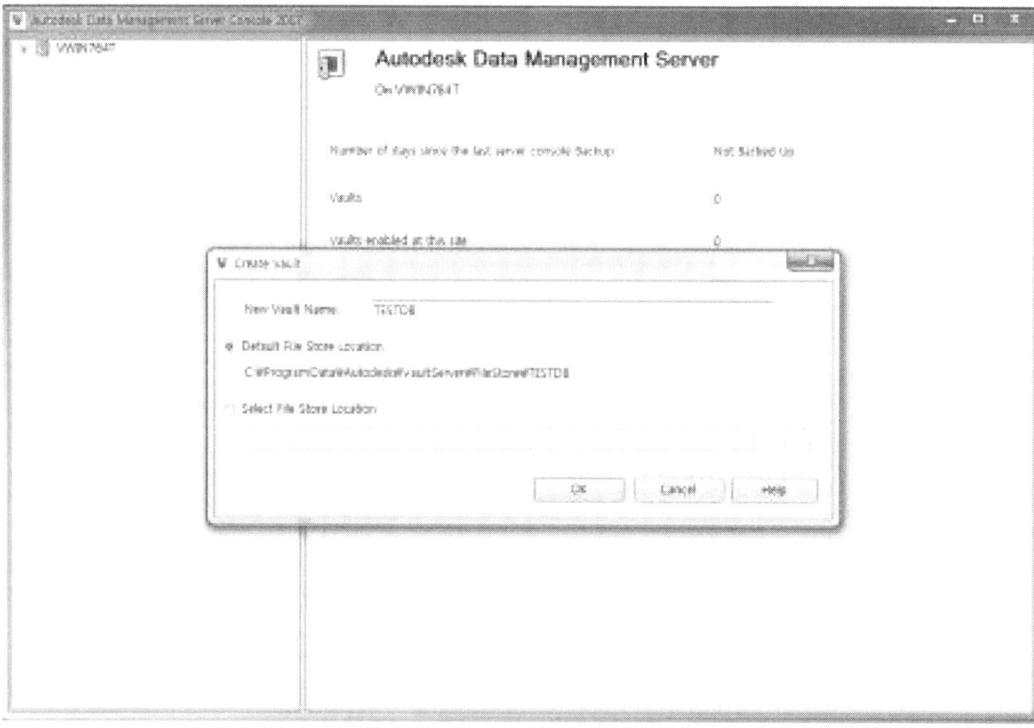

그림 10.24 Vault Basic 2017 Server에서의 Vault 데이터베이스 생성

설치가 완료되면 Vault Server의 데이터베이스 생성 화면으로 진행한다. 예에서는 TESTDB라는 이름으로 새로운 데이터베이스를 생성한다.

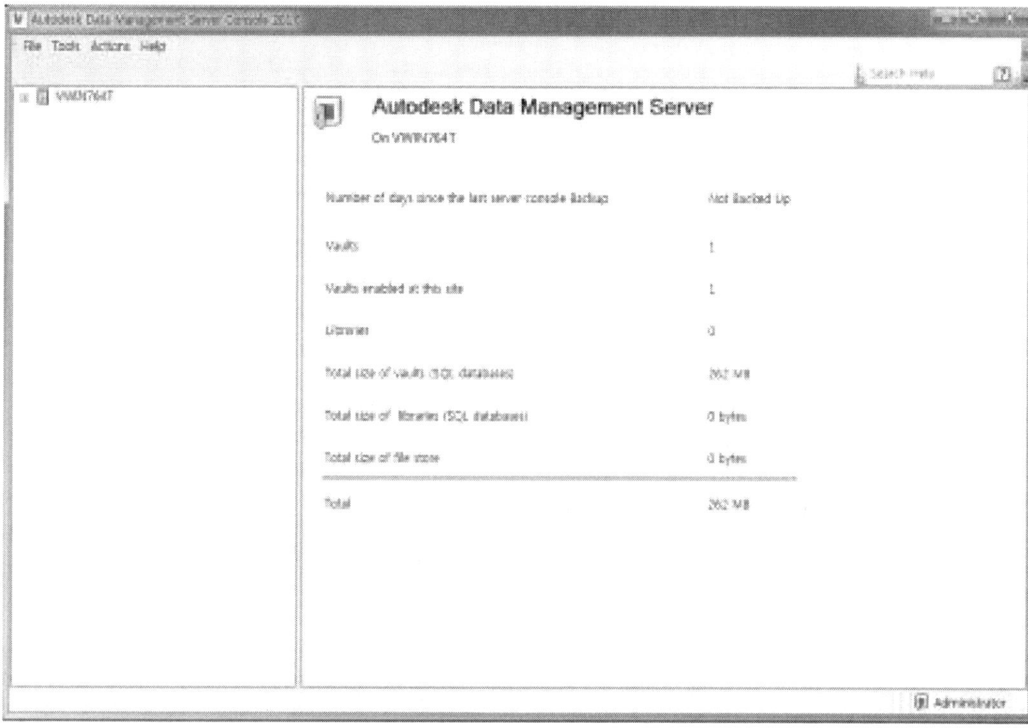

그림 10.25 Vault Basic Server의 Vault 데이터베이스 정보 확인

데이터베이스가 생성된 후 ADMS 콘솔을 통하여 Vault Server에서 생성된 데이터베이스, Vault의 정보를 확인할 수 있다.

Vault Basic Server의 설치 및 설정이 완료된 이후 Vault Basic Client 설치를 진행한다.

5) Autodesk Vault Basic Client 설치

Vault Basic 2017 Client는 Vault Basic 2017 Server가 설치된 동일한 로컬 워크스테이션에 설치된다. 그리고 Vault Client 설치 전에 어플리케이션이 먼저 설치되어 있어야 한다.

Vault Basic 2017 Client의 설치와 설정은 Vault Professional 2017 Client의 경우와 동일하다.

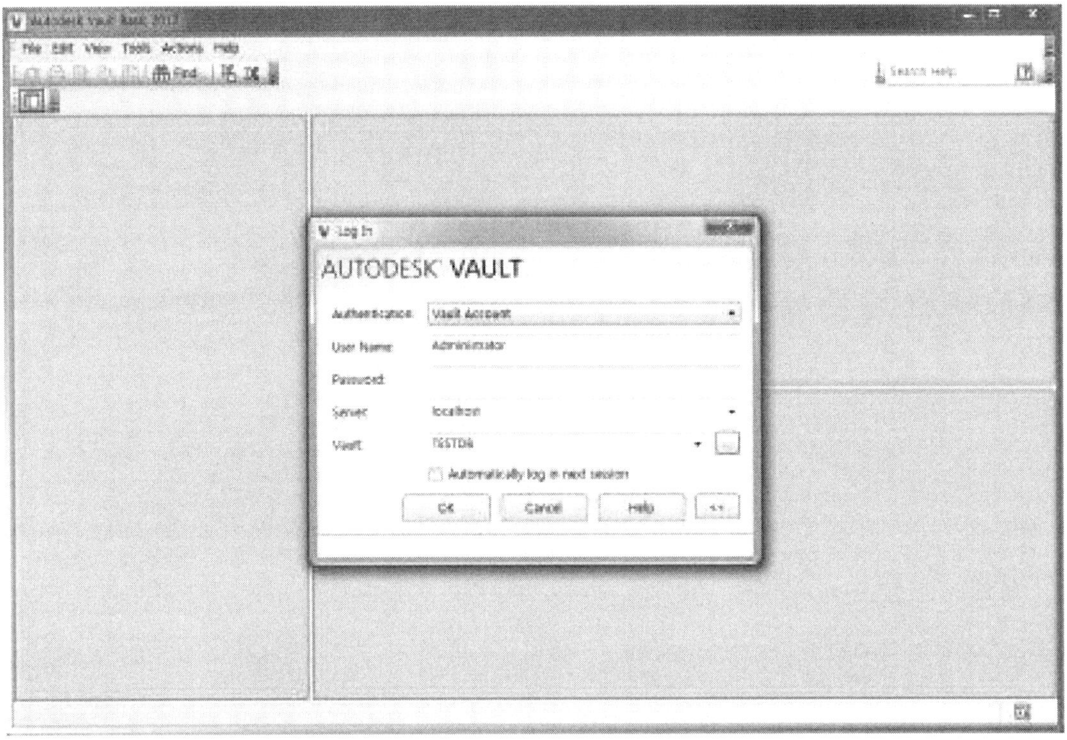

그림 10.26 Vault Basic Client 2017에서의 Vault Basic Server 연결 화면

Vault Basic Client가 설치되고 난 후, Vault Basic Server에 바로 연결할 수 있다. 로컬 워크스테이션의 데이터베이스 서버로 접속하기 때문에 별도로 서버 이름을 지정할 필요가 없다.

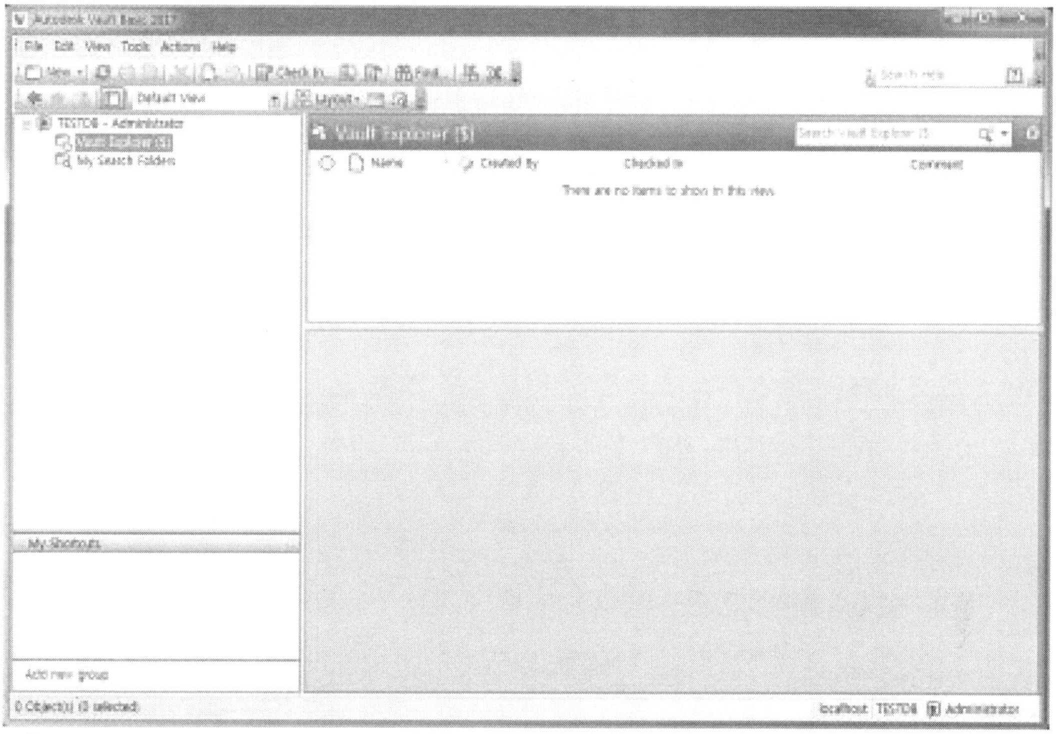

그림 10.27 Vault Basic 2017 Server의 데이터베이스 구조

서버의 구성도 Vault Professional과 달리 상대적으로 간략한 구조로 되어 있다.

10.5.2 Autodesk CAD 어플리케이션에서의 Vault PDM 시스템 운용 가이드

Vault Server와 Vault Client의 설치와 설정이 완료되었다면, AutoCAD나 AutoCAD Mechanical에서 Vault PDM 시스템을 운용할 수 있다. Vault 운용에 대한 추가 조치나 설정 없이 Vault Server에 연결하기 위해서는 어플리케이션이 먼저 설치되고 Vault Client가 설치되어야만 한다.

Vault Client는 설치된 어플리케이션을 검색하여 Vault Server에 연결에 필요한 기능을 설치하고 설정하기 때문에 Vault Client 설치 후에 어플리케이션이 설치되면 사용자가 직접 Vault Server 연결을 위한 후속 조치를 수행해야 한다.

1) AutoCAD 어플리케이션에서의 Vault 운용

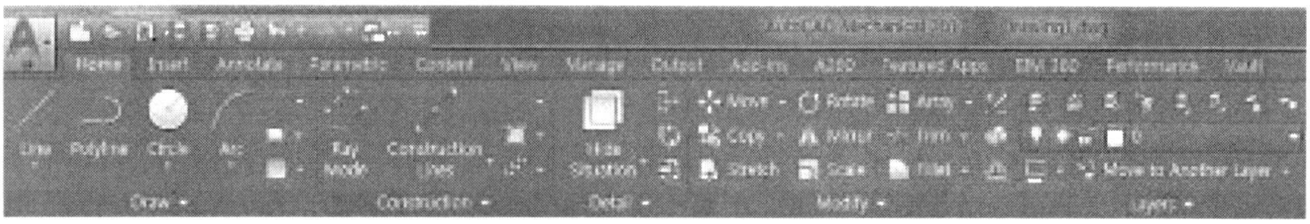

그림 10.28 AutoCAD Mechanical 2017의 Vault 기능 활성화

Vault Client가 설치된 후, 새로운 작업 시작으로 템플릿 파일을 지정하고 나서 새로운 AutoCAD 작업 공간이 시작되면 리본 메뉴 바에 Vault 메뉴 그룹이 활성화된다.

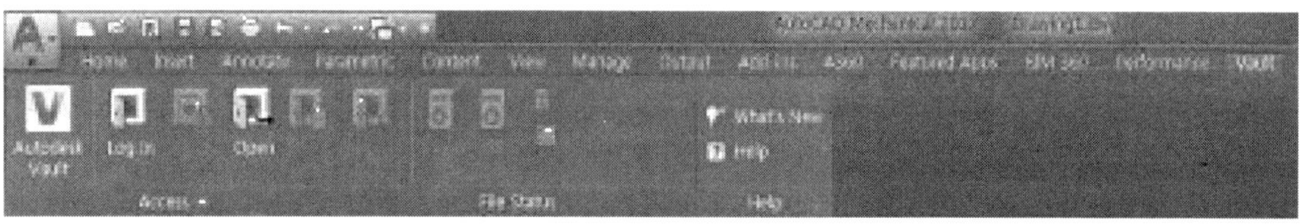

그림 10.29 AutoCAD Mechanical 2017의 Vault Client 아이콘

Vault 그룹에는 Vault Server 연결을 위한 아이콘들이 설치되어 있다. 좌측의 Autodesk Vault 아이콘은 어플리케이션과 별개로 Vault Client를 구동하는 기능이며, AutoCAD에서의 Vault Server 연결은 옆에 설치된 아이콘들을 사용한다.

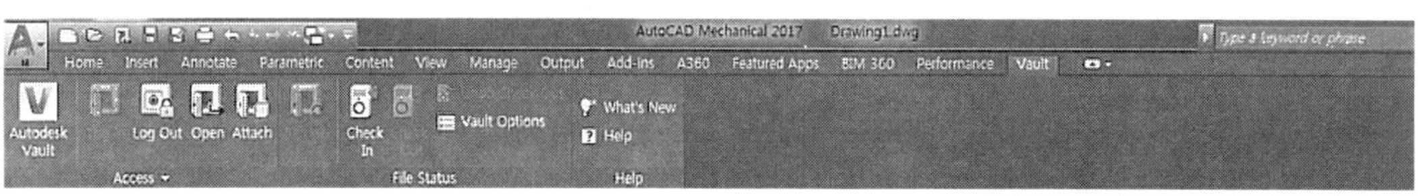

그림 10.30 AutoCAD에서의 Vault Client 기능 활성화 메뉴

Log In 후 새로운 파일 작업을 시작하여 저장했거나 기존 파일을 불러와 수정을 한 경우 Check-In 메뉴가 활성화된다. Check-In 메뉴를 통하여 현재 작업 공간에서 저장된 작업 파일을 Vault Server로 업로드할 수 있다.

AutoCAD에서의 Vault PDM 시스템 운용에 대한 간략한 예는 다음과 같다.

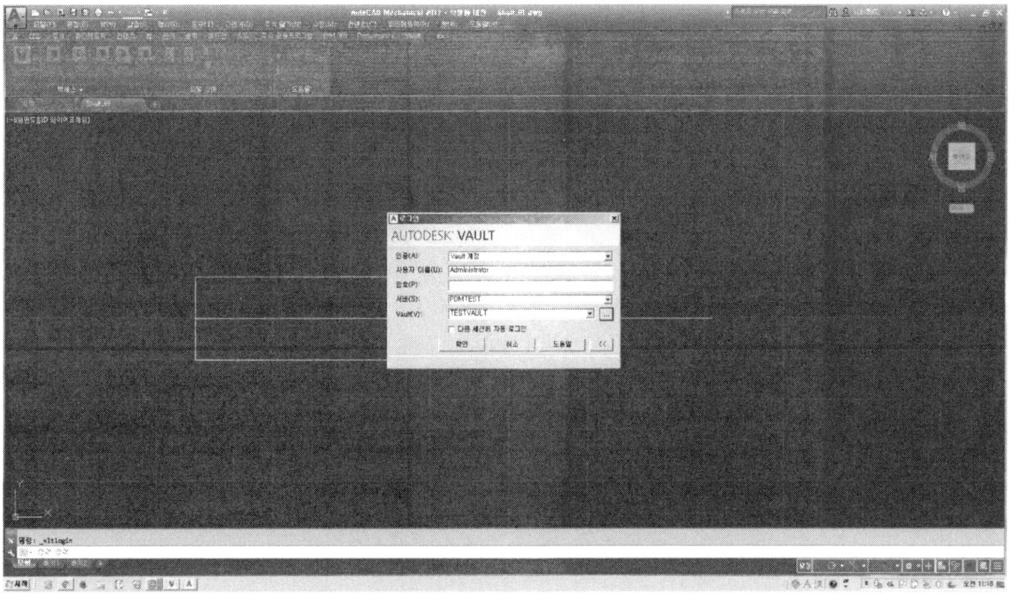

그림 10.31 AutoCAD 모델링 작업 중 Vault Server 연결 화면

AutoCAD에서는 Vault 연결을 위해 특별한 사전 조치 없이 일반적인 도면 생성 작업 중 필요한 상황에서 Check-In 아이콘을 사용하여 Vault Server로 연결을 진행한다. 연결 절차와 입력 정보는 Vault Client에서와 동일하다.

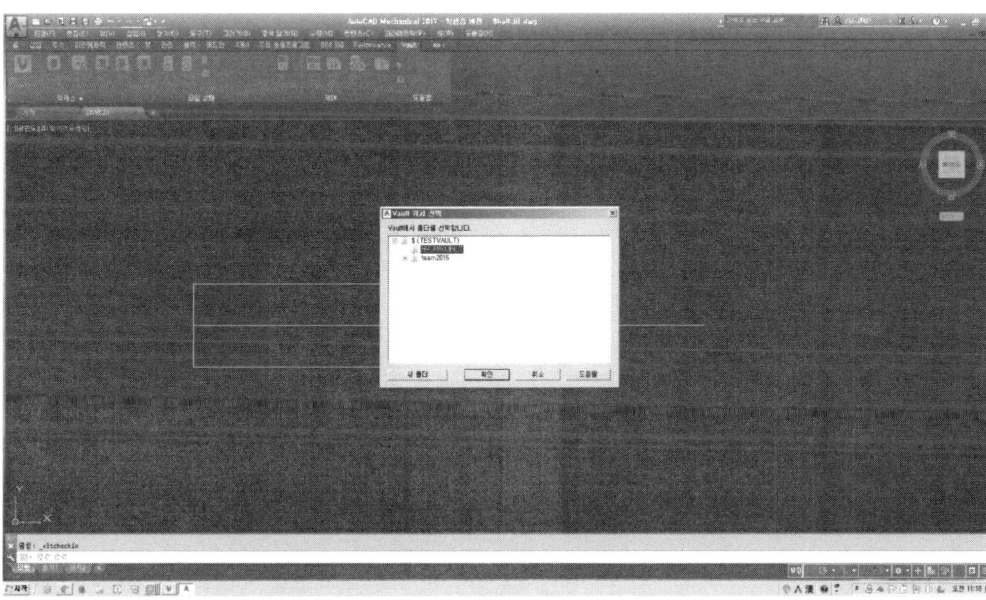

그림 10.32 Vault Server에서 파일 저장 위치 생성 및 지정

Vault Server 내의 디렉터리나 필요한 경우 새로 생성된 디렉터리를 파일 저장 위치로 지정한다.

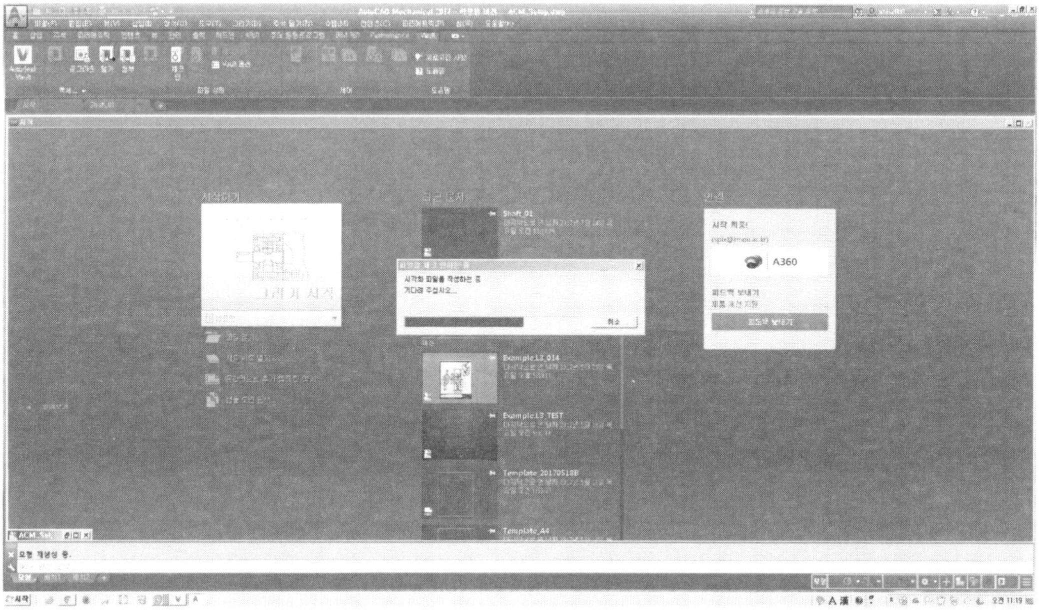

그림 10.33 AutoCAD 도면 파일의 Vault Server 저장 진행

Vault Server에 대한 접근 권한이나 네트워크 환경의 문제가 없다면 정상적인 서버에 대한 파일 저장이 진행된다. 도면 생성 과정 중 주요 추가 및 변경 사항이 발생하거나 혹은 단계별 설계가 완성되면 Check-In 과정을 동일하게 수행할 수 있다.

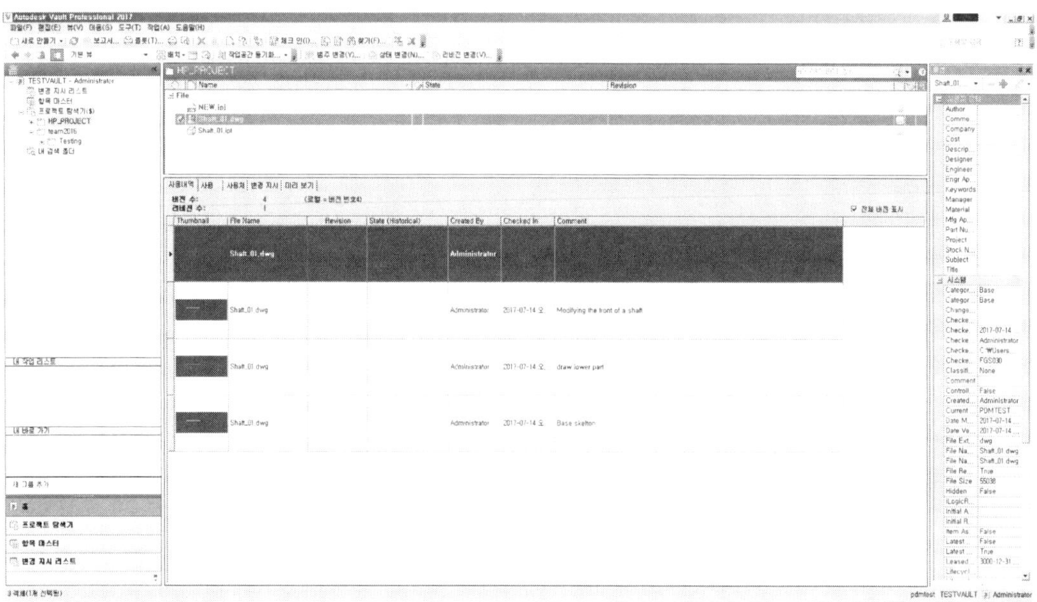

그림 10.34 Vault Server에 저장된 설계 수정 및 변경 단계별 도면 정보 리스트

Vault Client를 이용하여 Vault Server의 내용에서 설계 진행 사항을 확인할 수 있다. 예에서와 같이 설계자가 Check-In 과정에서 수정하여 저장한 정보가 지정한 디렉터리에 개별 단위로 저장된다. 필요에 따라 가장 최신 정보만이 표시되도록 하거나 전체 수정 정보를 모두 확인할 수 있도록 지정할 수 있다.

또한 Vault Client를 이용하여 Vault Server에 이미 저장된 파일이나 작업 중인 도면을 수정하기 위해서 Vault Server에서 직접 파일을 열어 작업할 수 있다. 해당 파일이나 수정 단계별 파일을 지정하여 '열기'를 선택하면 AutoCAD가 실행되면서 작업을 진행할 수 있다.

Vault Client에서는 AutoCAD와 같은 어플리케이션이 설치되어 있지 않은 경우 파일 내용을 볼 수 있어 '뷰어' 프로그램을 이용하도록 설정할 수 있다.

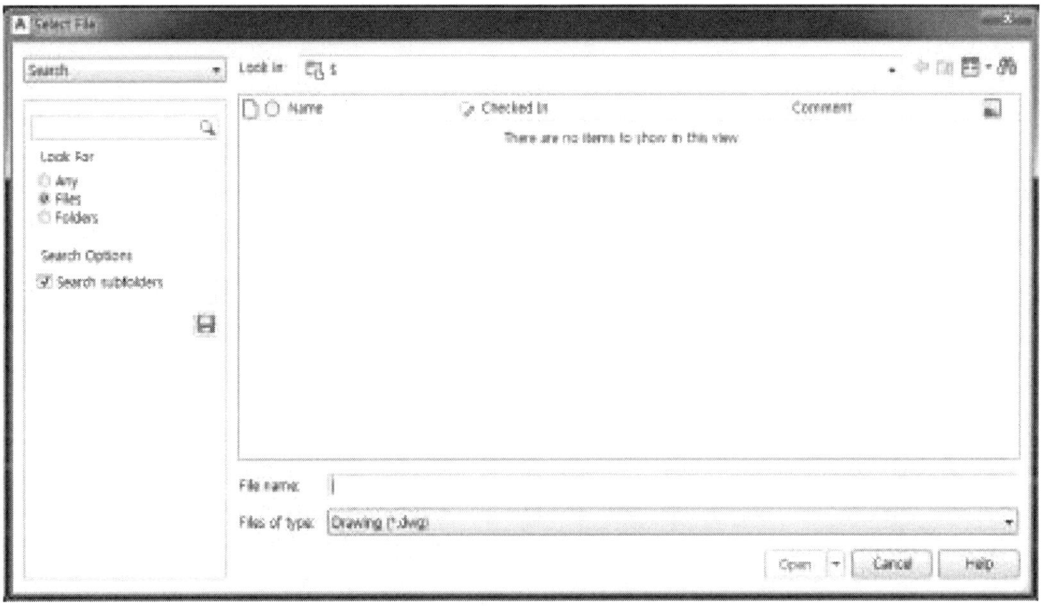

그림 10.35 Vault Server에서의 작업 파일 선택 화면

마찬가지로 Vault Client를 사용하지 않고 AutoCAD 내의 Vault 그룹의 Open 메뉴를 통하여 Vault Server에 올려 진 파일을 작업공간으로 가져올 수 있다. Open 메뉴를 선택하면 Vault Server의 파일 구성을 볼 수 있는 탐색기 화면이 나타난다.

2) Autodesk Inventor 어플리케이션에서의 Vault 운용

Inventor에서의 Vault 운용은 AutoCAD와 다소 차이가 있는데, 기본적으로 Inventor에서는 프로젝트 단위로 설계 업무를 관리할 수 있도록 구성되어 있기 때문이다.

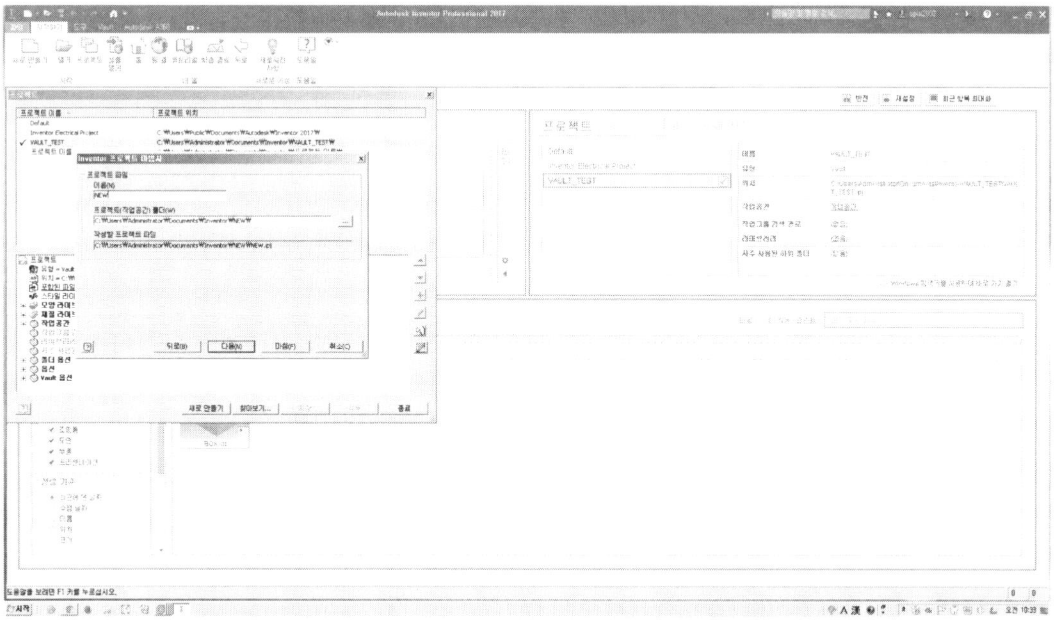

그림 10.36 Inventor 환경에서 새로운 Vault 프로젝트 생성 및 설정

새로운 프로젝트를 시작하여 환경을 Vault 프로젝트로 선택한 후, 관련 정보를 입력하여 프로젝트 구성을 완료한다.

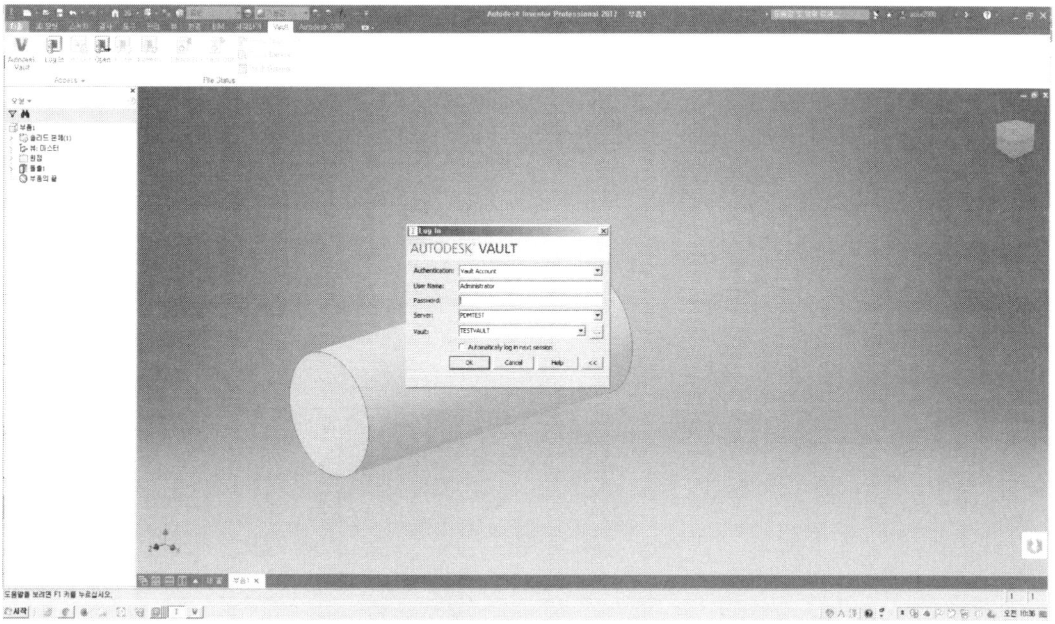

그림 10.37 모델링 작업 과정에서의 Vault Serve 연결

모델링 시작 혹은 작업 중 Vault Server로 연결되면, Inventor의 Vault 메뉴 Check-In 기능이 활성화된다. Check-In을 최초 진행하게 되면 Vault Server에 저장될 위치를 지정한다. 만일 현재의 작업공간(workspace)과 Vault Server 간의 연결, 매핑(mapping)이 되어 있지 않은 경우, 사용자가 직접 Vault Server에 디렉터리를 지정하거나 새로 생성하여 연결할 수 있다. 이 과정을 통하여 설계자의 로컬 디렉터리, 작업공간 그리고 Vault 서버 디렉터리가 서로 연결되는 구조를 갖추게 된다.

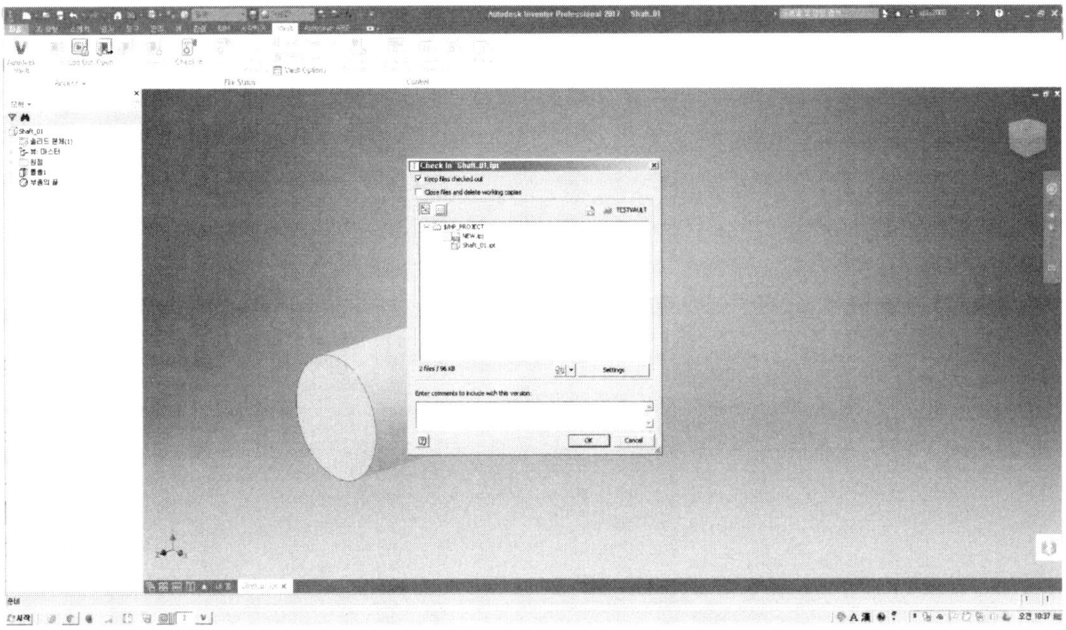

그림 10.38 Check-In 기능 수행 및 후속 조치 지정 화면

Check-In 과정에서는 계속 설계 작업을 진행하기 위해 Check-Out 상태를 유지하거나 작업 종료와 함께 로컬 디렉터리 내의 작업 파일을 삭제하도록 지정할 수 있다.

작업 진행에 따라 설계가 변경되면서 Vault Server로 Check-In을 진행되면서 설계 이력이 저장된다.

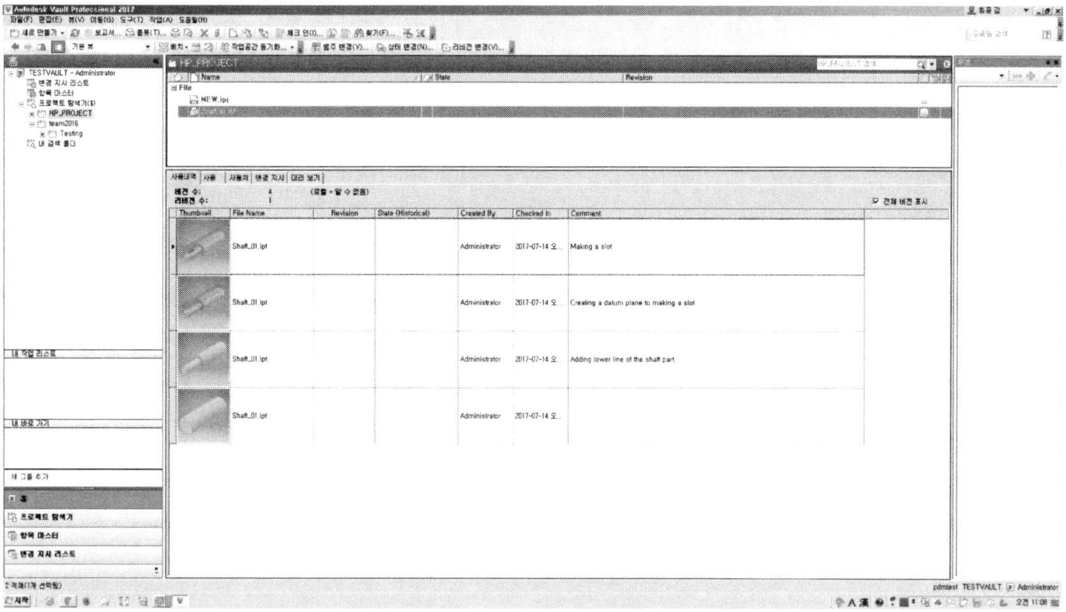

그림 10.39 설계 변경의 Check-In 과정에 따른 설계 이력 확인

Vault Server의 설계 이력은 설계 과정 중 주요 설계 요소의 추가 및 변경 사항 단위로 Check-In을 진행하는 것이 효과적이다. 또한 Check-In과 함께 설계자는 주요 설계 사항을 입력할 수 있도록 한다.

PDM 시스템에서의 설계는 또한 3D CAD 시스템에서 과거 이력의 확인이나 복구를 지원하지 않는 경우에도 PDM 서버의 이전 설계 단계를 복원할 수 있는 기능을 제공한다는 점에서 설계 작업의 보호 및 재활용성을 높일 수 있다.

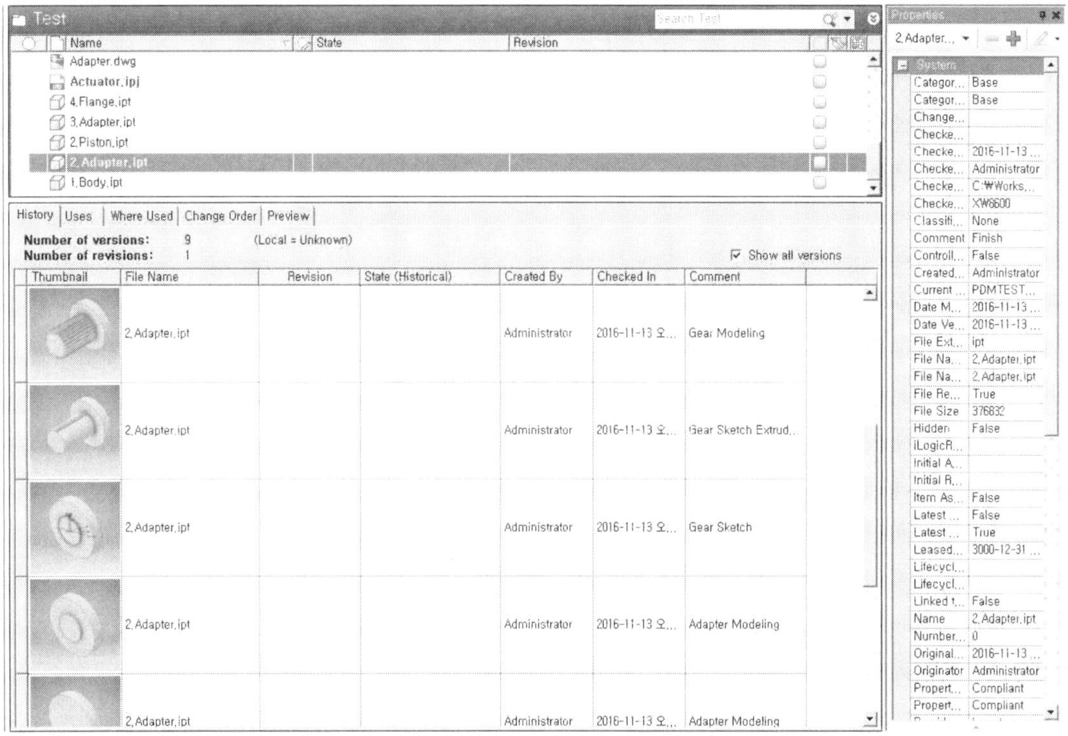

그림 10.41 Vault 내에 업로드된 파트의 Check-In 수정 사항 기록

Vault Server는 하나의 부품에 대한 설계 후 개별 부품을 조립하는 어셈블리 환경에서도 동일한 관리 기능을 제공한다. 예와 같이 여러 개별 파트 모델링 후 어셈블리 과정을 진행한 후 어셈블리에 대한 Check-In 과정도 동일하다. 즉 어셈블리 과정에서 개별 파트의 조립 과정별로 Vault Server로 Check-In을 진행하므로 써 조립 이력도 관리될 수 있다.

그림 10.42 Vault 서버에서의 모델 뷰어 기능을 통한 설계 진행 확인

Vault Server에 어셈블리 파일이 Check-In 되면 관련된 컴포넌트들이 함께 Check-In 과정을 적용받게 된다. 프로젝트 내에서 어셈블리 파일과 관련된 모든 파일에 대한 정보를 관리할 수 있게 된다.

10.5.3 PTC Windchill PDM Essentials 설치 가이드

PTC의 Windchill PDMLink PDM 시스템은 대규모 제품 개발 관리를 위한 대형 PDM/PLM 시스템으로 구축 시간과 인력 그리고 시설에 많은 비용이 소요된다. 때문에 중소기업 수준에 도입과 운용에 대한 접근이 매우 어려웠다. 이러한 이유에서 PTC에서는 PDM 시스템 구축과 운용에 상대적으로 적은 비용으로 최소 인력이 소요되는 중소기업 수준의 PDM 시스템으로서 PDM Essentials를 공급하게 된다. 비록 Windchill PDM Essentials가 중소기업 수준에서의 운용을 위해 개발되었다고는 설치 및 운용 규모에서는 여전히 많은 상당한 부담이 있다는 점에서, 본 절에서는 이전 Autodesk Vault PDM 시스템과의 운용 환경의 비교를 위해 Windchill PDM Essentials의 설치 및 운용에 대한 간략한 참고의 예를 들었다.

PDM Essentials는 기본 기능은 상위 PLM 시스템의 PDMLink와 거의 유사한 점에서 향후 Windchill의 PLM 패키지로의 이전에 따른 관리 비용이 최소화될 수 있다는 장점이 있다. 하지만 주요 PDM/PLM 패키지 가운데 드물게 웹 기반 시스템이라는 점에서 Vault 등을 비롯한 클라이언트/서버 기반 시스템에 운용 환경적 차이가 있다.

그림 10.43 Windchill PDM Essentials 설치 시작 화면

Windchill PDM Essentials는 PDMLink와 달리 PDM 구동에 요구되는 환경을 일괄 설치하기 때문에 일반적인 Windows 서버 환경에서 특별한 요구 사항 없이 진행할 수 있다

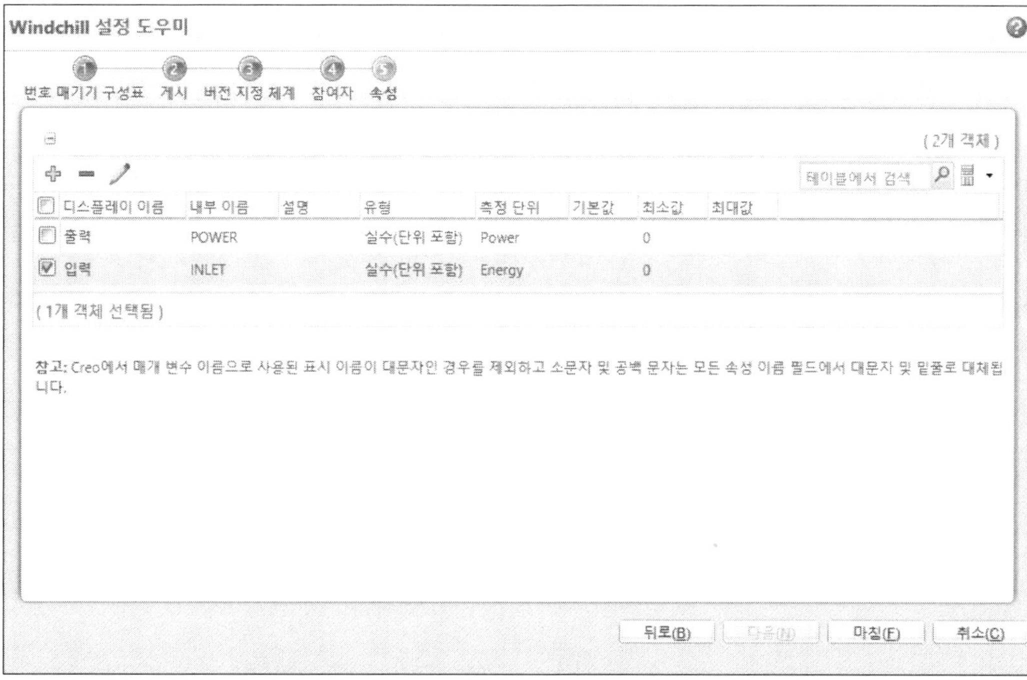

그림 10.44 Windchill PDM Essentials 설계 속성 설정 화면

하지만 설치 과정에 이어 PDM 서버 설정이 이어지기 때문에 기업의 PDM 운용 환경에 필요한 설계 작업의 설정 속성 등에 대한 규정을 미리 설정하고 있어야 한다. 또한 사용자의 구성 및 접근 권한 범위에 대한 설정도 PDM Essentials 설치 이전에 미리 규정해두는 것이 필요하다.

그림 10.45 웹 브라우저를 통한 Windchill PDM Essentials 서버 연결

설정이 완료된 후 Windchill PDM Essentials가 구동되면 사용자는 웹 브라우저를 이용하여 설정된 PDM 서버의 웹 페이지에 접근하여 로그인할 수 있다.

10.5.4 PTC Creo 어플리케이션에서의 Windchill PDM Essentials 운용

Windchill PDMLink 및 PDM Essentials와 같은 미드-레인지 및 하이-엔드 PDM/PLM 시스템은 주요한 3D CAD 시스템에서의 연결을 지원한다. 하지만 PDM/PLM 시스템 개발사의 일부 어플리케이션 이외에는 별도의 연결 유틸리티를 사용하게 되는데, PDMLink나 PDM Essentials에서는 Creo(구. Pro/Engineer) 외에 대부분의 CAD 어플리케이션 연결에는 WGM(WorkGroup Manager) 프로그램을 이용한다. 본 예에서는 PTC의 Creo 어플리케이션에서의 PDM Essentials 운용을 통해 웹 기반 PDM 시스템 운용에 대한 경우를 확인하고자 한다.

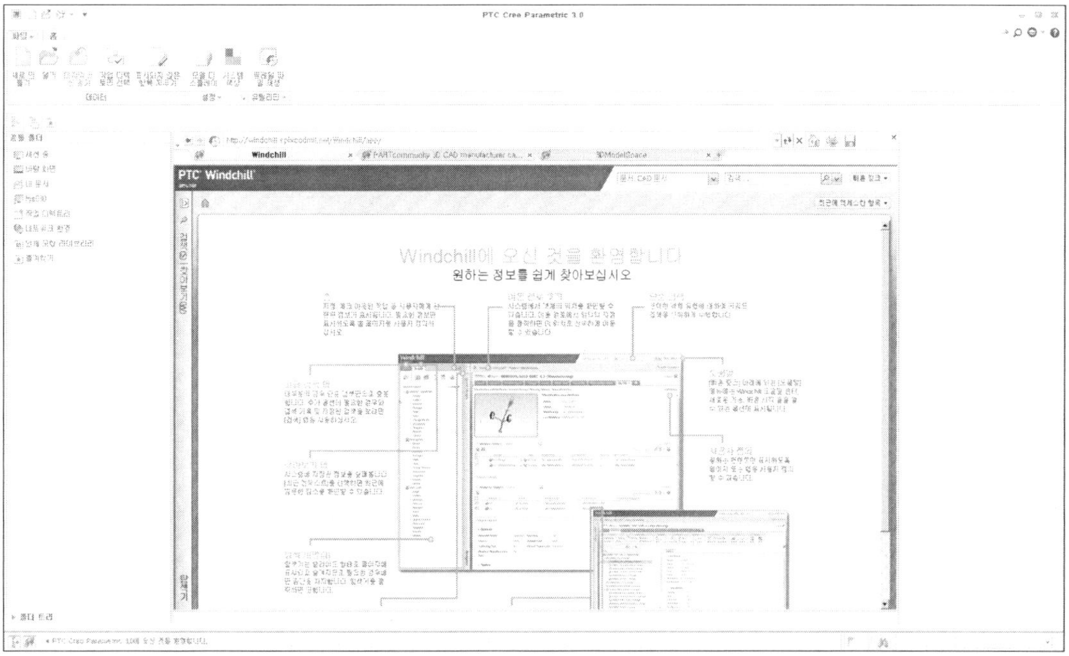

그림 10.46 Creo 3D CAD 어플리케이션에 포함된 웹브라우저를 통한 Windchill PDM Essentials 연결 화면

PTC의 Creo 어플리케이션은 자체에 웹 브라우저를 탑재하고 있기 때문에 별도의 외부 웹 브라우저를 사용하지 않고 PDMLink나 PDM Essentials에 접속이 가능하다. 하지만 Creo 어플리케이션의 작업 환경과 PDM 서버 환경을 연결하기 위해서는 별도의 서버 설정을 진행해야 한다. 파일 메뉴에서,

세션 관리 〉 서버 관리를 선택하면 PDMLink 혹은 PDM Essentials 서버 설정 화면이 나타난다.

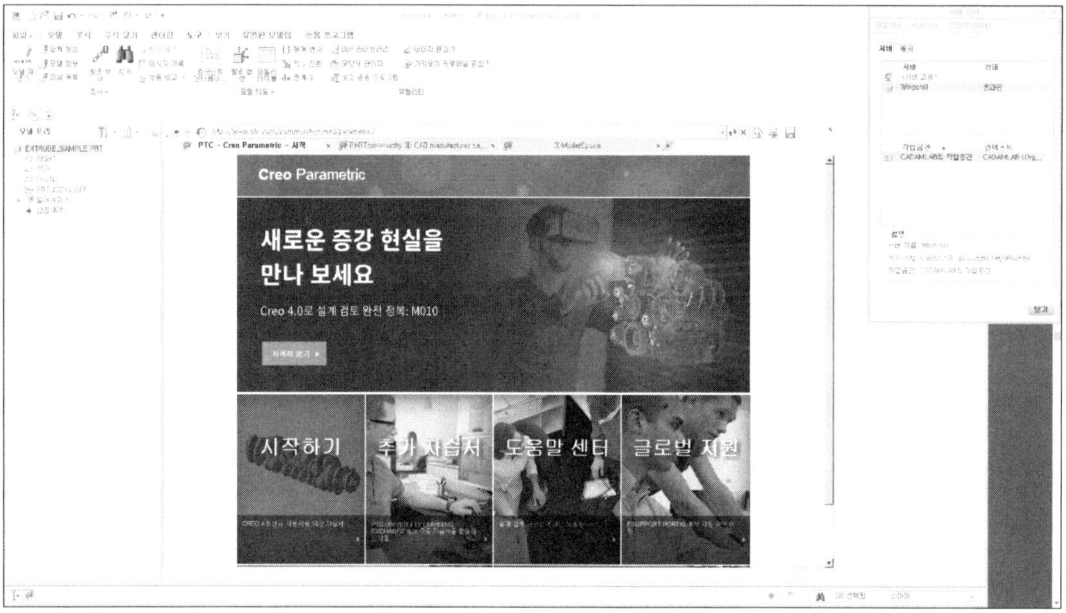

그림 10.47 Creo 어플리케이션에서의 Windchill PDM 서버 연결 설정

Creo 어플리케이션과 PDM 서버을 연결을 위해 해당 서버를 선택하여 필요한 작업 공간을 선택한다. 이후 Creo 어플리케이션의 왼쪽 디렉터리 목록에 등록된 Windchill 캐비넷과 작업공간이 표시된다.

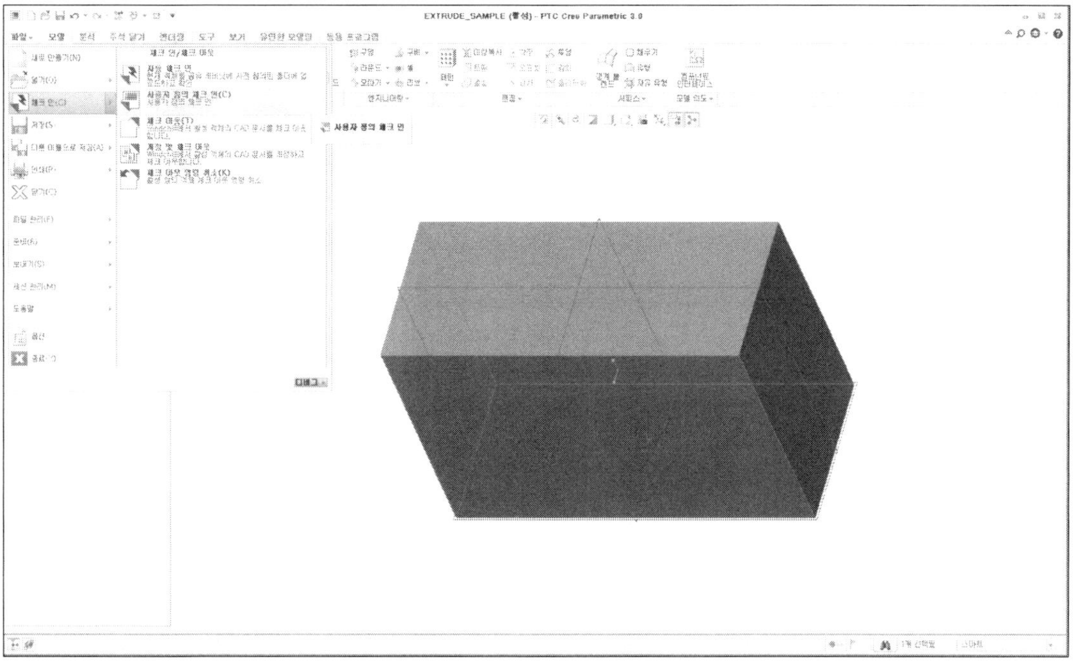

그림 10.48 Creo 어플리케이션에서 Check-In 및 Check-Out 기능 활성화

Creo 어플리케이션과 Windchill PDM Essentials가 연결되면 설계 작업에 대한 PDM 서버 환경에서의 운용이 가능하게 된다. 모델링 작업 후 파일 메뉴에서 Check-In 기능을 통하여 PDM 서버로의 업로드가 가능하게 된다.

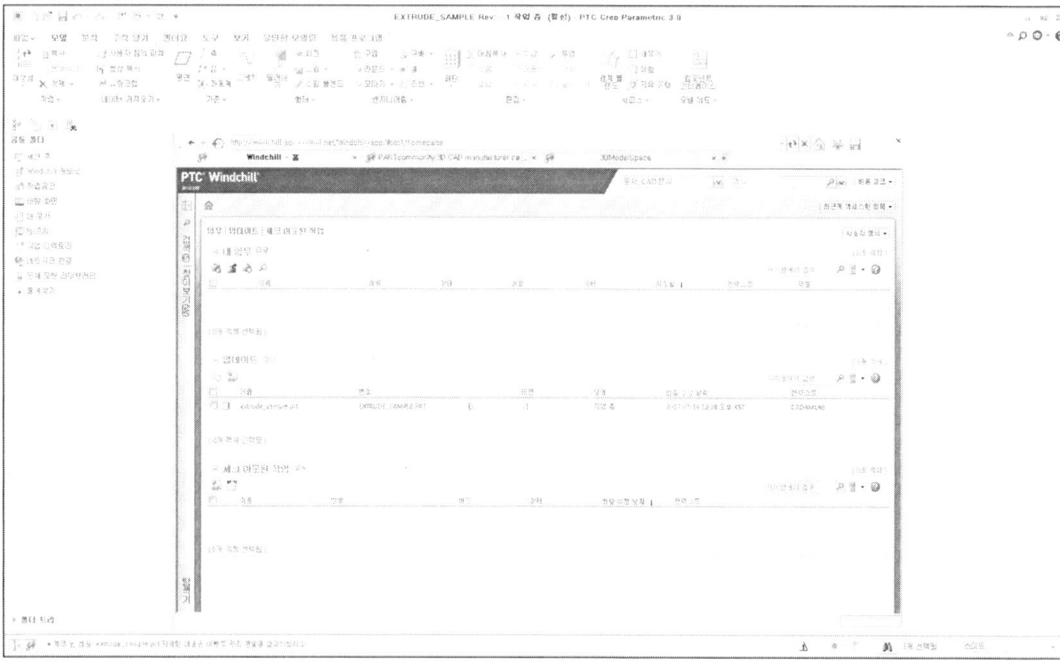

그림 10.49 Check-In 기능 수행후 Windchill PDM Essentials 서버에 업로드된 작업 파일

Check-In 기능 수행 후 내장 웹 브라우저를 통해 Windchill PDM 서버에 업로드된 파일 현황과 현재 상태를 확인할 수 있다.

그림 10.50 Windchill PDM 서버에서의 현재 작업 정보 및 현황 파악

Check-In 기능이 업데이트된 이후에도 최종 및 설계 수정 상태를 파악할 수 있다. 또한 Check-In 기능을 기준으로 설계 수정 이력을 확인하고 원하는 설계 변경 상태로 이전할 수 있게 된다.

이상과 같이 웹 기반의 PTC Windchill PDM 시스템은 Autodesk Vault에 비교하여 설치 규모나 절차 그리고 특히 운용 편의성에서 차이가 있지만, 상대적으로 설계 정보의 관리 효율이나 안정성 유지에 장점이 있다.

현재 수많은 PDM/PLM 시스템이 공급되는 있는 상황에서 각 시스템은 저마다의 기능과 장점을 가지고 있는 것은 분명하다. 하지만 이러한 점이 설계자는 물론 기업에 요구되는 설계 정보 관리 체계로 구축되기 위해서는, 무엇보다도 PDM 시스템의 도입과 설치에 앞서 설계자가 기존 작업 환경의 문제점을 개선하고 기대하고 있는 효용성이 구현될 수 있도록 가전 검토 및 평가 과정이 반드시 수반될 수 있도록 해야 한다

주요 용어 정리

3D API(Application Programming Interface)

컴퓨터 그래픽스 어플리케이션 개발에서 3차원 컴퓨터 그래픽스 기능 구현에 사용되는 프로그래밍 라이브러리를 지칭한다. 3D CAD 시스템과 같은 컴퓨터 그래픽스 어플리케이션 개발에서 기본적인 3차원 공간이나 형상 모델링 기능을 별도로 개발하지 않고 공개되거나 표준적인 3D API를 사용하므로 써 기능의 품질 보장과 개발 시간의 단축을 기대할 수 있게 된다. 지금까지 컴퓨터 그래픽스 분야에서 여러 3D API들이 공개되었지만 현재 OpenGL이 관련 분야에서 표준적으로 사용되고 있다.

→ OpenGL

AI(Artificial Intelligence)

인간의 지적 지능 체계를 다양한 기술적 매체를 통하여 구현한 체계로서, 오늘날 컴퓨터 기반의 인공지능은 20세기 중반 현대적 컴퓨터 시스템의 등장과 함께 본격적으로 적용되기 시작했다. 하지만 컴퓨터 시스템의 성능 제약과 접근성에 대한 제한으로 기대에 비해 실질적 진전 없이 답보 상황이 지속되었다. 이후 21세기 들어 인터넷 기반 클라우드 환경에서 대규모 컴퓨터 클러스터가 구축됨에 따라 대량의 자료를 고속으로 실시간 수준에서 처리할 수 있게 됨에 따라 현실적 문제 해결을 위한 방안으로 적극 활용되기 시작했고, 일부 영역에서는 기대 이상의 성과를 보여주면서 21세기 4차 산업혁명, 디지털 혁명의 핵심 기술로 주목 받고 있다.

AR(Augmented Reality)

증강현실을 지칭하는 AR은 VR(가상현실) 기술의 한 예로서, 가상현실이 시각을 포함한 모든 감각의 정보 입출력을 포함하는 넓은 범위를 포함하는 것에 비해 AR은 현실의 시각 정보를 표현하는 장비에 현실적 의미를 지닌 가상 정보를 결합하여 제공함으로 써 보다 많은 정보와 현실에서는 얻기 힘든 정보를 함께 활용할 수 있는 기능을 제공한다. VR에 비해 AR은 적용 기술과 운용 범위가 다양하면서도 명확하다는 점에서 점차 활용이 증가하고 있다.

→ VR, Virtual Reality

BOM(Bill of Materials)

설계 제품의 자재목록표(혹은 부품 목록표), BOM은 제품 개발 및 구성에 필요한 모든 부품과 자재의 기술적 사양과 수요 내역을 기록한 표이다. 일반적으로 조립도 및 조립 내역을 포함하는 부품에도 기록되며, 자재 및 부품 목록을 기반으로 대략적인 제품 구성 절차와 비용을 산출할 수도 있다.

CAD(Computer Aided Design)

컴퓨터 시스템을 이용하여 설계자의 수작업에 기초한 설계 업무를 대체하도록 개발된 엔지니어링 어플리케이션의 하나로서, 컴퓨터 그래픽스 기술의 발전과 함께 본격적으로 보급되기 시작했다. 초기에는 컴퓨터 그래픽스 기술의 구현에 많은 비용이 요구되어 고가의 하드웨어를 필요로 했으나 1980년대 이후 컴퓨터 그래픽스 기술의 발전으로 PC에서도 CAD 시스템 운용이 가능하게 되었고, 특히 3차원 컴퓨터 그래픽스 기술의 등장으로 3D CAD 시스템이 보급되기 시작했다. 이후 CAD 시스템은 현대 산업 사회에서의 제품 설계 및 개발을 위한 핵심 플랫폼으로서 자리 잡게 된다.

CAD 시스템은 설계 환경에 따라 2D CAD 시스템과 3D CAD 시스템으로 구분되는데, 도면 생성이 기능의 중심이 되는 2D CAD 시스템에서는 Autodesk의 AutoCAD가 전체 시장의 대부분을 점유하고 있는 반면, 3차원 형상 모델링 중심의 3D CAD 시스템은 CATIA(Dassault), Creo(PTC), NX(Siemens) 등의 하이엔드 제품과 Inventor(Autodesk), Solidworks(Dassault), SolidEdge(Siemens) 등과 같은 미드레인지 제품이 각축을 벌이고 있다.

CAE(Computer Aided Engineering)

과학 및 공학 분야에서의 수치 계산은 컴퓨터의 발명의 이유이기도 하다는 점에서 컴퓨터의 본격적 활용이 가장 먼저 시작된 분야이다. 또한 컴퓨터의 성능 개선을 가장 촉진하고 있는 분야이기도 하다. 컴퓨터를 이용한 엔지니어링 어플리케이션의 개발과 운용은 오랜 역사를 가지고 발전해 왔지만 상용 어플리케이션으로서 보다는 공학자나 과학자들이 직접 프로그램을 개발하여 문제를 해결하는 방식이 주를 이루었고 대부분의 작업 역시 수치 계산의 결과로서 관리되었다. 하지만 컴퓨터 그래픽스 기술의 발전으로 수치 계산의 결과를 가시적으로 표현할 수 있게 됨에 따라 본격적으로 상용 엔지니어링 어플리케이션이 등장 했다. 정확한 결과 예측을 위해 오랜 시간과 빠른 컴퓨터 시스템이 요구되는 관계로 엔지니어링 어플리케이션 중 가장 높은 비용이 요구되는 부문이기도 하다. 최근에는 단일 워크스테이션 수준이 아닌 대규모 클러스터 환경에서의 대용량 고속 연산을 위한 고성능 컴퓨터 시스템 기반으로 운용되고 있다.

CAM(Computer Aided Manufacturing)

컴퓨터를 이용한 공작기기의 자동 가공을 위한 지원 시스템으로, 공작 기기의 정확한 제어와 가공 공구의 정밀한 움직임을 제어하는 정보를 추출하기 위한 목적의 엔지니어링 어플리케이션이다. 형상의 위치 좌표를 기준으로 정보, G-코드를 추출한다는 점에서 컴퓨터 그래픽스 기술 등장 이전부터 적용된 기술이지만, 컴퓨터 그래픽스를 이용하여 가공 경로 및 가공 과정에서 간섭 등을 시각적으로 표시할 수 있게 됨에 따라 보다 효율적인 가공 정보 검증을 기능을 제공할 수 있게 되었다. CAM 시스템은 입력된 형상을 가공하기 위한 정보를 추출한다는 개념에서 출발하였으나 가공 시간, 공구 마모 및 교체 등 가공 과정에서 발생할 수 있는 비생산적인 요소를 사전에 파악하여 이를 실제 가공 과정에서 제거할 수 있는 기능으로 확장되어 왔다.

공작기기의 발전과 함께 CAD 시스템이 지원하는 범위도 함께 확대되어 2-축, 3-축 및 5-축 등 지원 범위에 따라 구분되고 있다. 설계와 가공의 통합 그리고 3D CAD 시스템에서의 직접적 가공 정보 생성 등으로 점차 3D CAD에서의 CAM 기능 운용이 증가하고 있다.

CAPP(Computer Aided Process Planning)

컴퓨터 지원 공정 관리를 CAD에 의한 설계 지원, CAM에 의한 가공 지원 등과 같인 공장이나 생산 현장의 제품 생산을 위한 공정 관리를 사전에 구성 및 운용하여 평가할 수 있도록 하는 지원 시스템이다. 생산 과정의 다양한 공작기기나 생산 설비 그리고 생산 인력의 효율적 운용을 통하여 생산성을 확보하기 위한 목적으로 운용되고 있다. 특히 최근 IoT 등과 같은 개별 생산 단위에서의 정보 수집이 확대되면서 계획한 공정의 실제 평가가 실시간 수준에서 가능하게 되었다.

CFD(Computational Fluid Dynamics)

전산유체역학, CAE 분야의 활용이 증가하고 있는 CFD는 실제 물리적 환경에서의 유체를 흐름을 예측하고 평가하기 위한 기술로서, 공기나 액체의 흐름이 주변 물체에 의한 변화되거나 반응하는 과정을 엔지니어링 시뮬레이션 과정을 통하여 가시적으로 평가할 수 있도록 한다. 작게는 냉장고 내의 냉기 흐름에서 시작하여 크게는 전 지구적 수준의 대기 흐름이나 대양의 해수 변화 등의 예측에 적용되고 있다. 또한 최근에는 스마트 기기 등과 같이 제한된 공간 내에서의 발열 현상을 검토하는 예와 같이 대상 규모가 작은 경우에도 적용되고 있다.

CG(Computer Graphics)

CG는 구현 기술 측면에서는 CAD 시스템과 같이 컴퓨터 그래픽스 기술 기반의 엔지니어링 어플리케이션의 핵심 기반 기술이지만, 현대는 과학기술 분야가 아닌 게임이나 방송 및 예술 등에 적용되는 컴퓨터 그래픽스 기술 기반의 기능적 결과물로 구분하고 있다. 때문에 정확하거나 정밀한 표현보다는 소비자가 쉽게 인식할 수 있는 색상, 색감 등의 표현에 집중해 왔다. 하지만 최근 표현 품질에 대한 요구가 증가하고 또한 가상현실 등과 같은 새로운 소비 시장의 확대로 CG 기술과 운용 플랫폼 개발에 대한 관심이 증가하고 있다. 3D CAD 시스템과 같은 기술적 영역의 컴퓨터 그래픽스 활용과 구분하기 위해 디지털 콘텐츠 저작, DCC 영역으로 확대되고 있다.

→ DCC, Digital Contents Creation

Cluster Computing

클러스터 컴퓨터는 워크스테이션이나 서버 등이 단일 컴퓨터 시스템으로 운용되는 수준을 넘어 네트워크 환경에서 서로 연결되어 자원을 공유할 뿐만 아니라 특정 업무를 분산하여 공동으로 처리할 수 있도록 구성된 네트워크 기반의 컴퓨터 시스템이다. 작고 빈약한 능력의 단일 컴퓨터 시스템들이 대규모로 연결된 체계의 논리적 컴퓨터 체계를 구성함에 따라 대형 계산은 물론 병렬 처리 등의 수준 높은 어플리케이션을 구동할 수 있게 된다. 규모와 성능에 따라 워크그룹 서버 수준에서 슈퍼컴퓨터 구축까지 다양하게 적용되고 있다.

Cloud Computing

클라우드 컴퓨팅이란 구름을 의미하는 클라우드에서 알 수 있듯이 전통적인 로컬, 오프라인 형식의 컴퓨터 시스템이 제공하는 어플리케이션이나 서비스 등이 사용자는 인지할 수 없는 공간과 위치에서 유무선 원격 연결을 통하여 동일하게 제공받는 체계를 의미한다. 사용자 입장에서는 별도의 관리 환경이 최소화될 뿐만 아니라 컴퓨팅 자원의 확장에 따른 비용도 크게 절감할 수 있다. 기능적으로 볼 때 원격지의 물리적인 환경은 물론 가상화된 환경에서 서비스를 제공받는 경우도 포함된다.

CNC(Computational Numerical Control)

수치 제어(NC) 장치에 의해 운용되는 공작 기기의 제어기, 컨트롤러에 컴퓨터 기술의 발전으로 마이크로프로세서 내지 컴퓨터 시스템이 적용되면서 보다 진일보한 정밀한 제어와 다양한 기능이 구현이 가능하도록 해주는 제어 시스템으로 현대적인 공작 기기의 핵심 제어 체계를 이루고 있다. 새로 출시되는 대부분의 공작기기 제어 장치들이 CNC 시스템이라는 측면에서 때문에 현대의 공작기기에서는 NC와 CNC의 구분이 거의 없다고 볼 수 있다.

→ NC, Numerical Control

DCC(Digital Contents Creation)

CG, 컴퓨터 그래픽스 기술의 발전에 따라 영화, 게임 그리고 방송 등의 분야에서는 가상의 표현 대상에 대하여 실제와 같은 정밀함은 물론 자연스러움까지 요구되는 수준이 되고, 이러한 분야에 하나의 창작 분야로 자리 잡게 되면서 CG의 범주를 벗어나 새로운 콘텐츠 산업의 요소로 발전하게 되면서 디지털 콘텐츠로 구분하게 된다. DCC는 이러한 분야의 컴퓨터 그래픽스 기반 결과물의 산출에 특화된 하드웨어 및 소프트웨어 영역으로 일컬으며 기존 3D CAD 시스템 등과 같은 엔지니어링 어플리케이션과는 다른 방향으로 급속히 발전하게 된다. 빠르고 정확한 표현에 집중한 3D CAD 시스템과 달리 DCC 시스템은 사실적이면서도 화려한 그리고 현실적인 색상과 색감의 표현에 중심을 두고 있다.

→ CG, Computer Graphics

Direct Modeling

파라메트릭 모델링 기법에 대응되는 CAD 시스템의 모델링 기법으로 각 형상의 생성 과정에서 적용된 설계 요소로 연관된 변수로 인식하지 않고 개별 형상의 정보로만 관리하기 때문에 형상 수정이 다른 형상에 거의 영향을 미치지 않게 된다. 상대적으로 설계 후반이나 완성된 형상의 수정 등에 용이하다.

Engineering Workstation

1980년대 초, 고가의 미니-컴퓨터와 저가의 마이크로컴퓨터(PC) 사이에서 마이크로컴퓨터 수준의 크기와 미니-컴퓨터의 성능을 갖추고 3D CAD 시스템 중심의 엔지니어링 어플리케이션 운용을 목표로 개발된 고성능 데스크탑 컴퓨터 시스템으로 개발되었다. 개발 목적에 비춰 주로 과학 및 공학 분야의 시뮬레이션과 3차원 설계 시스템 운용에 집중되면서 엔지니어링 워크스테이션으로 불리게 된다. 엔지니어링 워크스테이션은 고성능 32비트 RISC 마이크로프로세서와 별도의 3차원 그래픽스 가속 장치 그리고 네트워크 기능을 갖추고서 멀티-태스킹을 지원하는 유닉스 운영체제를 사용했다. 1980년대 이후 3D CAD 시스템의 개발과 보급에 핵심적인 역할을 했다.

21세기 들어 마이크로프로세서가 성능이 급속히 개선되고 3차원 그래픽스 카드를 갖춘 퍼스널 워크스테이션(PC 워크스테이션)의 등장함에 따라 가격대비 성능 경쟁 그리고 운영 편의성에서 밀려 현재는 시장에서 사라지게 된다. 현재 대규모 엔지니어링 시뮬레이션 등과 같은 대형 어플리케이션의 운용은 UNIX나 유사 운영체제를 사용하는 서버나 HPC 기반으로 이전되었다.

→ Workstation

ERP(Enter1 Resource Planning)

전사적 자원 관리로 지칭되는 ERP는 현대적 기업의 경영 업무와 관련한 모든 영업 및 생산 행위와 이에 소요되는 자원 그리고 관련된 모든 비용과 판매 수익을 기준으로 기업 활동의 성과를 평가 및 분석한다. 새로운 영업 활동 이전에 기존 성과를 바탕으로 명확한 전략적 경영 판단을 결정하기 위한 기업의 계획 수립 및 평가 관리 체계이기도 하다. ERP가 도입된 이후 경영 관리 및 성과 분석 등 기업 운영에 관련된 여러 관리 체계들이 통합되면서 정보화 체계의 최상위에 자리 잡게 된다. 하지만 모든 관리 기준으로 비용을 중심으로 진행된다는 점에서 제조 중심의 기업에서는 실제 제품 개발 공정의 세부적인 관리나 비용 분석을 위해 PLM 시스템과 상호운용이 가능한 체계로 확장되고 있다.

FA(Factory Automation)

일반적으로 공장 자동화라는 개념으로 널리 알려진 생산 관리 체계로서 초기 일본의 자동화 및 기계 분야의 대기업을 중심으로 제품 생산 및 공정 등의 관리를 자동화된 생산 설비, 로봇 및 이송 기구로 구축하여 무인화를 생산 현장을 추진함으로써 인건비를 포함한 생산 비용을 낮추고 불량 발생을 최소화하기 위한 목적으로 진행되었다. 유사한 개념으로 FMS가 다양한 제품 생산을 위한 공장 및 시설의 배치와 정렬의 자유도를 중심으로 진행한 것에 반해 FA는 무인화

공장 구축을 중심으로 보고 있다. 하지만 모든 공정 및 영역에서 일방적 자동화는 문제 발생에 대한 유연한 대응이나 적응이 어렵다는 점에서 필요한 영역에 자동화된 설비와 시스템을 집중하는 방식으로 개선되고 있다.

→ FMS, Flexible Manufacturing System

FEA(Finite Elements Analysis)

유한 요소 해석이란 컴퓨터 기반의 CAE, 엔지니어링 시뮬레이션에서 문제를 해결하기 위해 외력이나 외부 변화 요인에 대응하여 대상 물체가 반응하는 결과를 수치적으로 계산 및 분석하기 위한 기법이다. 대상 물체 혹은 대상 영역을 유한한 개수의 사면체 혹은 육면체 등의 작은 요소로 대체하여 분할한 후, 외력에 대한 반응에 적합한 방정식을 적용하여 개별 요소의 변화로서 전체적인 변형 및 변화를 검증하게 된다. 요소의 형태가 구성에 따라 다양한 방식의 기법으로 분류된다. 컴퓨터 그래픽스의 운영이 제한적인 시절에서 수치적 계산과 결과를 토대로 평가가 진행되었으나 컴퓨터 그래픽스 기술의 개선으로 결과를 3차원 정보로 표현할 수 있게 됨에 따라 결과의 효용성과 활용성이 크게 증가됨에 따라 많은 과학기술 분야에서의 운용이 증가하고 있다.

컴퓨터 시스템의 성능 개선과 유소의 분할 영역이 보다 세분화되면서 해석의 신뢰성이 증가하고 있지만, 더 작고 많은 요소로 분할될 수 있도록 그에 따른 계산 시간의 증가와 컴퓨터 시스템의 자원은 요구가 기하급수적으로 증가될 수 있다.

→ CAE, Computer Aided Engineering

FMS(Flexible Manufacturing System)

FA가 대량 생산 중심의 생산 체계에 집중하여 시장 상황 변화에 유연하게 대응하지 못하는 문제가 있는 반면 FMS는 미국의 제조업계를 중심으로 다품종 소량 생산으로 부가가치 높은 제품의 생산을 염두에 둘 수 있도록 발전했다. 또한 제품 변경에 따른 생산 체계의 재배치 등 일관된 생산 공정에서도 유연한 생산 체계를 구성하여 생산성을 개선하기 방식이기도 하다. FA와 마찬가지로 자동화의 중심에는 공작기기가 핵심적인 역할을 담당하지만 공장 및 공정 간의 소재 및 제품 흐름과 같은 이동 체계의 개선에 집중하고 있다. 최근 소비재 제품을 비롯한 공산품의 소비자 변화에 맞춰 다양한 디자인과 기능을 갖춘 제품에 보다 효과적으로 대응할 수 있도록 발전하고 있다.

→ FA, Factory Automation

Freeform Surface

자유 곡면, 혹은 비선형 곡면은 3D CAD 시스템에서 부드러운 곡면 모델링에 사용되는 스웝

면이나 블렌드 면이 아닌 곡률의 변화가 심하거나 미세한 조절에 필요한 곡면 생성에 사용되는 모델링 기법이다. 직선이나 선형 곡선에 기반한 형상에 비해 구현 시간과 자원이 많이 요구되는 초기 3D CAD 시스템에서는 높은 수준의 작업이기도 했다. 자유 곡면 기법이 사용되기 이전에는 구현하고자 하는 곡선이나 곡면을 작은 원호로 반복하여 생성했다. 이러한 곡선 및 곡면 모델링 방식이 적은 자원 소모하지만 형상의 미세한 조정이나 선형 및 비선형 모델링이 혼재되는 현대적인 형상 모델링 환경에서 부적합했다. 이를 개선하기 위한 스플라인 모델링 기법이 개발되었고, 초기의 3D CAD 시스템에선 Bézier는 혹은 B-Spline 기법에 의한 자유 곡면에 주로 채용되었으나 현대적인 3D CAD 시스템에서는 대부분 NURBS 기법에 의해 구현된다. 자유 곡면은 3D CAD 시스템의 핵심 기능으로서 이를 개선하기 위한 새로운 기법을 개발하기 위해 연구가 지속되고 있다.

NURBS 모델링 기법은 3D CAD 시스템의 기능 가운데 가장 많은 계산 시간이 소요되었기 때문에 컴퓨터 시스템 특히 PC의 성능이 부족한 시절에는 NURBS 모델링에 기반한 자유 곡면의 엔지니어링 워크스테이션에서 구동되는 3D CAD 시스템의 전유물이기도 했다.

현재 자유 곡면은 자동차나 항공기 개발 과정에서 주요한 공학적 이론을 구현하기 위한 용도로서 주로 사용되고 있음은 물론 DCC 분야에서도 다양한 소비재의 부드러움 외관이나 인체공학적 설계 이론을 적용하기 위해서도 널리 사용된다.

G-code

G-코드는 NC/CNC 공작기기를 운용하기 프로그래밍 언어의 하나로서 단순한 움직임에서부터 공구 교체 및 기계 운용 등에 기능을 수행한다. G00, G01 등과 같이 일반적인 명령어가 GXX 구문으로 시작된다. 초기 단순한 NC 선반의 운용에서부터 오늘날 3D 프린팅 기기 등 전반적인 자동화된 가공기기에서 운용되며, CAM 시스템을 통해 최종적으로 생산되는 산출물이기도 하다.

→ CAM, Computer Aided Manufacturing

Graphics Sub-System

그래픽스 서브-시스템은 워크스테이션 및 PC와 같은 컴퓨터 시스템의 중앙처리장치를 메인 시스템으로 볼 때, 주요한 부가 기능을 수행하는 직간접적인 주변 장치 가운데 그래픽스 출력을 담당하는 하드웨어를 의미한다. 현재의 테스크탑이나 랩탑 등과 같은 범용적 기능 내장형 컴퓨터가 등장하기 전, 그래픽스 기능이 별도의 하드웨어 장치로 운용되는 시각에서의 지칭이라고 할 수 있다. 현재의 그래픽스 서브-시스템은 그래픽스 카드와 동일한 명칭이지만 3D CAD 시스템과 같이 엔지니어링 그래픽스 어플리케이션 수행을 위한 특정 하드웨어 장치를 의미하기도 한다.

HMI(Human Machine Interface)

공작기기의 제어 및 운영 용도에서 시작하여 공장 단위의 POP 및 MES 시스템에서 기준 단위 별로 생산에 관련된 정보를 사용자 입력하고 현황과 지시 사항 등을 확인할 수 있도록 GUI 방식으로 구현한 시스템으로 하나의 독립된 컴퓨터 시스템과 같은 역할을 한다. 주로 PLC와 연결되어 정보를 주고 받으며 다른 외부 연결 기기와는 시리얼 통신을 사용하지만, 최근에는 이더넷 네트워크 연결을 지원하기 때문에 인터넷 환경에서 직접 연결 및 제어가 가능하다.

하지만 제한된 모니터 크기와 해상도로 인해 개별 기기의 간단한 운영 및 제어 장치로서 많이 사용되어 왔지만 공정 규모가 커지고 생산기기들이 제공하는 정보가 많아지면서 또한 입력 요소도 증가됨에 따라 별도의 전용 HMI 시스템이 아닌 컴퓨터 시스템을 HMI 용도의 어플리케이션을 구현하기 사용하는 경우가 많아지고 있다.

HPC(High Performance Computing)

CAE 분야의 엔지니어링 시뮬레이션과 같이 계산량이 많은 수치 계산의 경우 일반적인 PC나 워크스테이션 수준에서 감당하기란 현실적으로 제약이 많다. 때문에 과학기술분야나 첨단산업분야에서의 대형 계산 문제를 해결하기 위핸 초고속 계산, 대용량 처리가 가능하도록 구현된 컴퓨터 시스템이다. 과거에는 이런 목적을 수행하기 위해 슈퍼컴퓨터에 의해 수행되었던 것에 반해 현재에는 여러 개의 마이크로프로세서를 장착한 다수의 컴퓨터 시스템들이 초고속 네트워크로 연결된 클러스터로 구축되고 슈퍼컴퓨터와 같은 역할을 하고 있다. 슈퍼컴퓨터와 함께 HPC의 구축과 성능은 컴퓨터 시스템 설계의 기술 척도를 대변하기도 한다.

IoT(Internet of Things)

사물인터넷이란 이름에서 알 수 있듯이 컴퓨터나 모바일 스마트 장치가 아닌 생산 현장은 물론 일상의 장치를 인터넷에 연결하여 정보를 수집하고 기능을 관리할 수 있도록 하는 체계이다. 일반적으로 생산 현장에서 PLC 및 POP 접점에서 수집되는 정보가 주요 기기나 작업자에 의한 제한된 정보 입력으로 진행되는 것에 비해 PLC 및 생산 기기 자체가 인터넷에 연결될 수 있도록 하여 모든 종류의 움직임과 변화를 수집할 수 있게 되어, 이른바 빅 데이터 시대를 현실화하게 되었다. 이를 통하여 현재의 기기 상태나 현황은 물론 과거의 수집된 정보를 평가하여 향후 생산성 예측 및 문제 발생에 대한 사전 점검 등에 대한 판단을 결정할 수 있다.

일상에서는 주변의 모든 기기들을 컴퓨터나 모바일 스마트 기기로 제어하고 환경 변화의 정보를 수집하여 직접적인 확인 없이 사용자가 원거리에서 확인할 수 있도록 함으로써 시간과 공간적 제약을 크게 해소할 수 있게 된다. 공장과 같은 생산 현장이나 일반 가정 혹은 사회 시설에서의 수요와 공급을 조절할 수 있는 기반 정보를 제공하므로 써 개인, 가정, 기업은 물론 지역 사회나 국가 단위에서의 관리 방향에 큰 변화를 초래할 수 있다. 또한 모든 대상이 인터넷에 연결된다는 점에서 개인 정보 보호는 물론 정보의 오류나 외부로서의 접근 등에 대한 보안이 반드시 요구된다는 점에서 많은 기대와 함께 우려도 적지 않다.

Mainframe

컴퓨터의 개발 이후 1950년대 이후 기업에서의 경영이나 생산 활동에 필요한 대규모 어플리케이션 운용을 위한 목적으로 개발한 모든 자원이 집중된 하나의 대형 컴퓨터 시스템으로서 메인프레임은 기업의 모든 정보를 중앙집중식으로 관리한다. 개별 사용자들은 PC와 같은 마이크로컴퓨터나 터미널 등의 장치를 하여 메인프레임에 연결하여 지정된 어플리케이션을 운용하게 된다. 역사적으로 IBM의 메인프레임 중심으로 시장이 형성되어 현재까지 이르고 있다.

메인프레임은 높은 도입 비용과 관리 비용에도 불구하고 컴퓨터 성능이 부족한 시절부터 100% 가까운 가용성과 안정성을 제공함에 따라 정보나 공공 기관의 기간 시스템을 사용되어 왔으며 대형 기업이나 금융기관 등에서 주로 사용되어 왔다. 하지만 워크스테이션과 PC의 성능이 향상되고 네트워크가 확장되면서 메인프레임이 제공하는 대부분의 기능이 구현될 수 있게 되므로 써 UNIX 기반 서버/클라이언트 환경으로 이전되었고 인터넷 중심의 PC 컴퓨팅 환경으로 변화되면서 메인프레임의 비용대비 효용성이 크게 위협받고 있다.

Mapping

매핑이란 컴퓨터, 데이터베이스 등 정보통신분야에서 여러 목적으로 사용되고 있는 용어이지만, PDM 어플리케이션을 사용하는 설계자 입장에서는 단순하게 설계자의 로컬 워크스테이션의 작업 영역과 PDM 서버 및 서버의 작업 공간을 서로 연결하고 그 연결을 지속하는 과정을 의미한다. 그 결과의 설계자의 작업 영역에서 생성되는 모든 내용이 PDM 서버의 작업 공간에서 생성되는 것과 동일한 결과를 가지게 된다.

MES(Manufacturing Executed System)

생산관리시스템 혹은 제조실행시스템은 생산 현장의 주요 지점에서 발생하는 행위와 현황을 실시간으로 파악하여 문제 발생에 대한 즉각적 대처와 향후 문제 발생의 사전 해소를 위한 용도로 운용한다. 그리고 수집된 생산 현장의 정보를 바탕으로 제조 원가 및 생산성을 평가하고 향후 생산관리 계획을 수립하거나 수정할 수 있도록 한다.

MES는 생산 현장의 공작기기와 같은 생산 기기의 PLC 그리고 개별 작업자가 POP 접점에서 수집된 정보를 기반으로 운용된다. MES가 폐쇄된 구조의 생산관리 체계인 것에 비해 IoT와 같은 인터넷 기반의 확장된 관리 요소에 의해 개방된 확장 체계로 진화하고 있다.

Mini-Computer

메인프레임의 비싼 가격과 폐쇄된 구조에 따른 도입 및 운용의 어려움에 대응하여 1960년대 등장한 중형 컴퓨터로서 현재까지도 일부 주요 기업의 핵심 서버로 이용되고 왔다. 또한 엔지니어링 워크스테이션이 등장하기 이전까지 CAD 시스템과 같은 엔지니어링 어플리케이션 운용을 위한 주요 플랫폼으로 활용되기도 했다. 초기에는 개발사 마다 독자저인 CPU 구성과 폐쇄적인 운영체제를 유지했지만 1980년대 이후 RISC 마이크프로세서를 사용하면서 하드웨어 및 소프트웨어의 표준화가 일정 부분 진행되었다. 하지만 2000년대 들어 확장성과 가격대비 성능 면에서 UNIX 기반의 서버와 Windows NT 기반의 서버로 점차 대체되고 있다.

MIS(Management Information System)

경영정보시스템이라는 이름에서 알 수 있듯이 ERP나 MES 등과 같은 경영 및 생산 관리 시스템의 수집하여 평가한 정보를 바탕으로 기업의 경영진에게 의사 결정을 위한 정보를 제공하는 시스템이다. 기업의 주요 활동에 대한 세부적인 개별 정보가 아닌 전체적인 주요 정보를 수치적 자료 특히 그래프 등과 같이 시각적 자료로 보여줌으로써 빠르고 바른 경영 판단을 할 수 있도록 지원해주는 목적에서 활용되고 있다.

Mock-up

목업(혹은 모크업)은 제품 개발 과정 중 제품 생산에 앞서 실제 결과물과 동일하게 구현된 샘플 제품 혹은 시제품을 제작하는 일련의 과정이다. 초기 목업은 외형 디자인을 구현하는 공정에 한정되었으나 현재는 외형은 물론 내부 구성을 동일하게 구현하여 기능적 운용성을 검증하는 과정으로 확장되었다. 목업은 실제 제품과 동일하지만 양산 체계 구축 이전에 생산되는 관계로 제조 시간과 비용으로 현저하게 소요된다. 그리고 설계가 변경될 경우 동일한 과정을 반복하게 된다. 그럼에도 실제 제품 생산과 운용에서 발생하는 문제를 확인하기 위해 반드시 필요한 과정이다.

이러한 문제를 개선하기 위해 3D CAD 시스템을 중심으로 CAM 시스템 및 CAE 시스템과의 통합 운용으로 실제 물리적 제품 개발 과정 없이 구현하는 것은 디지털 목업이라고 한다. 디지털 목업은 설계 정보를 기반으로 실제 생산 공정을 적용함으로써 최소한의 비용과 시간으로 물리적 목업 과정과 동일한 결과를 도출할 수 있으며, 특히 설계 변경에 따른 추가 비용이나 시간의 소비가 거의 없다는 점에서 제품 개발 비용을 크게 단축시킬 수 있는 장점을 가진다.

하지만 디지털 목업 시스템을 구축하기 위해서는 3D CAD 시스템을 비롯한 주요 엔지니어링 어플리케이션 간의 일관된 통합 운영 체계를 구축해야 기대한 성과를 확보할 수 있다.

Modeling Kernel

3D CAD 및 CAM 시스템과 같은 컴퓨터 그래픽스 기반 엔지니어링 어플리케이션에서 3차원 솔리드 모델을 구현하기 위해서는 이를 위한 형상 구현 기능을 내장하고 있어야 한다. 하지만 어플리케이션이 제공하는 기능 혹은 구조가 변경될 때마다 변경에 적합하도록 형상 구현 기능도 수정되어야하기 때문에 개발에 상당한 시간이 소요될 수밖에 없다. 이러한 문제에 효율적으로 대응하기 위해 주요 3D CAD 시스템의 개발사는 어플리케이션의 구조와 형상 모델링을 구분하여 개발 및 관리하는 방식을 선택하게 되는데, 형상 모델링 특히 솔리드 모델링을 위한 핵

심 기능이 포함된 API 및 라이브러리를 모델링 커널이라고 한다.

그리고 모델링 커널의 안정성과 기능이 개선됨에 따라 새로운 3D CAD 어플리케이션 개발과 같은 작업에 별도의 모델링 라이브러리를 사용하지 않고 이미 개발된 라이브러리를 사용하기도 한다. 이를 통해 모델링 커널 개발에 소요되는 시간과 비용을 크게 절감하면서 이미 신뢰성이 검증한 제품을 이용하여 구현하고자하는 성능과 구조 개발에 집중할 수 있게 되었다. 현재 3차원 형상 모델링 커널 가운데 Siemens의 Parasolid가 가장 널리 사용되고 있다.

Mold

일반적으로 금형(몰드)은 부품 혹은 제품의 양산을 위해 생산 도구로서 CAD 시스템에 의해 설계 된다. 기능적으로 부품이나 제품 모델링과 동일하지만 최종 제품이 아닌 생산을 위한 도구라는 점에서 일반적인 형상 설계와는 구분된다. 금형은 산업혁명 이후 부품 등 다양한 제품의 대량 생산 체계에서 주요한 역할을 해왔다는 점에서 제품 설계와 구분된 또 다른 설계의 대상으로 평가되어 왔다.

제품 생산 방식에 대한 적용되는 금형의 종류가 다양하고 생산량 그리고 품질 나아가 공정 순서에 따라 금형의 정밀도와 기계적 성질이 달라질 수도 있기 때문에 재료의 선정이나 가공 방식 등이 적합하도록 선정되어야 한다. 일반적으로 대량 생산하기 위한 방식의 틀로서 소재를 찍어 내는 가공하는 소성 가공과 유동 상태의 소재를 틀에 넣어 굳히는 주조 및 사출 가공 등으로 구분할 수 있다. 그 외에 제품 용도와 소재에 따라 다양한 제조 방식을 위한 금형을 설계할 수 있다.

NC(Numerical Control)

공작기기 등장은 수작업에 의해 가공 방식을 획기적으로 개선하는 계기를 만들었지만 작업자의 기능과 경험에 따라 운용 효율과 생산성에 큰 차이가 났다. 이후 20세기 산업화 시대에 들어서면서 전자산업의 부흥은 수치제어에 의한 공작기기의 자동화를 실현하게 되었다. 그리고 마이크로프로세서의 등장으로 보다 수치제어에 의한 공작기기 운용이 가능하게 됨에 따라 수동 공작기기와 구분된 NC 공작기기가 확산된다. 수치제어를 뜻하는 NC는 자동화된 공작기기의 자동제어 및 운용 등의 기능을 가능하게 하는 제어기를 뜻한다. 그리고 컴퓨터의 보급 NC 장치는 보다 개선된 CNC 제어기로서 운용되게 된다. 현대적인 공작기기의 NC는 실질적으로 CNC를 의미한다는 점에서 두 장치 사이의 기능적 구분은 없다고 볼 수 있다.

→ CAE, Computer Aided Engineering

NURBS(Non-Uniform Rational B-Spline)

3D CAD 시스템에서의 자유곡선 및 자유곡면 생성을 위해 사용되는 스플라인 모델링 기법 가운데 NURBS는 가장 높은 수준의 자유도를 제공하는 기법이다. 또한 베지에 스플라인이나

B-스플라인 방식에 비해 복잡한 비선형 수식을 계산해야 되기 때문에 상대적으로 많은 시간과 자원이 소요되었다.

NURBS는 비선형 모델링 기법이면서도 원이나 구와 같은 선형 현상을 완벽하게 구현할 수 있는 점에서 3차원 형상 모델의 운용에 높은 호환성을 가질 수 있다. 하지만 형상의 제어하기 위한 요소를 사용자가 원활하기 구현하기 위한 인터페이스 개발이 쉽지 않기 때문에 NURBS 곡면 모델링 기법에 제공하는 모든 제어 요소를 사용하기 어렵다는 점에서 주요 3D CAD 시스템마다 NURBS 기반 곡면의 생성과 제어 방식에 차이가 있다.

Offset

옵셋(혹은 오프셋)은 기능적으로 기준 위치에서 일정 거리만큼 이동하여 위치하는 공정을 의미하여 그 거리 값을 옵셋값이라고 한다. 절삭 가공과 같이 형상을 직접 가공하거나 적층하는 방식에서 공구나 노즐의 끝 부분이 형상에 직접 접촉하는 과정에서 마모 및 소모되기 때문에 이동과 제어의 중심으로 접촉 지점을 기준으로 정하기는 매우 곤란하다. 때문에 공구의 이동이나 제어를 공구의 중심이나 특정 위치를 기준으로 지정하는데, 이 과정에서 접촉하는 형상의 선이나 면의 법선 방향으로 일정 부분 떨어진, 옵셋된 위치로 잡는다.

OpenGL

현대적인 3D CAD 시스템을 비롯한 엔지니어링 어플리케이션의 3차원 그래픽스 처리를 위해 사용되는 그래픽스 서브-시스템, 그래픽스 하드웨어에 대한 소프트웨어 인터페이스, 3D API(Application Programming Interface)이다. 때문에 OpenGL을 기반으로 개발된 그래픽스 어플리케이션의 완전한 수행에는 OpenGL 3D API를 지원하는 고가의 전용 그래픽 하드웨어가 필요하다. 1990년대 초 실리콘 그래픽스의 그래픽스 워크스테이션에서 운용되는 IRIS-GL를 기반으로 개발되어 그래픽스 하드웨어 독립적인 3차원 그래픽스 어플리케이션 개발을 위해 공개되었다. 3D CAD 시스템은 물론 애니메이션 및 영화 등의 특수 효과 구현에도 널리 사용되고 있다.

→ 3D API

Parametric Modeling

형상 설계에서 형상을 구성하는 각 기능적 요소 및 기하학적 요소가 전체 형상 및 개별 기능의 매개변수로 작동함으로써 형상의 직접적 수정이 아닌 변수 수정으로 통하여 설계 수정이 이뤄지도록 하는 모델링이다. 파라메트릭 모델링은 설계자로 하여금 설계 초기 단계의 여러 설계 변수를 설계 과정에 적용할 수 있는 장점으로 현대적인 CAD 시스템에서 가장 널리 그리고 표준적으로 사용되고 있는 형상 모델링 기법이다.

PC(Personal Computer)

컴퓨터의 발전의 역사적 분류에 있어 1970년대 후반 등장한 마이크로컴퓨터의 현대적 명칭이며, 지역과 시기에 따라 개인용 컴퓨터(PC), 홈 컴퓨터 등으로도 불렸지만 1981년 IBM의 PC 출시 이후 개인용 혹은 데스크탑 컴퓨터를 지칭하는 용어로 일반화되었다. 출시 당시 주력 컴퓨터 산업의 시각에서는 단순하고 초보적 수준의 취미용 컴퓨터 시스템으로 평가되었으나 오늘날에는 현대적인 컴퓨터 기술을 대표하는 상품으로 성장했다. 현재 데스크탑은 물론 랩탑(노트북)까지 포함한-운용 목적에 무관하게-개인이 운용 가능한 모든 형태를 컴퓨터를 통칭한다.

Personal Workstation

1990 년대 후반 PC로 불리는 마이크로컴퓨터에 32비트 마이크로프로세서, 3차원 그래픽스 가속장치 그리고 네트워크 환경이 갖춰지고 Windows NT 및 Linux와 같이 안정된 운영체제가 확보되면서 기존 엔지니어링 워크스테이션에 대응할만한 성능을 제공하면서, 3D CAD 시스템을 비롯한 엔지니어링 어플리케이션의 운용이 가능하게 됨에 따라 이러한 PC를 퍼스널 워크스테이션 혹은 PC 워크스테이션으로 구분하면서 미드-레인지 워크스테이션 시장이 생겨나게 된다. 2000 년대 이후 비싼 가격의 높은 도입 장벽을 가진 엔지니어링 워크스테이션과의 경쟁에서 월등한 가격대비 성능에서 우위를 제공함으로써 워크스테이션 시장을 평정하게 된다.

과거 RISC 마이크로프로세서 기반 엔지니어링 워크스테이션과 구분하기 위해 PC 워크스테이션은 인텔 X86 계열 마이크로프로세서를 탑재한 컴퓨터 시스템을 의미하기도 했다. 오늘날 퍼스널 워크스테이션만이 존재하는 오늘날 워크스테이션 시장에서는 기능적 하드웨어 사양이 3D CAD 시스템 등과 같은 엔지니어링 어플리케이션 운용을 전제로 특화되거나 혹은 운용이 가능한 모든 PC을 워크스테이션이라고도 한다.

→ Engineering Workstation

PDM(Product Data Management)

제품 개발 과정에서는 수많은 참고 자료가 수집되고 완성 단계에 이르기 까지 수십 차례 설계 안이 제안되고 수정이 반복되면서 관련 정보가 증가하게 된다. 이러한 정보들은 하나의 제품 설계가 완료되었다고 하더라도 기업의 기술적 자원으로 관리되어야 한다. 특히 도면, 3차원 형상, 개발 사양서 등은 새로운 제품 개발은 물론 기존 제품의 문제점 개선 등과 같은 과제를 반드시 필요한 자료들이다. 하지만 이러한 자료들을 개인 차원에서 하나의 컴퓨터 시스템 혹은 관련된 여러 사람들의 컴퓨터 시스템에 산재되어 관리됨에 따라 발생하는 정보의 중복, 손실 그리고 유출 등과 같은 문제에 직면하게 된다.

PDM, 제품정보관리 시스템 혹은 설계정보관리 시스템은 제품 개발이나 설계 과정에서 수집되거나 생산되는 모든 자료, 정보를 중앙 서버로 통합하고 접근 및 수정 권한이 있는 설계자만이 일관된 관리 체계에서 설계 작업을 진행할 수 있도록 하는 관리 체계이다.

PDM 시스템을 이용함으로써 새로운 설계자는 기존 설계 자료와 경험을 참고할 수 있게 된다. 이는 PDM 시스템 환경에서의 설계 작업에는 설계 수정이나 사양 변경 등과 같은 설계 과정의 요소가 모두 관리될 수 있기 때문이다. 특히 기술정보에 대한 접근이 제한됨에 따라 기업의 무형의 자산 유출에 대한 대비도 가능하게 된다. 현실적으로 대부분의 PDM 시스템은 3D CAD 시스템 개발사에 의해 주도되고 있는 점에서 PDM 시스템의 핵심 정보 역시 3차원 설계 형상과 BOM 같은 제품 개발 정보라고 할 수 있다.

PLC(Programmable Logical Controller)

현대적인 산업 현장이나 생산 공장에서 기기의 동작 감시나 기능 제어를 담당하는 장치로서, 별도의 일력 장치를 통하여 온도, 습도, 전압과 같은 환경 요인과 규정된 기기 작동 및 거동 범위 등과 같은 요소를 입력 받을 수 있고, 이에 대응하여 기기의 반응을 제어할 수 있다.

PLC는 운용 환경이 열악한 환경에서도 정상적으로 작동되어야하기 때문에 매우 신뢰성이 높은 제어 기구로서, 규정된 입력 요소와 출력 반응을 별도의 프로그래밍 구축 체계를 가지고 있다.

POP(Point of Product)

산업 현장이나 생산 공장에서 공작기기를 비롯한 생산 기기의 상태 그리고 주요 작업 거점에서의 작업자의 업무 현황 등의 정보를 자동 혹은 수동으로 입력 받고 실시간 생산 진행 여부를 파악할 수 있도록 구축된 체계이다. 기기나 설비에 장착된 센서(접점)를 통해 입력된 정보는 PLC를 통하여 취합되어 POP 서버로 전달되고 개별 작업자는 키오스크(Kiosk) 같은 고정 입출력 장치나 스마트 장치와 같은 모바일 장치를 통하여 현재 업무에 대한 실적을 입력하고 새로운 작업에 대한 지시를 받게 된다.

POP를 통하여 수집된 정보는 MES나 ERP 등과 같은 기업의 대형 관리 체계에 대한 기본 자료로 사용된다. 때문에 POP는 오늘날 생산 현장에 적용되고 있는 IoT와 같은 광범위한 정보 수집 및 관리 체계의 기본 요소라고 할 수 있다.

PLM(Product Life-cycle Management)

제품 개발과 관련된 직간접적 정보를 관리하는 PDM 시스템이 설계 및 개발 부서 중심의 관리 체계로 한정될 수 있는 것에 반해, PLM은 기획 단계와 같은 제품 개발의 기초 과정에서부터 시작하여 양산 후 시장에 출시된 이후의 반응과 실적에 이르는 모든 과정을 관리 대상으로 포함하는 제조 기업의 대형 관리 체계이다. ERP가 제품의 원가, 판매 등과 같은 비용 중심의 시각이라면 PLM는 제품 개발과 생산 공정에 기반한 생산성 중심의 시각을 가진다고 할 수 있다.

→ PDM, Product Data Management

SATA(Serial ATA)

2000년대 초반까지 마이크로컴퓨터, PC에서 하드 디스크 드라이브 등의 보조 기억장치 연결을 위해 표준적으로 사용되었던 병렬 연결 방식의 ATA 인터페이스 규격을 대체한 새로운 규격이다. 현재 대부분의 데스크탑 및 랩탑 컴퓨터 시스템에서 하드 디스크 드라이브와 광학 드라이브 등의 연결에 사용된다.

특히 SATA 2 규격은 3Gbit/s(기가비트), SATA 3 규격은 6Gbit/s로서 기존 ATA 방식에 비해 월등히 빠른 정보 전송이 가능해 짐에 따라 대부분의 PC 워크스테이션 부문에서도 SCSI 인터페이스를 대체하게 된다. 또한 새로운 SCSI 규격이라고 할 수 있는 SAS와 동일한 커넥터를 사용하여 연결할 수 있어 확장 및 효용성이 매누 높은 장점이 있다.

SAS(Serial Attached SCSI)

구형 병렬 SCSI 인터페이스 규격을 대체한 직렬 SCSI 인터페이스 규격으로 빠른 정보 전송 속도를 필요로 하는 워크스테이션이나 서버에 주로 채용되고 있다. SATA 장치에 대한 하위호환성을 제공함으로 써 SAS 인터페이스에서 SAS 및 SATA 장치를 모두 수용할 수 있다. 기술적으로 SAS는 SATA와 달리 Full Duplex 방식이며, SAS2의 경우 6Gbit/s(기가비트) 그리고 SAS3의 경우 12Gbit/s의 전송 속도를 가진다. 특히 SSD와 같은 고속의 정보 저장 장치의 보급이 확대되면서 RAID 인터페이스 장치 등에 널리 사용되고 있다.

→ SCSI, Small Computer System Interface

SCSI(Small Computer System Interface)

마이크로컴퓨터의 등장과 함께 하드 디스크나 테이프 장치와 같은 보조기억장치의 운용 성능을 개선하기 위해 개발된 인터페이스 규격으로, 1980년대 중반부터 엔지니어링 워크스테이션을 비롯한 애플 맥킨토시 등에 표준 인터페이스로 채용되어 널리 사용되었다. 하지만 상대적으로 높은 비용으로 인해 실제 마이크로컴퓨터, PC에서의 채용에 부담이 많았다. 2000년대 이후 SATA 인터페이스 규격의 등장으로 가격경쟁력을 상실하게 되었지만, 이후 SAS 등의 새로운 인터페이스 규격으로 이어지게 되었고, 네트워크 기반의 iSCSI 등으로 발전하게 된다.

→ SAS, Serial Attached SCSI

Sketchpad

1963년 Ivan Sutherland의 MIT 박사 학위 논문에서 구현한 세계 최초의 컴퓨터 그래픽스 시스템으로서 에 의해 Lincoln TX-2 시스템에서 구현되었다. 역사적으로 오늘날 3 차원 컴퓨터 그래픽스 기반 어플리케이션의 원형이라고 할 수 있다. Sketchpad는 컴퓨터 그래픽스 기능의 발전은 물론 마이크로컴퓨터 시대의 GUI 환경이나 마우스 등의 인터페이스 장치 개발에 큰 영향을 미쳤다고 볼 수 있다.

Solid Modeling

3D CAD 시스템에서 3차원 형상을 구성하기 위한 기법으로 실제 내부가 채워진 물리적 형상과 동일하게 3차원 형상의 내부가 지정된 재료로 채워진 형태로 생성된다. 컴퓨터 시스템의 성능이 제한적인 시절 상대적으로 구현에 높은 성능의 하드웨어 사양이 요구되기도 했지만, 현재는 거의 모든 3D CAD 시스템에서는 형상 생성 과정에 솔리드 모델링 기법을 적용되고 있다. 솔리드 모델을 통하여 형상에 적용되는 물리적 외력에 대한 반응이나 실제 가공 과정에서의 문제 등과 같은 여러 공학적 문제에 시뮬레이션이 가능하게 되었다.

Spline

CAD 시스템에서 선형 형상이 아닌 곡률 변화가 다양한 곡선과 곡면 형상을 구현하기 위해 개발된 모델링 기법으로 1960년대 Pierre Bézier가 완성한 베지에 곡선에 의해 스플라인 모델링 기법이 본격화되었다고 볼 수 있다. 이후 B-스플라인이나 NURBS 등과 같은 다양한 스플라인 모델링 기법에 개발되었고, 현재 대부분의 3D CAD 시스템의 비선형 곡면 형상 모델링에는 NURBS가 널리 사용되고 있다.

Super Computer

컴퓨터 시스템의 개발 목적이 수치적 계산이기는 했지만 컴퓨터 산업은 범용 컴퓨터의 등장으로 급격히 확대되었다고 볼 수 있다. 메인프레임 이후 현재의 PC에 이르기까지 범용 컴퓨터 중심이었다. 이러한 상황에 대응하여 수치계산을 목적으로 고속 및 고용량의 성능을 가진 전용 컴퓨터 시스템으로 등장한 슈퍼컴퓨터는 과학기술 분야를 비롯한 첨단산업 분야에서의 대규모 계산이 필요한 분야에 사용되며, 현재는 HPC(High Performance Computing)이 그 역할을 하고 있다고 볼 수 있다. 초기에는 단일 컴퓨터 시스템이 주를 이루었으나 현재는 네트워크 기술의 발전으로 수많은 컴퓨터들이 내부 및 외부 네트워크로 연결된 클러스터 체계로 구성되기도 한다.

Surface Modeling

Solid modeling이 3D CAD 시스템의 형상 모델링 기법으로 자리 잡기 이전 빠른 3차원 형상 구현을 위해 개발된 모델링 기법으로, 내부가 채워진 형상이 아닌 표면으로만 구성된 형상을 구현하게 된다.

내부가 채워져 있지 않기 때문에 엔지니어링 시뮬레이션과 같은 작업에는 적용하기 힘들지만 형상 모델링 측면에서 빠른 시간 내에 구현이 가능하다는 장점이 있었고, 표면 정보만이 필요한 CAM 시스템에 널리 적용되었다. 현재 Solid modeling 기법의 3D CAD 시스템의 모델링 기법으로 사용됨에 따라 거의 운용되지 않고 있다. Solid modeling으로 구현된 3차원 형상에서는 Surface modeling에 대한 정보 추출이 가능하다.

Virtualization

가상화는 하나의 컴퓨터 시스템 내에서 하나 이상의 별개의 컴퓨터 시스템의 역할을 구현하도록 기술이다. 가상화 기술은 컴퓨터 시스템의 사양과 성능이 부족한 시절부터 한정된 자원을 여러 사용자가 공유하기 위한 적용되어온 일반적인 기술이라고 할 수 있다. 최근의 가상화 개념은 이러한 공유 수준을 넘어 완전히 독립된 컴퓨터 시스템의 구현과 운용 기능을 제공한다.

가상화 기술의 초기 단계에서는 하나의 어플리케이션으로서 가상의 컴퓨터 환경을 제공하는 에뮬레이터 방식을 주로 사용했지만, 컴퓨터 시스템의 성능이 개선됨에 따라 가상화 기술 역시 발전하게 되어 현재는 하드웨어와 운영체제 수준에서 완전히 독립된 컴퓨터로서 운용될 수 있도록 해준다. 가상화 시스템을 운용하는 컴퓨터 시스템은 호스트(host) 그리고 가상화로 구성되는 컴퓨터를 게스트(guest)로 지칭한다.

가상화의 가장 큰 효용성은 컴퓨터 시스템의 가용 자원이 충분한 상황에서 단일 하드웨어 및 운영체제에서 여러 하드웨어 및 운영체제 환경을 동기에 운용할 수 있다는 점이다. 최근 가상화 기술의 성과는 물리적인 하드웨어 기반의 컴퓨터와 가상 환경의 컴퓨터 간의 성능 우열을 평가하기 힘들 정도로 가상화의 효율이 크게 개선되고 있으며, 하드웨어 역시 가상화를 지원하는 단계로 확장되고 있어 3D CAD 시스템 운용과 같은 컴퓨터 그래픽스 가속 기능까지 지원하고 있다.

VR(Virtual Reality)

가상현실은 현실의 물리적 환경을 컴퓨터 그래픽스 기반의 가상 공간에 구현한 것으로, 사용자는 3차원 시각을 비롯한 인공적인 감각을 느낄 수 있는 별도의 장비를 착용함으로써 사용자는 실제와 유사한 환경에서 활동하거나 정보를 입출력할 수 있다. 3차원 컴퓨터 그래픽스 기술의 발전과 컴퓨터 시스템의 고속 처리 그리고 다양한 형태의 디지털 장치들의 보급으로 현실적인 느낌은 보다 실제적으로 개선되어 가고 있다. 다양한 매체를 통한 가상현실의 구현이 구체화되면서 구현 방식과 운용 기기에 따라 세분화되고 있다.

→ AR, Augmented Reality

Wire-frame Modeling

Solid 및 Surface modeling 기법의 보급 이전 3차원 형상 표현에 있어 형상을 구성하는 점과 모서리를 연결한 형태로 모델링하는 기법이다. 때문에 시각적으로 3차원 형상의 내부와 외부를 구분하기 어렵기 때문에 현재 3D CAD 시스템에서의 사용되지 않지만, Solid modeling이나 Surface modeling에 의해 형상의 가시적 표현은 가능하다.

Workstation

일반적인 마이크로컴퓨터, PC에 비해 빠른 처리 속도와 높은 가용성을 제공하는 고성능 데스크탑 컴퓨터 시스템으로 현재는 퍼스널 워크스테이션 혹은 PC 워크스테이션으로 지칭한다. 원래 워크스테이션은 1980년대에는 RISC 기반 마이크로프로세서와 UNIX 운영체제를 갖춘 엔지니어링 워크스테이션을 지칭했다. 하지만 워크스테이션은 하드웨어적인 구분이라기보다는 3D CAD 시스템이나 CAE 어플리케이션을 원활하게 운용할 수 있는 컴퓨터 시스템이라는 측면에서 명확한 기준은 없다. 때문에 현재 3D CAD 시스템을 운용할 수 있는 모든 PC 역시 기능적으로 워크스테이션이라고 할 수 있다.

엔지니어링 워크스테이션과 달리 현재 PC 워크스테이션은 PC와 동일 계열의 부품을 사용하지만, 더 높은 성능의 마이프로세서를 여러 개 수용할 수 있으며 더 많은 메모리(주기억장치)와 다수의 보조기억장치를 확보할 수 있는 확장성을 제공한다는 점에서 차이를 가지고 있다고 볼 수 있다. 하지만 동일한 부품을 운용함은 물론 운영체제 역시 동일하다는 점에서 기술적인 측면에서의 차이는 거의 없다고 볼 수 있다. 때문에 3D CAD 시스템이나 CAE 어플리케이션 등 특정 어플리케이션의 안정적 운용에 대한 신뢰성을 갖추기 위한 주요 워크스테이션 개발사들은 각 어플리케이션에 대한 인증으로서 대응하고 있기도 하다.

이미지 출처 및 저작권 표기

그림 1.1 https://www.flickr.com/photos/aaltocommons/14125751710 [Aalto University, Finland]

그림 1.2 http://resumbrae.com/ub/dms423_f08/06/sketchpad.jpg [CC-BY-2.0]

그림 1.3 https://www.flickr.com/photos/aaltocommons/14125751710 [CC-BY-3.0]

그림 1.5 https://www.flickr.com/photos/atomictaco/12935433523 [CC-BY-SA-2.0]

그림 1.8 https://commons.wikimedia.org/wiki/File:Manufacturing_equipment_109.jpg [CC-BY-SA-3.0]

그림 1.11 https://www.army.mil/article/129695 [U.S. Army]

그림 1.14 https://en.wikipedia.org/wiki/Industry_4.0#/media/File:Industry_4.0.png [CC-BY-SA-4.0]

그림 3.1 https://en.wikipedia.org/wiki/X86-64#/media/File:AMD_Opteron_146_Venus,_2005.jpg [CC-BY-3.0]

그림 4.3 https://commons.wikimedia.org/wiki/File:3D_coordinate_system.svg [GFDL][CC-SA-3.0]

그림 4.5 https://en.wikipedia.org/wiki/3Dconnexion#/media/File:3D-Maus_Baujahr_2000.JPG [CC-BY-3.0]

그림 9.1 https://commons.wikimedia.org/wiki/File:Tebis_V3.4.jpg [CC-BY-SA-3.0-DE]

그림 9.7 https://commons.wikimedia.org/wiki/File:HTS_main_frame_polymer_injection_mold.jpg [CC-BY-SA-3.0][GFDL]

그림 9.8 https://www.flickr.com/photos/31274959@N08/15452315875 [CC-BY=ND-2.0]

그림 10.1 https://www.flickr.com/photos/31274959@N08/5731437890 [CC-BY=ND-2.0]

【저자 소개】

정재현 : 한국해양대학교 기계공학부 교수

김희중 : 전) 한국해양대학교 기계공학부 겸임교수

3D CAD 3차원 설계가공 시스템의 이해

2017년 1월 20일 초판 인쇄

2017년 1월 30일 인쇄 발행

저 자 정재현 • 김희중

발 행 인 송기수

발 행 처 도서출판 GS인터비전

편 집 처 도서출판 GS인터비전

인 쇄 처 대명프린팅

등록번호 제 25100-2016-000050 호

I S B N 979-11-5576-176-2(93550)

주 소 서울 은평구 증산로 15길 69 2층

전 화 02-976-7898

팩 스 02-6468-7898

홈페이지 gsintervision.co.kr

E-Mail gsinter7@gmail.com

정 가 20,000원